T0207608

Mathematik Kompakt

Reihe herausgegeben von

Martin Brokate, Garching, Deutschland

Aiso Heinze, Kiel, Deutschland

Mihyun Kang, Graz, Österreich

Moritz Kerz, Regensburg, Deutschland

Otmar Scherzer, Wien, Österreich

Anja Sturm, Göttingen, Deutschland

Die Lehrbuchreihe *Mathematik Kompakt* ist eine Reaktion auf die Umstellung der Diplomstudiengänge in Mathematik zu Bachelor- und Masterabschlüssen.

Inhaltlich werden unter Berücksichtigung der neuen Studienstrukturen die aktuellen Entwicklungen des Faches aufgegriffen und kompakt dargestellt.

Die modular aufgebaute Reihe richtet sich an Dozenten und ihre Studierenden in Bachelor- und Masterstudiengängen und alle, die einen kompakten Einstieg in aktuelle Themenfelder der Mathematik suchen.

Zahlreiche Beispiele und Übungsaufgaben stehen zur Verfügung, um die Anwendung der Inhalte zu veranschaulichen.

- **Kompakt:** relevantes Wissen auf 150 Seiten
- **Lernen leicht gemacht:** Beispiele und Übungsaufgaben veranschaulichen die Anwendung der Inhalte
- **Praktisch für Dozenten:** jeder Band dient als Vorlage für eine 2-stündige Lehrveranstaltung

Gernot Stroth · Rebecca Waldecker

Elementare Algebra und Zahlentheorie

3. Auflage

 Birkhäuser

Gernot Stroth
Institut für Mathematik
Universität Halle – Wittenberg
Halle, Deutschland

Rebecca Waldecker
Institut für Mathematik
Martin-Luther-Universität Halle-Wittenberg
Halle, Deutschland

ISSN 2504-3846   ISSN 2504-3854   (electronic)
Mathematik Kompakt
ISBN 978-3-031-39770-7   ISBN 978-3-031-39771-4   (eBook)
https://doi.org/10.1007/978-3-031-39771-4

Die Deutsche Nationalbibliothek verzeichnet diese Publikation in der Deutschen Nationalbibliografie; detaillierte bibliografische Daten sind im Internet über http://dnb.d-nb.de abrufbar.

Planung/Lektorat: Dorothy Mazlum
Birkhäuser ist ein Imprint der eingetragenen Gesellschaft Springer Nature Switzerland AG und ist ein Teil von Springer Nature.
Die Anschrift der Gesellschaft ist: Gewerbestrasse 11, 6330 Cham, Switzerland

Das Papier dieses Produkts ist recyclebar.

Vorwort zur dritten Auflage

In der vorliegenden Neuauflage haben wir Druckfehler berichtigt, unklare Stellen verständlicher formuliert und in Kap. 10 ein wenig die Reihenfolge verändert. Wir danken Imke Toborg, Hans-Georg Rackwitz, Atle Höhne und den zahlreichen Studierenden, die uns auf Fehler hingewiesen haben oder Verbesserungsvorschläge gemacht haben.

In Kap. 12 (Konstruktion mit Zirkel und Lineal) haben wir ein Beispiel, das Problem des Alhazen, hinzugefügt. Hier geht es darum, zu zeigen, dass ein gewisser Punkt der Ebene nicht konstruierbar ist, obwohl seine Koordinaten jeweils Nullstelle eines irreduziblen Polynoms aus $\mathbb{Q}[x]$ vom Grad 4 sind.

Die wesentliche Neuerung ist, dass die Inhalte der Kap. 1 bis 13 auch als Audioangebot zur Verfügung stehen. Ausgenommen sind die Fußnoten, die Übungsaufgaben und die Literaturliste am Ende des Buchs. Wir lesen den Text nicht einfach vor, es ist also kein Hörbuch, sondern wir machen zusätzliche Bemerkungen zur Einordnung und Motivation und haben das so konzipiert, dass man am besten das Buch beim Zuhören in der Hand hat. Wir erhoffen uns, dass man durch das Anhören der Audiodateien recht nah an eine Vorlesung kommt, näher als nur durch das Lesen des Buchs. Allerdings warnen wir davor, zu glauben, dass man durch das reine Zuhören den Stoff verstehen wird! Wir ermutigen dazu, wirklich mitzudenken und sich Notizen zu machen, und wir empfehlen, sich auch die Übungsaufgaben im Buch anzuschauen und sie zu bearbeiten. Denn am Ende lernt man Mathematik durchs Selbermachen! Die Audiodateien sind eine zusätzliche Hilfestellung, und wir hoffen, dass sie einen Mehrwert darstellen. Wir sind auf Rückmeldungen gespannt.

Zum Schluss danken wir noch dem Verlag, speziell Dorothy Mazlum und Britta Rao, für den Enthusiasmus, die Geduld und die umfangreiche Unterstützung bei der Umsetzung unserer Idee, ein Audioangebot zu einem Mathematikbuch zu machen. Das war ein spannendes Experiment.

Halle
im Juni 2023

Gernot Stroth
Rebecca Waldecker

Vorwort zur zweiten Auflage

In dieser Neuauflage haben wir einige Korrekturen und Aktualisierungen vorgenommen, in manchen Beweisen andere Ideen verwendet und im Vergleich zur ersten Auflage auch etwas andere inhaltliche Schwerpunkte gesetzt. Das Thema „Ringe" erstreckt sich über mehrere Kapitel, wir thematisieren die Lösbarkeit von Gleichungen und haben ganz neu Primzahltests mit aufgenommen. Dafür musste an anderer Stelle gekürzt werden. So wurde zum Beispiel im Kapitel „Körper" auf den Beweis der Existenz eines algebraischen Abschluss verzichtet und sich auf die Existenz eines Zerfällungskörpers für einzelne Polynome beschränkt. Auch bei der Behandlung der Galoisgruppen haben wir uns auf die Gruppe eines einzelnen Polynoms beschränkt. Als Konsequenz mussten wir dann das Resultat von Gauß über die Konstruierbarkeit regulärer n-Ecke weglassen. Die wesentlichen Ideen bleiben aber erhalten, weshalb wir dies nicht als einen Verlust auffassen. Diese Themen können später viel weitgehender und detaillierter, wie hier in Halle üblich, im Rahmen einer Vorlesung „Galoistheorie" behandelt werden. Gleichzeitig denken wir, dass die Auswahl an Inhalten Spielraum für individuell Vorlieben und verschiedene Zielgruppen von Studierenden lässt.

Wir danken allen, die uns mit Verbesserungsvorschlägen beim Schreiben dieser Neuauflage unterstützt haben, ganz besonders Paula Hähndel, Karin Helbich, Melanie Möckel, Hans-Georg Rackwitz, Patrick Salfeld, Anika Streck und Imke Toborg.

Halle   Gernot Stroth
im Mai 2019   Rebecca Waldecker

Vorwort zur ersten Auflage

Die Vorlesung Algebra gehört zu den zentralen Vorlesungen eines Mathematikstudiums. Wir hatten uns daran gewöhnt, dass es eine 2-semestrige Vorlesung Algebra (Algebra I/II) gab. Sicherlich haben sich im Laufe der Jahre die Inhalte weiterentwickelt, aber es gab doch ein allgemein akzeptiertes Kerncurriculum mit einem zentralen Teil, der Galoistheorie. Je nach Ambition des Vorlesenden kam diese am Ende des ersten Semesters oder im zweiten Semester. Mit der Einführung der Bachelor-/Masterstudiengänge hat sich da einiges geändert. Es gibt kaum noch das zweisemestrige Modul Algebra. Dieses ist häufig durch ein Modul Algebra und dann eine Sammlung von möglichen Vertiefungsmodulen ersetzt worden, letztere oft erst für den Master vorgesehen. Dazu kommt, dass man heute kaum noch erwarten kann, dass Studierende im Bachelorstudium ein Modul Algebra und ein weiteres Modul Zahlentheorie besuchen. Man kann das beklagen, und als Algebraiker mache ich das auch, man kann aber dennoch versuchen, wie seit einigen Jahren in Halle geschehen, ein Modul Algebra/Zahlentheorie mit Leben zu erfüllen, das den Studierenden so etwas wie eine Allgemeinbildung auf beiden Gebieten vermittelt: nicht mehr, aber auch nicht weniger. Dies bedeutet nicht „Algebra light", der Qualitätsanspruch muss gewahrt bleiben. Aus diesen Vorlesungen, die ich seit ein paar Jahren halte, ist dieses Buch hervorgegangen. Nun ist es nachvollziehbar, dass jeder Algebraiker hier wesentliche Dinge vermissen wird, genauso wird es Zahlentheoretiker geben, denen wichtige Dinge fehlen. Das kann auch gar nicht anders sein, wenn man bedenkt, dass dies der Stoff eines Semesters ist. Es ist keine systematische Einführung in die Algebra, und es ist erst recht keine in die Zahlentheorie. Die Zahlentheorie in diesem Buch bewegt sich im Wesentlichen im Bereich der Kongruenzen, was dann mit den quadratischen Kongruenzen am Ende des Buches seinen Höhepunkt erreichen wird. So werden auch wichtige Gebiete wie z. B. Siebmethoden, Kettenbrüche oder Pell'sche Gleichung nicht thematisiert. Aber ich hoffe, und darüber möge der Leser urteilen, dass das Buch gewisse Grundideen und ein grundlegendes Allgemeinwissen wiedergibt, das ein Mathematiker haben sollte. So sollte man wissen, was ein euklidischer Ring, ein Hauptidealring, eine algebraische Körpererweiterung ist. Man sollte die Idee der Galoistheorie kennen. Im Bereich der Zahlentheorie sollte man etwas über Primzahlen, Häufigkeit und Verteilung wissen, Kongruenzrechnung und Zahlbereichserweiterungen als Beweismittel sollten bekannt sein, und schließlich sollte man vielleicht grob wissen, was mit dem quadratischen Reziprozitätsgesetz verbunden wird. Genau dies versucht das vorliegende Buch zu leisten.

Eine kurze Beschreibung der Inhalte soll hier mehr Klarheit schaffen. Wir beginnen mit den Grundlagen sowohl der Körpertheorie, als das wird Algebra hier im Wesentlichen verstanden, als auch der Zahlentheorie. Der Begriff der Primfaktorzerlegung steht im Vordergrund. Es werden euklidische Ringe, Hauptidealringe und Polynomringe behandelt. Für Studierende ist es immer wieder überraschend, dass $\mathbb{Z}[x]$ keine Division mit Rest hat, man aber dennoch gut mit ganzzahligen Polynomen rechnen kann. Woran liegt das eigentlich? Nach diesem grundlegenden Kapitel entwickeln wir die Körpertheorie ein Stück weit. Dies bedeutet in Kap. II die Behandlung der algebraischen Körpererweiterungen bis hin zur Konstruktion des algebraischen Abschlusses und in Kap. III die Klassifikation der endlichen Körper. Die Existenz eines algebraischen Abschlusses wird im Folgenden nicht mehr erforderlich. Was benötigt wird, ist die Existenz und Eindeutigkeit des Zerfällungskörpers eines Polynoms, was man in Satz II.13 und Satz II.20 findet. Wenn man will, kann man sich also den algebraischen Abschluss ersparen.

Nach diesem ersten algebraischen Abschnitt kommen wir zu der Zahlentheorie mit den Begriffen Primzahl, Primzahlformel, kleiner Satz von Fermat, Eulerfunktion φ bis hin zu Carmichealzahlen. Danach wird dann wieder als Teil der Algebra die Gruppentheorie bis zum Sylow–Satz entwickelt, Auflösbarkeit wird thematisiert und schließlich die Einfachheit der alternierenden Gruppen A_n, $n \geq 5$, bewiesen. Danach konnte ich trotz der eingangs gemachten Bemerkungen nicht umhin, doch etwas zur Galoistheorie zu sagen. Im Mittelpunkt steht hier die Symmetrie (Gruppe) eines Polynoms, was zur Definition der Galoisgruppe führt. Mit der nicht bewiesenen Galoiskorrespondenz kann dann wieder bewiesen werden, dass die Auflösbarkeit eines Polynoms (Charakteristik 0) äquivalent zur Auflösbarkeit der Gruppe ist. Dies, meine ich, sollte ein Gymnasiallehrer einmal in seinem Studium gesehen haben. Im folgenden Kapitel wenden wir die Resultate über die algebraischen Körpererweiterungen auf die Geometrie, also auf die Konstruktion mit Zirkel und Lineal an. Dies geht bis zum Gaußschen Satz der Konstruierbarkeit des regulären n–Ecks, wobei auch wieder der nicht bewiesene Teil der Galoistheorie eine Rolle spielt.

Danach kehren wir endgültig in die Zahlentheorie zurück. Mit unseren algebraischen Hilfsmitteln können wir leicht entscheiden, welche natürlichen Zahlen Summe von zwei Quadraten sind. Hierzu wird ein Beweis gewählt, der zeigt, wie man die Idee der Zahlbereichserweiterung gewinnbringend einsetzen kann, am Beispiel des Satzes von Fermat werden aber auch die Grenzen aufgezeigt. Es ergibt sich dann natürlich im letzten Kapitel die Frage nach quadratischen Resten mit dem quadratischen Reziprozitätsgesetz als Höhepunkt. Das Buch endet mit Betrachtungen zu den Fermatschen Primzahlen.

Inhaltlich gibt es im Algebra–Teil dieses Buches (Kap. I–III, V und VII) Überschneidungen mit meinem Algebra–Buch von 1998, die sich nicht vermeiden lassen.

Es wird weitgehend dem dortigen Aufbau gefolgt. Dem Verlag DeGruyter sei Dank für die Erlaubnis, dies zu verwenden.

Es wurde versucht, wo immer möglich, auch historische Bezüge herzustellen. Diese stammen aus den Büchern von E. Scholz [31] und B. L. van der Waerden. [35], aber auch zu großen Teilen aus Wikipedia. Den unbekannten Autoren dieser Plattform gilt mein ausdrücklicher Dank.

Der Aufbau des Buches spiegelt noch eine Besonderheit hier in Halle wider. Wir lesen die Algebra für Bachelorstudierende mit 9CP[1], für Studierende mit dem Ziel Lehramt an Gymnasien mit 7CP und für die mit dem Ziel Lehramt an Sekundarschulen mit 5CP. Ein Kurs für letztere könnte aus den ersten vier Kapiteln und Teilen von Kap. VII (ohne die Konstruierbarkeit des n–Eckes) bestehen. Für Studierende mit dem Ziel Lehramt an Gymnasien würde ein Kurs in Halle aus den Kap. I–VII bestehen. Aber auch andere Zusammensetzungen sind denkbar.

Vorausgesetzt werden natürlich die Inhalte einer Vorlesung über Lineare Algebra. Eine Besonderheit mag sein, dass das Lemma von Zorn an einigen Stellen eingesetzt wird, was vielleicht nicht überall zum Standardstoff der Linearen Algebra gehört.

Ich möchte mich bei den Hörern meiner Vorlesungen zur Algebra bedanken, durch deren Rückmeldungen übersteigerte Ambitionen vermieden wurden. Frau Rebecca Waldecker hat große Teile dieses Buches gelesen und sehr wertvolle Verbesserungshinweise gegeben, auch hierfür möchte ich mich an dieser Stelle bedanken. Mein besonderer Dank geht an Frau Helbich, die die nicht immer leichte Umsetzung des Manuskript in den Stil der Birkhäuser–Reihe durchgeführt hat. Dem Verlag danke ich für die angenehme und sehr hilfreiche Zusammenarbeit.

Halle   Gernot Stroth
im September 2010

---

[1] Credit points (Leistungspunkte) gemäß European Credit Transfer and Accumulation System (ECTS).

Inhaltsverzeichnis

Wiederholung und Grundlagen

1

 Wiederholung und Grundlagen (▶ sn.pub/6a4mmP)

Wir listen hier Begriffe und Resultate auf, die häufig im Rahmen einer Vorlesung „Lineare Algebra" behandelt werden. So können wir uns später darauf beziehen und zeigen gleichzeitig, von welcher inhaltlichen Grundlage wir ausgehen und welche Notation wir verwenden.

Definition (Gruppe)

Das Paar $(G, \cdot)$ heißt **Gruppe** genau dann, wenn gilt:

(G1) $(G, \cdot)$ ist eine Menge mit Verknüpfung.
(G2) Für alle $a, b, c \in G$ ist $(a \cdot b) \cdot c = a \cdot (b \cdot c)$. (Assoziativgesetz)
(G3) Es existiert ein Element $e \in G$ so, dass für alle $x \in G$ gilt: $x \cdot e = x$.
(G4) Für jedes $y \in G$ existiert ein Element $y^* \in G$ so, dass $y \cdot y^* = e$ ist, wobei e wie in (G3) ist.

Dabei bedeutet (G1), dass für alle $a, b \in G$ schon $a \cdot b \in G$ ist. Außerdem möchten wir noch darauf hinweisen, dass mit Eigenschaft (G3) die Menge G mindestens ein Element besitzt. Gruppen sind also niemals die leere Menge.

Wir sagen „G ist eine Gruppe" und erwähnen das Verknüpfungszeichen nicht, falls klar ist, welche Verknüpfung wir meinen. G heißt **abelsch** genau dann, wenn das Kommutativgesetz erfüllt ist, wenn also für alle $g, h \in G$ gilt: $g \cdot h = h \cdot g$. Eine Teilmenge $U \subseteq G$ heißt **Untergruppe** von G genau dann, wenn U mit der Einschränkung der Verknüpfung $\cdot$ von G auf U eine Gruppe ist. Wir schreiben dafür $U \leq G$. ◀

© Der/die Autor(en), exklusiv lizenziert an Springer Nature Switzerland AG 2023
G. Stroth und R. Waldecker, *Elementare Algebra und Zahlentheorie*, Mathematik Kompakt,
https://doi.org/10.1007/978-3-031-39771-4_1

Im Rest des Kapitels bezeichne stets $(G, \cdot)$, kurz G, eine Gruppe.

Lemma 1.1

(a) *Das Element e aus (G3) ist eindeutig bestimmt, es heißt 1_G.*

(b) *Zu jedem $g \in G$ existiert genau ein Element wie in (G4), und dieses heißt Inverses zu g in G und wird mit g^{-1} bezeichnet.*

(c) *Für alle $g \in G$ ist $1_G \cdot g = g$ und $g^{-1} \cdot g = 1_G$.*

(d) *Kürzungsregeln: Sind $a, b, c \in G$, so folgt aus $a \cdot b = a \cdot c$ schon $b = c$, und aus $a \cdot c = b \cdot c$ folgt $a = b$.*

(e) *Für alle $x, y \in G$ ist $(x \cdot y)^{-1} = y^{-1} \cdot x^{-1}$.*

(f) *Untergruppenkriterium:*
Sei $U \subseteq G$. Genau dann ist U eine Untergruppe von G, wenn gilt: $1_G \in U$, und für alle $x, y \in U$ ist $x \cdot y^{-1} \in U$.

(g) *Der Durchschnitt beliebig vieler Untergruppen von G ist ebenfalls eine Untergruppe von G.*

Definition (Gruppenhomomorphismus, Kern, Bild, Normalteiler)

Seien $(G, \circ)$ und $(H, \bullet)$ Gruppen. Eine Abbildung $\alpha : G \to H$ heißt **Gruppenhomomorphismus** genau dann, wenn für alle $a, b \in G$ gilt :

$$(a \circ b)^{\alpha} = a^{\alpha} \bullet b^{\alpha} \quad \text{(Homomorphie-Eigenschaft)}.$$

Dabei bezeichnen wir für jedes $g \in G$ das Bild von g unter der Abbildung α mit g^{α}, und mit G^{α} oder Bild (α) notieren wir das **Bild von** α, also die Menge $\{g^{\alpha} \mid g \in G\}$. Dies ist eine Untergruppe von H. Weiter definieren wir Kern $(\alpha) := \{g \in G \mid g^{\alpha} = 1_H\}$, den **Kern** der Abbildung α. Dies ist eine Untergruppe von G. Ein bijektiver Gruppenhomomorphismus heißt **Gruppenisomorphismus,** und wir schreiben $G \cong H$ als Abkürzung dafür, dass es einen Gruppenisomorphismus von G nach H gibt. Ein Gruppenisomorphismus einer Gruppe in sich selbst heißt **Gruppenautomorphismus,** und wir bezeichnen die Menge aller Gruppenautomorphismen einer Gruppe G mit Aut (G). Dies ist selbst eine Gruppe, wobei die Verknüpfung die Hintereinanderausführung von Abbildungen ist.

Eine Untergruppe N von G heißt **Normalteiler von G** und wir schreiben $N \trianglelefteq G$ genau dann, wenn für alle $g \in G$ und alle $a \in N$ gilt: $g^{-1} \cdot a \cdot g \in N$. Wir schreiben auch manchmal, dass N normal ist in G. ◀

Normalteiler und Homomorphismen werden später eine wichtige Rolle spielen, u. a. da Kerne von Homomorphismen immer Normalteiler sind. Auch **Faktorgruppen** gehören zum Grundlagenwissen, werden aber nicht immer in den Grundlagenvorlesungen in voller Allgemeinheit behandelt. Es erleichtert später die Argumentation bei Faktorringen, wenn wir hier kurz zusammenfassen, worum es geht. Seien G eine Gruppe, $N \unlhd G$ und $g \in G$. Dann bezeichnen wir mit $N \cdot g$ die Menge $\{n \cdot g \mid n \in N\}$ und nennen dies eine **Rechtsnebenklasse**. Mit $G/N := \{N \cdot g \mid g \in G\}$ bezeichnen wir die Menge aller Rechtsnebenklassen von N in G. (Mehr dazu in Kap. 10). Weiter seien $x, y \in G$, und wir betrachten

$$(N \cdot x) \cdot (N \cdot y) = \{(n \cdot x) \cdot (m \cdot y) \mid n, m \in N\}.$$

Seien $n, m \in N$. Dann ist $(n \cdot x) \cdot (m \cdot y) = n \cdot (x \cdot m) \cdot y$, und die Normalteilereigenschaft liefert ein Element $n_x \in N$ so, dass $x \cdot m = n_x \cdot x$ ist. So erhalten wir $(n \cdot x) \cdot (m \cdot y) = n \cdot (n_x \cdot x) \cdot y \in N \cdot (x \cdot y)$ und damit ist $(N \cdot x) \cdot (N \cdot y) \subseteq N \cdot (x \cdot y)$. Umgekehrt ist jedes Element $n \cdot (x \cdot y) \in N \cdot (x \cdot y)$ von der Form $(n \cdot x) \cdot (1_N \cdot y)$, es ist also in $(N \cdot x) \cdot (N \cdot y)$ enthalten. Insgesamt ist $(N \cdot x) \cdot (N \cdot y) = N \cdot (x \cdot y)$, und auf diese Weise ist eine Verknüpfung $\cdot$ auf G/N definiert, mit der G/N selbst zu einer Gruppe wird. Diese heißt **Faktorgruppe** von G nach N (oder auch „G modulo N").

Dabei ist $N = N \cdot 1_G$ das neutrale Element, und für jedes $g \in G$ ist die zu $N \cdot g$ inverse Nebenklasse einfach $N \cdot g^{-1}$.

Wir hätten statt Rechtsnebenklassen auch **Linksnebenklassen** betrachten können, also $g \cdot N$ für jedes $g \in G$. Gibt es dann also eine Linksfaktorgruppe und eine Rechtsfaktorgruppe? Die Antwort ist Nein. Wie die obige kleine Rechnung zeigt, ist stets $g \cdot N = N \cdot g$. Das liegt daran, dass N ein Normalteiler ist. (Auch dazu mehr in Kap. 10.) Noch zwei abschließende Bemerkungen:

(a) Falls G abelsch ist, dann ist auch jede Faktorgruppe von G abelsch.
(b) Ist $N \unlhd G$, so arbeiten wir manchmal mit dem **natürlichen Homomorphismus von G nach G/N**. Dieser bildet jedes Gruppenelement $g \in G$ auf die dazugehörige Nebenklasse $N \cdot g$ ab.

In Kap. 10 knüpfen wir an dieses Grundlagenwissen an und beweisen z. B. den Homomorphiesatz für Gruppen, obwohl auch dieser oft in Grundlagenvorlesungen behandelt wird.

Definition ((un)endliche Gruppe, Ordnung)

Eine Gruppe G heißt **endlich** genau dann, wenn G als Menge endlich viele Elemente hat. Wir nennen dann die Anzahl der Elemente von G die Ordnung von G und schreiben dafür $|G|$. Ist die Anzahl der Elemente in G nicht endlich, so nennen wir G eine **unendliche** Gruppe. ◄

Zum Schluss wiederholen wir etwas Grundwissen zur Symmetrischen Gruppe.

Definition (Permutation, Symmetrische Gruppe)

Eine bijektive Abbildung einer Menge Ω in sich selbst nennen wir auch eine **Permutation**. Ist $n \in \mathbb{N}$, so bezeichnen wir mit $\mathcal{S}_n$ die Menge aller Permutationen von $\{1, ..., n\}$. Dies ist eine Gruppe bezüglich der Hintereinanderausführung von Abbildungen, die sogenannte **Symmetrische Gruppe vom Grad n.**

Bei der Notation von Zyklen vereinfachen wir die Schreibweise: Ist $(a_1, ..., a_k)$ ein Zyklus der Länge k in $\mathcal{S}_n$, so sind darin die Informationen inbegriffen, dass $k \in \mathbb{N}$, $k \leq n$ und $a_1, ..., a_k \in \{1, ..., n\}$ paarweise verschieden sind. Zyklen der Länge 2 werden auch **Transpositionen** genannt. Zwei Zyklen $(a_1, ..., a_k)$ und $(b_1, ..., b_l)$ aus $\mathcal{S}_n$ heißen **elementfremd** genau dann, wenn die Mengen $\{a_1, ..., a_k\}$ und $\{b_1, ..., b_l\}$ disjunkt sind. Häufig lassen wir in der Schreibweise der Zyklen die Kommas weg, falls dadurch keine Verwechslungen befürchtet werden müssen. ◄

Lemma 1.2
Sei $n \in \mathbb{N}$.

(a) *$|\mathcal{S}_n| = n!$.*
(b) *Jedes Element aus $\mathcal{S}_n$ kann als Produkt endlich vieler paarweise elementfremder Zyklen dargestellt werden.*
(c) *Jedes Element aus $\mathcal{S}_n$ kann als Produkt von Transpositionen geschrieben werden.*

Dabei ist in (b) und (c) auch das leere Produkt erlaubt.

Die Zyklenzerlegung in (b) ist bis auf die Reihenfolge der Zyklen eindeutig. Dagegen ist die Zerlegung in Transpositionen nicht eindeutig, sondern nur, ob eine gerade oder ungerade Anzahl benötigt wird. Das führt zur **Alternierenden Gruppe:**

Definition ((un)gerade Permutation, Alternierende Gruppe)

Sei $g \in \mathcal{S}_n$. Wir nennen g eine **gerade Permutation** genau dann, wenn g Produkt einer geraden Anzahl von Transpositionen ist. Wir nennen g eine **ungerade Permutation** genau dann, wenn g Produkt einer ungeraden Anzahl von Transpositionen ist. Die **Signumsabbildung** von $\mathcal{S}_n$ in die Gruppe $(\{1, -1\}, \cdot)$ ist ein Gruppenhomomorphismus, der allen geraden Permutationen den Wert 1 zuweist und allen ungeraden den Wert -1. Die Menge $\mathcal{A}_n$ aller geraden Permutationen in $\mathcal{S}_n$ ist ein Normalteiler von $\mathcal{S}_n$ (nämlich genau der Kern der Signumsabbildung) und heißt **Alternierende Gruppe vom Grad n.** ◄

Die **identische Abbildung** auf einer Menge M bezeichnen wir stets mit id_M. Wir benutzen auch manchmal den Begriff der **Gleichmächtigkeit** und definieren ihn daher:

Definition (Gleichmächtigkeit)

Seien A, B Mengen. Diese heißen **gleichmächtig** genau dann, wenn es eine bijektive Abbildung von A nach B gibt. ◄

Sind A und B endliche Mengen, so sind sie genau dann gleichmächtig, wenn sie die gleiche Anzahl von Elementen haben. Das war genug Wiederholung und Vorbereitung – nun geht es los!

Arithmetik

2

Was meinen wir eigentlich, wenn wir „Rechnen" sagen? Vielleicht denken wir an die ganzen Zahlen $\mathbb{Z}$, vielleicht auch an die reellen Zahlen $\mathbb{R}$. In beiden Zahlbereichen können wir problemlos addieren, subtrahieren und multiplizieren, aber bereits bei der Division sehen wir Unterschiede! Während wir jede reelle Zahl durch jede von Null verschiedene reelle Zahl teilen können (und wieder eine reelle Zahl erhalten), klappt dies in $\mathbb{Z}$ nicht so problemlos. Wir können, zum Beispiel, zwar 2 durch 3 teilen, verlassen damit aber den Bereich der ganzen Zahlen.

In der Menge $\mathbb{R}[x]$ der Polynome mit reellen Koeffizienten können wir ebenfalls ohne Bedenken addieren, subtrahieren und multiplizieren, aber nicht dividieren. Ein weiteres Beispiel liefert die Menge

$$\mathbb{Z}[i] = \{a + b \cdot i \mid a, b \in \mathbb{Z}\}$$

der sogenannten Ganzen Gaußschen Zahlen , wobei i eine komplexe Zahl ist mit der Eigenschaft $i^2 = -1$. Diese Menge ist unter Addition, Subtraktion und Multiplikation abgeschlossen, nicht jedoch unter Division. Wir vereinfachen meistens die Notation und schreiben $a+bi$ anstelle von $a + b \cdot i$ für komplexe Zahlen mit Realteil a und Imaginärteil b.

In diesem Kapitel untersuchen wir systematisch, was Zahlbereiche wie etwa $\mathbb{Z}$, $\mathbb{R}$ und $\mathbb{Z}[i]$ gemeinsam haben und welche Unterschiede es gibt.

Dies führt zur Definition eines Rings.

Definition (Ring, Körper)

Sei R eine Menge. Das Tripel $(R, +, \cdot)$ heißt **Ring** genau dann, wenn gilt:

G. Stroth und R. Waldecker, *Elementare Algebra und Zahlentheorie*, Mathematik Kompakt, https://doi.org/10.1007/978-3-031-39771-4_2

(R1) $(R, +)$ ist eine abelsche Gruppe.

(R2) $(R, \cdot)$ ist eine Menge mit Verknüpfung.

(R3) Für alle $a, b, c \in R$ ist $a \cdot (b \cdot c) = (a \cdot b) \cdot c$. (Assoziativgesetz für $\cdot$)

(R4) Für alle $a, b, c \in R$ gilt $a \cdot (b + c) = a \cdot b + a \cdot c$ und $(a + b) \cdot c = a \cdot c + b \cdot c$.
     (Distributivgesetze)

Die Gruppe $(R, +)$ aus (R1) nennen wir die **additive Gruppe des Rings** R und bezeichnen ihr neutrales Element mit 0_R. Wir nennen den Ring R **kommutativ** genau dann, wenn für alle $a, b \in R$ schon $a \cdot b = b \cdot a$ ist.

   $(R, +, \cdot)$ heißt **Körper** genau dann, wenn R ein kommutativer Ring ist, in dem zusätzlich $(R \setminus \{0_R\}, \cdot)$ eine Gruppe ist. ◄

Bemerkungen zur Notation

In einem Ring R nennen wir $e \in R$ ein **Einselement** genau dann, wenn für alle $a \in R$ schon $a \cdot e = a = e \cdot a$ gilt. Dementsprechend heißt R ein **Ring mit Eins** genau dann, wenn es in R ein Einselement gibt. In einem Ring R mit Eins ist das Einselement eindeutig bestimmt und wir bezeichnen es dann mit 1_R (siehe Übungsaufgabe 2.3).

   In der Literatur gibt es ganz unterschiedliche Nuancen bei der Definition von Ringen – zum Beispiel wird ein Ring ohne Einselement manchmal als „Rng" bezeichnet. Man kann übrigens jeden Ring in einen Ring mit Einselement einbetten (siehe Übungsaufgaben 2.6 und 3.2).

Beispiel 2.1

Alle eingangs genannten Beispiele sind Ringe, aber davon ist nur $\mathbb{R}$ ein Körper. Weitere Beispiele für Körper sind $\mathbb{C}$ und $\mathbb{Q}$. Ist $R := \{0\}$ mit der üblichen Addition und Multiplikation ganzer Zahlen, so entsteht ein kommutativer Ring mit Eins. Hier gilt $1_R = 0_R$, was die Axiome nicht ausschließen! Gleichzeitig ist R kein Körper, da $R \setminus \{0_R\}$ die leere Menge und insbesondere bezüglich $\cdot$ keine Gruppe ist. (Gruppen sind niemals die leere Menge!)

Definition (Teilring)

Sei $(R, +, \cdot)$ ein Ring.

   Eine Teilmenge T von R heißt **Teilring von** R genau dann, wenn T mit den Einschränkungen von $+$ und $\cdot$ selbst ein Ring ist. ◄

► **Bemerkung 2.2** Mit dem Untergruppenkriterium kann ein Teilringkriterium hergeleitet werden: Eine Teilmenge T eines Rings R ist genau dann ein Teilring, wenn gilt: $0_R \in T$ und für alle $a, b \in T$ ist auch $a - b \in T$ und $a \cdot b \in T$.

   Die Eigenschaften (R3) und (R4) vererben sich sofort von R auf T.

In den Übungsaufgaben werden Ringe vorkommen, die etwas seltsam sind. Ein kleiner Vorgeschmack:

Beispiel 2.3

Wir betrachten den Matrixring

$$R = \left\{ \begin{pmatrix} a & b \\ c & d \end{pmatrix} \middle| a, b, c, d \in \mathbb{R} \right\}$$

mit der gewohnten Addition und Multiplikation von Matrizen. Dieser Ring ist nicht kommutativ; etwa ist

$$\begin{pmatrix} 1 & 1 \\ 0 & 2 \end{pmatrix} \cdot \begin{pmatrix} 1 & 2 \\ 1 & 0 \end{pmatrix} = \begin{pmatrix} 2 & 2 \\ 2 & 0 \end{pmatrix} \neq \begin{pmatrix} 1 & 5 \\ 1 & 1 \end{pmatrix} = \begin{pmatrix} 1 & 2 \\ 1 & 0 \end{pmatrix} \cdot \begin{pmatrix} 1 & 1 \\ 0 & 2 \end{pmatrix}.$$

Aber der Ring hat ein Einselement, nämlich die Einheitsmatrix $\begin{pmatrix} 1 & 0 \\ 0 & 1 \end{pmatrix}$.

Wie wir bereits gesehen haben, können wir in Ringen nicht unbedingt dividieren. Wichtig sind daher die Konzepte „Teilen" und „Kürzen".

Definition (Teiler)

Sei R ein kommutativer Ring und seien $a, b \in R$. Wir sagen „*a* **teilt** *b* **in** *R*", in Zeichen $a \mid b$, genau dann, wenn es ein $c \in R$ gibt mit der Eigenschaft $a \cdot c = b$. Wir nennen a dann einen **Teiler** von b in R. ◄

In dieser Definition ist auch sofort c ein Teiler von b in R. Wenn aus dem Kontext klar ist, in welchem Ring wir arbeiten, lassen wir den Zusatz „in R" manchmal weg.

Lemma 2.4

Seien R ein kommutativer Ring und $a \in R$. Dann gilt $a \cdot 0_R = 0_R$. Insbesondere ist dann jedes Element von R ein Teiler von 0_R in R, auch 0_R selbst. Falls R ein Einselement hat, dann teilt auch jedes Element von R sich selbst.

Beweis Es ist $0_R + 0_R = 0_R$, mit (R4) gilt also $a \cdot 0_R = a \cdot (0_R + 0_R) = a \cdot 0_R + a \cdot 0_R$. Kürzen in der Gruppe $(R, +)$ liefert die Aussage $a \cdot 0_R = 0_R$. Der Rest ergibt sich aus der Definition von Teilern. Falls R ein Einselement 1_R hat, so gilt $a \cdot 1_R = a$ und daher ist a ein Teiler von sich selbst in R. □

Achtung! Vorsicht bei der Alltagssprache und bei der Schreibweise mit Brüchen, wie wir sie für rationale Zahlen aus der Schule kennen. Wir können in Ringen im Allgemeinen nicht dividieren, wir können also nicht *durch ein Element des Ringes teilen*, auch wenn wir hier über Teilbarkeit sprechen.

Um den Unterschied ganz deutlich zu machen: In $\mathbb{Z}$ ist 3 ein Teiler von 6, denn die Zahl 2 liegt in $\mathbb{Z}$ und $2 \cdot 3 = 6$. Wir können aber *nicht durch 3 teilen*, denn durch 3 zu teilen bedeutet, mit dem multiplikativen Inversen von 3 (also $\frac{1}{3}$) zu multiplizieren. Das geht in $\mathbb{Q}$, aber nicht in $\mathbb{Z}$.

Mit Lemma 2.4 sehen wir ein noch drastischeres Beispiel: In $\mathbb{Z}$ ist 0 ein Teiler von 0, aber der Ausdruck $\frac{0}{0}$ ist nicht definiert.

Ist R ein kommutativer Ring mit Eins und sind $a, b \in R$, so kann es passieren, dass a und b sich gegenseitig teilen. Dies ist zum Beispiel der Fall, wenn $a = b$ oder $a = -b$ ist. Sind dies die einzigen Möglichkeiten?

Überlegen wir weiter: Seien $c, d \in R$ so, dass $b = c \cdot a$ ist (denn a teilt b) und $a = d \cdot b$ (denn b teilt a). Also gilt

$$b = (c \cdot d) \cdot b.$$

Folgt hieraus $c \cdot d = 1_R$? In den reellen Zahlen wäre das so, jedenfalls wenn $b \neq 0$ ist.

Wir betrachten also zunächst den Sonderfall $b = 0_R$. Mit Lemma 2.4 folgt dann $a = 0_R = b$. Sei ab jetzt $b \neq 0_R$. Dann erhalten wir aus der Gleichung oben

$$b \cdot (1_R - c \cdot d) = 0_R.$$

Da $b \neq 0_R$ ist, liegt der Schluss nahe, dass nun $1_R - c \cdot d = 0_R$ ist. So könnten wir jedenfalls in $\mathbb{R}$ oder $\mathbb{Z}$ argumentieren. Allgemein stimmt das aber nicht! Es gibt Ringe, in denen man das Nullelement als Produkt zweier von Null verschiedener Elemente schreiben kann:

Beispiel 2.5
Der Matrixring

$$\left\{ \begin{pmatrix} a & 0 \\ 0 & b \end{pmatrix} \;\middle|\; a, b \in \mathbb{Z} \right\}$$

mit gewöhnlicher Matrixaddition und -multiplikation ist ein Teilring des Matrixringes in Beispiel 2.3, und dieser Teilring ist kommutativ mit Eins. Hier ist das Nullelement $\begin{pmatrix} 0 & 0 \\ 0 & 0 \end{pmatrix}$ und das Einselement ist $\begin{pmatrix} 1 & 0 \\ 0 & 1 \end{pmatrix}$. In diesem Ring sehen wir

$$\begin{pmatrix} 0 & 0 \\ 0 & 2 \end{pmatrix} \cdot \begin{pmatrix} 1 & 0 \\ 0 & 0 \end{pmatrix} = \begin{pmatrix} 0 & 0 \\ 0 & 0 \end{pmatrix},$$

obwohl die Matrizen $\begin{pmatrix} 0 & 0 \\ 0 & 2 \end{pmatrix}$ und $\begin{pmatrix} 1 & 0 \\ 0 & 0 \end{pmatrix}$ beide nicht die Nullmatrix sind.

Gewisse Rechenregeln aus $\mathbb{Z}$ oder $\mathbb{R}$ sind also nicht einfach auf andere Ringe übertragbar. Diese Überlegungen führen zu folgender Definition:

Definition (Nullteiler, Integritätsbereich)

Sei R ein kommutativer Ring.

(a) Ein Element $a \in R$ heißt ein **Nullteiler in R** genau dann, wenn $a \neq 0_R$ ist und es ein $b \in R$ gibt, $b \neq 0_R$, mit der Eigenschaft $a \cdot b = 0_R$.

(b) R heißt **Integritätsbereich** genau dann, wenn R ein Einselement hat und keine Nullteiler besitzt. ◄

Bemerkungen dazu

(a) Integritätsbereiche sind nach Definition immer kommutativ und haben ein Einselement.
(b) Es ist zwar 0_R ein Teiler von 0_R, aber kein Nullteiler. Deshalb ist auch $(\{0_R\}, +, \cdot)$ selbst ein Integritätsbereich und wir müssen diesen sogenannten Nullring nicht als Ausnahme behandeln. Dies wird in der Literatur nicht einheitlich gehandhabt.

Wir greifen nun unsere Frage von oben wieder auf. Ist R ein Integritätsbereich und sind $c, d \in R$ so, dass $1_R - c \cdot d = 0_R$ gilt, so erhalten wir $c \cdot d = 1_R$. Damit sind c und d Teiler des Einselements 1_R in R. Im Fall $R = \mathbb{Z}$ ergeben sich also zum Beispiel die Möglichkeiten $c = d = 1$ oder auch $c = d = -1$. Dies führt zu zwei neuen Begriffen:

Definition (Einheit, Assoziierte)

Sei R ein kommutativer Ring mit Eins und seien $c, d \in R$.

(a) Das Element c heißt **Einheit in R** genau dann, wenn c ein Teiler von 1_R in R ist.
(b) Wir nennen c und d **assoziiert in R** genau dann, wenn es eine Einheit $e \in R$ gibt so, dass $d = c \cdot e$ gilt. ◂

Fassen wir nun mit diesen neuen Begriffen zusammen, was wir entwickelt haben:

Lemma 2.6
Seien R ein Integritätsbereich und $a, b \in R$.

(a) *Ist a ein Teiler von b in R und umgekehrt auch b ein Teiler von a in R, so sind a und b assoziiert in R.*
(b) *Sei zusätzlich $c \in R$ und $c \neq 0_R$. Ist dann $a \cdot c$ gleich (bzw. assoziiert zu) $b \cdot c$ in R, so ist auch a gleich (bzw. assoziiert zu) b.*

Beweis

(a) Sind $c, d \in R$ so, dass $b = c \cdot a$ ist und $a = d \cdot b$, so erhalten wir zuerst $b = (c \cdot d) \cdot b$, dann mit einem Distributivgesetz $b \cdot (1_R - c \cdot d) = 0_R$ und schließlich $b = 0_R$ oder $c \cdot d = 1_R$. Es ist also $b = 0_R$ (und damit auch $a = 0_R$ und die Aussage des Lemmas wahr) oder $c \cdot d = 1_R$. Im zweiten Fall sind c und d Einheiten, und dann folgt, dass a und b assoziiert sind.

(b) Seien $e \in R$ eine Einheit und $a \cdot c \cdot e = b \cdot c$. Da R kommutativ ist, folgt mit (R4) schon
$(a \cdot e - b) \cdot c = 0_R$. Wie oben schließen wir aus der Nullteilerfreiheit $a \cdot e = b$, also
sind a und b assoziiert in R. Der Spezialfall Gleichheit folgt genau so. $\square$

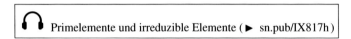

Primelemente und irreduzible Elemente (▶ sn.pub/IX817h)

Besonders wichtig beim Rechnen in $\mathbb{Z}$ sind die Primzahlen. Diese wollen wir jetzt auch
in Integritätsbereichen definieren. Dazu lassen wir uns davon motivieren, welche Eigenschaften die Primzahlen in $\mathbb{Z}$ auszeichnen. Kurz zur Wiederholung: Eine Primzahl ist eine
natürliche Zahl, die genau zwei verschiedene natürliche Teiler hat, und zwar 1 und sich
selbst. Insbesondere ist 1 keine Primzahl.

(a) Eine Primzahl p hat folgende Eigenschaft: *Ist $a \in \mathbb{Z}$ ein Teiler von p in $\mathbb{Z}$, so ist
$a \in \{1, -1\}$ (d. h. a ist eine Einheit) oder $a \in \{p, -p\}$ (d. h. a ist assoziiert zu p in $\mathbb{Z}$).*
(b) Eine Primzahl p hat auch folgende Eigenschaft: *Sind $a, b \in \mathbb{Z}$ und ist p ein Teiler von
$a \cdot b$ in $\mathbb{Z}$, so ist p ein Teiler von a oder von b.*

Wir betrachten jetzt die Eigenschaften in (a) und (b) getrennt und bezeichnen in Integritätsbereichen die erste Eigenschaft mit „irreduzibel" und die zweite mit „prim".

Definition (Primelemente und irreduzible Elemente)

Sei R ein kommutativer Ring mit Eins und sei $p \in R$, $p \neq 0_R$ und p keine Einheit in R.

(a) Das Element p heißt **irreduzibel in R** genau dann, wenn für alle $a \in R$ gilt: Aus $a|p$
folgt, dass a eine Einheit oder zu p assoziiert ist.
(b) Das Element p heißt **prim in R (oder Primelement in R)** genau dann, wenn für
alle $a, b \in R$ gilt: Aus $p|a \cdot b$ folgt $p|a$ oder $p|b$. ◄

In $\mathbb{Z}$ sind die Primelemente genau die irreduziblen Elemente. Es wird eine interessante Frage
sein, in welchen Ringen die beiden Eigenschaften gleichwertig sind! Der nächste Satz gibt
eine Teilantwort.

Satz 2.7
*Seien R ein Integritätsbereich und $p \in R$ ein Primelement. Dann ist p irreduzibel in
R.*

Beweis Zunächst ist p weder 0_R noch eine Einheit. Sei jetzt $a \in R$ ein Teiler von p und sei $b \in R$ so, dass $p = a \cdot b$ gilt. Wir zeigen, dass a eine Einheit oder zu p assoziiert ist.

Mit Lemma 2.4 teilt p sich selbst. Es teilt p also a oder b in R, da es ein Primelement ist. Sei zuerst p ein Teiler von a. Dann teilen sich a und p gegenseitig, also sind sie assoziiert in R mit Lemma 2.6 (a). Jetzt sei p ein Teiler von b. Dann teilen sich p und b gegenseitig, also sind p und b assoziiert (wieder mit Lemma 2.6 (a)). Seien $e \in R$ eine Einheit und $b = e \cdot p$. Dann ist $1_R \cdot p = p = a \cdot b = a \cdot e \cdot p$, also folgt aus Lemma 2.6 (b) schon $1_R = a \cdot e$ und damit ist a eine Einheit.

Somit ist p irreduzibel in R. $\qquad\qquad\qquad\qquad\qquad\qquad\qquad\qquad\qquad\qquad\qquad\square$

Umgekehrt ist leider nicht jedes irreduzible Element auch prim:

Beispiel 2.8
Wir betrachten eine Variante des Rings der Ganzen Gaußschen Zahlen, und zwar

$$R := \{a + b\sqrt{5}i \mid a, b \in \mathbb{Z}\}.$$

Einfache Rechnungen zeigen, dass R ein Ring ist. Als Teilring von $\mathbb{C}$, der die Zahl 1 enthält, ist es sofort ein Integritätsbereich, und wir sehen auch, dass 1 und -1 Einheiten in diesem Ring sind. Wir zeigen, dass dies die einzigen Einheiten sind. Seien dazu $a, b, c, d \in \mathbb{Z}$ und

$$1 = (a + b\sqrt{5}i) \cdot (c + d\sqrt{5}i).$$

Komplexe Konjugation auf beiden Seiten der Gleichung liefert dann auch

$$1 = (a - b\sqrt{5}i) \cdot (c - d\sqrt{5}i).$$

Indem wir beide Gleichungen multiplizieren, erhalten wir

$$1 = (a^2 + 5 \cdot b^2) \cdot (c^2 + 5 \cdot d^2).$$

Dies ist nun eine Gleichung in $\mathbb{Z}$. Da $a^2 + 5 \cdot b^2 \geq 0$ ist, folgt daraus $a^2 + 5 \cdot b^2 = 1$. Hier gibt es nur die Lösungen $b = 0$ und $a \in \{1, -1\}$. Also sind 1 und -1 die einzigen Einheiten.

Wir zeigen jetzt, dass die Zahl 3 irreduzibel in R ist. Zuerst sehen wir, dass 3 weder 0 noch eine Einheit ist. Wir wenden nun den gleichen Trick, den wir benutzt haben, um die Einheiten zu bestimmen, noch einmal an. Seien dazu $a, b, c, d \in \mathbb{Z}$ so, dass

$$3 = (a + b\sqrt{5}i) \cdot (c + d\sqrt{5}i)$$

gilt. Durch Anwendung von komplexer Konjugation in $\mathbb{C}$ erhalten wir die Gleichung

$$3 = (a - b\sqrt{5}i) \cdot (c - d\sqrt{5}i),$$

da 3 bei komplexer Konjugation unverändert bleibt. Also ist

$$\begin{aligned} 9 = 3 \cdot 3 &= (a - b\sqrt{5}i) \cdot (a + b\sqrt{5}i) \cdot (c - d\sqrt{5}i) \cdot (c + d\sqrt{5}i) \\ &= (a^2 + 5 \cdot b^2) \cdot (c^2 + 5 \cdot d^2). \end{aligned}$$

Dies ist eine Gleichung in $\mathbb{Z}$, bei der die Faktoren auf der rechten Seite nicht-negativ sind. Somit ist

$$a^2 + 5 \cdot b^2 \in \{1, 3, 9\}.$$

Ist $a^2 + 5 \cdot b^2 = 3$, so muss $b^2 = 0$ und $a^2 = 3$ sein, was in $\mathbb{Z}$ unmöglich ist. Ist $a^2 + 5 \cdot b^2 = 9$, so ist $c^2 + 5 \cdot d^2 = 1$. Also ist stets

$$a^2 + 5 \cdot b^2 = 1 \text{ oder } c^2 + 5 \cdot d^2 = 1.$$

Im ersten Fall, $a^2 + 5 \cdot b^2 = 1$, kommen in $\mathbb{Z}$ genau die Lösungen $b = 0$, $a \in \{1, -1\}$ heraus. Im anderen Fall ist $d = 0$, $c \in \{1, -1\}$, und insgesamt haben wir als mögliche Teiler von 3 in R tatsächlich nur Einheiten und zu 3 assoziierte Zahlen gefunden.

Also ist 3 irreduzibel in R.

Jetzt schauen wir, ob 3 auch prim ist! Offenbar ist 3 ein Teiler von

$$3 \cdot 3 = 9 = (2 + \sqrt{5}i) \cdot (2 - \sqrt{5}i).$$

Aber 3 ist kein Teiler von $2 + \sqrt{5}i$ oder von $2 - \sqrt{5}i$, denn sonst müsste 3 ein Teiler von 2 in $\mathbb{Z}$ sein. (Vergleich von Real- und Imaginärteil.)

Somit sind „prim" und „irreduzibel" verschiedene Begriffe. Bevor wir uns ansehen, wann diese Begriffe doch gleichwertig sind (wie z. B. in $\mathbb{Z}$), wollen wir den Teilerbegriff noch etwas weiter studieren.

> 🎧 Euklidische Ringe (▶ sn.pub/7XKIJl)

In $\mathbb{Z}$ haben wir eine „Division mit Rest". Diese besagt: Sind $a, b \in \mathbb{Z}$, $b \neq 0$, so gibt es ganze Zahlen $q, r \in \mathbb{Z}$ mit der Eigenschaft

$$a = q \cdot b + r \text{ und } 0 \leq |r| < |b|.$$

Wenn wir dieses Konzept auf weitere Integritätsbereiche ausdehnen wollen, benötigen wir eine Definition des „Restes" r.

Definition (Euklidischer[1] Ring)

Ein Integritätsbereich R, der nicht der Nullring ist, heißt **euklidischer Ring** genau dann, wenn es eine Abbildung $N : R \setminus \{0_R\} \to \mathbb{N}_0$ gibt, die folgende Eigenschaften hat:

(NF1) Sind $a, b \in R \setminus \{0_R\}$, so gilt $N(a) \leq N(a \cdot b)$.

(NF2) Sind $a, b \in R$, $b \neq 0_R$, so gibt es Elemente $q, r \in R$ (beide in Abhängigkeit von a und b) derart, dass $a = q \cdot b + r$ ist und $r = 0_R$ oder $N(r) < N(b)$.

Die Abbildung N heißt dann **euklidische Normfunktion.** ◄

---

[1] Euklid von Alexandria lebte um 300 v. Chr. und wirkte in Alexandria. Verfasser des für viele Jahrhunderte grundlegenden Mathematikwerkes „Elemente". Wikipedia 2022.

In diesem Sinne ist $\mathbb{Z}$ mit der Betragsfunktion als euklidischer Normfunktion ein euklidischer Ring.

Beispiel 2.9
Wir betrachten den Ring $\mathbb{Z}[i]$ und definieren zuerst $N : \mathbb{C} \to \mathbb{C}$, für alle $a + bi \in \mathbb{C}$ sei

$$N(a + bi) := a^2 + b^2.$$

Setzen wir $(a + bi)^* := a - bi$, so sehen wir

$$N(a + bi) = (a + bi) \cdot (a + bi)^*.$$

Hier verwenden wir einfach die komplexe Konjugation in $\mathbb{C}$, und wir werden später brauchen, dass diese einen Körperautomorphismus von $\mathbb{C}$ definiert. Jetzt zeigen wir, dass die Einschränkung von N auf $\mathbb{Z}[i] \setminus \{0\}$ eine euklidische Normfunktion ist. Zuerst halten wir fest, dass für alle $a, b \in \mathbb{Z}$ die Zahl $a^2 + b^2$ in $\mathbb{N}_0$ liegt.

Seien $\alpha := a + bi$, $\beta := c + di \in \mathbb{Z}[i]$ und $\beta \neq 0$. Für (NF 1) sei auch $\alpha \neq 0$. Wir berechnen

$$N(\alpha \cdot \beta) = (\alpha \cdot \beta) \cdot (\alpha \cdot \beta)^* = \alpha \cdot \alpha^* \cdot \beta \cdot \beta^* = N(\alpha) \cdot N(\beta) \geq N(\alpha).$$

Hier haben wir verwendet, dass $\beta \neq 0$ ist und daher $N(\beta) \geq 1$ gilt.

Jetzt kommt (NF 2). Da $\mathbb{C}$ ein Körper ist, existiert dort β^{-1}, genauer ist $\beta^{-1} = \frac{(c-di)}{c^2+d^2}$ und in $\mathbb{C}$ gilt dann

$$\alpha \cdot \beta^{-1} = \frac{(a + bi)(c - di)}{c^2 + d^2}.$$

Die Zahlen a, b, c, d kommen aus $\mathbb{Z}$, daher liegen Real- und Imaginärteil von $\alpha \cdot \beta^{-1}$ in $\mathbb{Q}$. Seien also $s, t \in \mathbb{Q}$ so, dass $\alpha \cdot \beta^{-1} = s + ti$ ist.

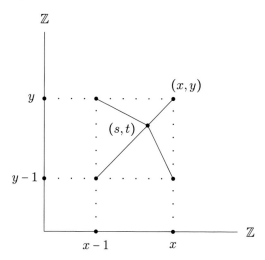

Wir wählen nun ganze Zahlen x und y derart aus, dass $|s - x| \leq \frac{1}{2}$ ist und auch $|t - y| \leq \frac{1}{2}$. Weiter seien $q := x + yi$ und $r := \beta \cdot \big((s + ti) - q \big)$.

Dann gilt

$$q \cdot \beta + r = q \cdot \beta + \beta \cdot \big((s + ti) - q \big) = \beta \cdot (s + ti) = \alpha.$$

Nun beachten wir noch, dass α, q und β im Ring $\mathbb{Z}[i]$ liegen und dass daher auch $r = \alpha - q \cdot \beta \in \mathbb{Z}[i]$ ist.

Falls $r = 0$ ist, ist nichts mehr zu zeigen. Andernfalls berechnen wir

$$
\begin{aligned}
N(r) &= N(\beta) \cdot N((s - x) + i(t - y)) \\
&= N(\beta) \cdot \left((s - x)^2 + (t - y)^2 \right) \\
&\leq N(\beta) \cdot \left(\frac{1}{4} + \frac{1}{4} \right) = \frac{1}{2} \cdot N(\beta) < N(\beta).
\end{aligned}
$$

Somit ist $\mathbb{Z}[i]$ tatsächlich ein euklidischer Ring.

Weitere Eigenschaften des Ringes $\mathbb{Z}[i]$ werden wir in Kap. 9 beweisen.

Der Begriff „euklidischer Ring" kommt vom euklidischen Algorithmus her, der zur Berechnung von sogenannten größten gemeinsamen Teilern verwendet wird und mit dem wir dieses Kapitel abschließen werden.

Definition (Größte gemeinsame Teiler, Teilerfremdheit)

Seien R ein kommutativer Ring mit Eins, $n \in \mathbb{N}$ und $a_1, \ldots, a_n \in R$. Wir nennen b einen **größten gemeinsamen Teiler, kurz ggT, von $a_1, \ldots, a_n$ in R** genau dann, wenn gilt:

(a) b teilt jedes der Elemente $a_1, \ldots, a_n$ in R.
(b) Ist $c \in R$ ein gemeinsamer Teiler aller Elemente $a_1, \ldots, a_n$ in R, so ist c auch ein Teiler von b in R.

Wir nennen $a_1, \ldots, a_n$ **teilerfremd in R** genau dann, wenn jeder ggT von $a_1, \ldots, a_n$ in R eine Einheit ist. ◄

▶ **Bemerkung 2.10** Sind R ein Integritätsbereich, $n \in \mathbb{N}$ sowie $a, a_1, \ldots, a_n \in R$, so beachten wir, dass a ein ggT von a und 0_R in R ist, und insbesondere ist 0_R ein ggT von 0_R und 0_R. Wir halten das hier fest, damit wir beim Begriff eines ggT nicht darüber nachdenken müssen, ob eins der beteiligten Elemente das Nullelement ist. Sind weiterhin b, c größte gemeinsame Teiler von $a_1, \ldots, a_n$ in R, so sehen wir mit Lemma 2.6 (a), dass b und c assoziiert sind. Nach Definition ist nämlich sowohl b ein Teiler von c als auch c ein Teiler von b in R. Umgekehrt ist jedes zu einem ggT assoziierte Element von R auch ein ggT. Das heißt, dass wir umso mehr verschiedene ggT von $a_1, \ldots, a_n$ haben, je mehr Einheiten der Ring R besitzt.

Zum Schluss noch ein **Warnhinweis:** Aus der Teilerfremdheit mehrerer Zahlen folgt im Allgemeinen nicht die paarweise Teilerfremdheit! Etwa sind 2, 4, 7 teilerfremd in $\mathbb{Z}$, aber 2 und 4 sind nicht teilerfremd, da sie den gemeinsamen Teiler 2 haben und dieser keine Einheit in $\mathbb{Z}$ ist.

Dass die Existenz eines ggT nicht selbstverständlich ist, zeigt folgendes Beispiel:

Beispiel 2.11

Wir betrachten wieder $R := \{a + b\sqrt{5}i \mid a, b \in \mathbb{Z}\}$ wie in Beispiel 2.8. Wir zeigen, dass die Zahlen 6 und $4 + 2\sqrt{5}i$ keine ggT in R haben.

Zuerst sehen wir, dass 2 ein gemeinsamer Teiler von 6 und $4 + 2\sqrt{5}i = 2 \cdot (2 + \sqrt{5}i)$ ist. Ferner gilt

$$(1 - \sqrt{5}i) \cdot (1 + \sqrt{5}i) = 6 \text{ und } 4 + 2\sqrt{5}i = -(1 - \sqrt{5}i)^2.$$

Also ist auch $\alpha := 1 - \sqrt{5}i$ ein gemeinsamer Teiler von 6 und $4 + 2\sqrt{5}i$ in R. Wenn es einen ggT δ von 6 und $4 + 2\sqrt{5}i$ gäbe, dann müsste dieser von 2 und α geteilt werden in R. Wir verlagern das Problem nun von R nach $\mathbb{Z}$.

Dazu die folgende Vorüberlegung, die aus der Definition von Teilbarkeit folgt und daraus, dass komplexe Konjugation sich mit der Multiplikation verträgt:

Sind $\beta, \gamma \in R$ und ist β ein Teiler von γ in R, so ist auch $\beta \cdot \beta^*$ ein Teiler von $\gamma \cdot \gamma^*$ in $\mathbb{Z}$. Dabei bezeichnet * wieder die komplexe Konjugation.

Wir kommen zurück zu unserer ggT-Frage. Angenommen, es sei δ ein ggT von 6 und $4 + 2\sqrt{5}i$ in R. Dann sind 2 und α Teiler von δ in R, also sind mit der Vorüberlegung $4 = 2 \cdot 2^*$ und $\alpha \cdot \alpha^* = (1 + \sqrt{5}i) \cdot (1 - \sqrt{5}i) = 6$ jeweils Teiler von $\delta \cdot \delta^*$ in $\mathbb{Z}$. Auf der anderen Seite wird 6 in R von δ geteilt, also ist in $\mathbb{Z}$ auch $\delta \cdot \delta^*$ ein Teiler von $36 = 6 \cdot 6^*$. Wir suchen also einen Teiler von 36 in $\mathbb{Z}$, der sowohl von 4 also auch von 6 geteilt wird. Das zeigt, dass 12 ein Teiler von $\delta \cdot \delta^*$ ist in $\mathbb{Z}$.

Wir erinnern uns, dass 6 von δ geteilt wird. Wir schreiben also $6 = \delta \cdot \gamma$ mit einer geeigneten Zahl $\gamma \in R$. Es ist dann $36 = (\delta \cdot \gamma) \cdot (\delta \cdot \gamma)^* = (\delta \cdot \delta^*) \cdot (\gamma \cdot \gamma^*)$, wobei auf der rechten Seite ein Produkt zweier ganzer Zahlen steht. Da $\delta \cdot \delta^*$ durch 12 teilbar ist, zeigt diese Gleichung, dass $\gamma \cdot \gamma^*$ nur die Werte 1 oder 3 annehmen kann. Seien $a, b \in \mathbb{Z}$ und $\gamma = a + b\sqrt{5}i$. Dann ist $\gamma \cdot \gamma^* = a^2 + 5b^2 > 0$. Damit da 1 oder 3 herauskommt, muss $b = 0$ sein und $a^2 = 1$. Also ist $\gamma \in \{1, -1\}$. Da $\delta \cdot \gamma = 6$ ist, muss jetzt $\delta \in \{6, -6\}$ sein. Ein Vergleich von Real- und Imaginärteil zeigt dann, dass δ kein Teiler von $4 + 2\sqrt{5}i$ sein kann.

Aus diesem Widerspruch folgt, dass δ nicht existiert, dass es also für die Zahlen 6 und $4 + 2\sqrt{5}i$ keine ggT in R gibt.

Im Gegensatz zu dem Ring im vorherigen Beispiel gibt es in euklidischen Ringen immer einen ggT, wie wir gleich sehen werden. Mehr noch: Man kann, wie bereits angekündigt, mit dem euklidischen Algorithmus größte gemeinsame Teiler berechnen. Also los!

Satz 2.12

Seien R ein euklidischer Ring mit Normfunktion N und $a, b \in R \setminus \{0_R\}$. Für jedes $j \in \mathbb{N}_0$ sei $r_j \in R$ wie folgt definiert:

Falls $N(a) \geq N(b)$ ist, dann seien $r_0 := a$ und $r_1 := b$. Andernfalls seien $r_0 := b$ und $r_1 := a$. Ist $j \geq 1$, so seien $q_j, r_{j+1} \in R$ rekursiv gegeben durch

$$r_{j-1} = q_j \cdot r_j + r_{j+1}, \text{ wobei } r_{j+1} = 0_R \text{ ist oder } N(r_{j+1}) < N(r_j).$$

Dann existiert ein $i \in \mathbb{N}$ so, dass $r_i = 0_R$ ist, und r_{i-1} ist dann ein größter gemeinsamer Teiler von a und b in R.

Beweis Da die „Reste", falls sie nicht 0_R sind, in jedem Schritt einen kleineren Normwert haben, muss es ein $i \in \mathbb{N}$ geben, für das wir $r_i = 0_R$ erhalten. Dann hören wir auf und haben die Elemente $r_0, \ldots, r_i$. Aus der Voraussetzung folgt, dass $i \geq 2$ ist. Eine kleine Rechnung zeigt, dass für alle $j \in \{1, \ldots, i\}$ die gemeinsamen Teiler von r_{j-1} und r_j in R genau die gemeinsamen Teiler von a und b sind. Insbesondere haben a und b in R die gleichen gemeinsamen Teiler wie r_{i-1} und 0_R. Daher ist r_{i-1} ein größter gemeinsamer Teiler von a und b. □

Übungsaufgaben

2.1 Sei $(R, +, \cdot)$ ein Ring mit Einselement 1_R. Wir führen auf R zwei neue Verknüpfungen $\oplus$ und $\odot$ ein: Für alle $a, b \in R$ sei

$$a \oplus b := a + b - 1_R \text{ und } a \odot b := a + b - a \cdot b.$$

Zeige, dass auch $(R, \oplus, \odot)$ ein Ring ist.

2.2 Sei $R = \{(a, b) \mid a, b \in \mathbb{Z}\}$ und sei für alle $a, b, c, d \in \mathbb{Z}$ definiert
$(a, b) + (c, d) := (a + c, b + d)$ und $(a, b) \cdot (c, d) := (a \cdot c, b \cdot d)$.
Zeige, dass R ein kommutativer Ring ist und bestimme alle Nullteiler von R. Hat R ein Einselement?

2.3 Sei R ein Ring. Zeige: Falls $e, e' \in R$ sind und für alle $a \in R$ schon $a \cdot e = a = e \cdot a = e' \cdot a = a \cdot e'$ gilt, dann ist $e = e'$.

2.4 Sei R ein Ring mit Einselement 1_R und sei $1_R = 0_R$. Zeige: $R = \{0_R\}$.

2.5 Sei $R := \left\{ \begin{pmatrix} a & 0 \\ 0 & b \end{pmatrix} \mid a, b \in \mathbb{Z} \right\}$ der Matrixring aus Beispiel 2.5. Zeige, dass die Menge $T := \left\{ \begin{pmatrix} 2 \cdot c & 0 \\ 0 & 2 \cdot d \end{pmatrix} \mid c, d \in \mathbb{Z} \right\}$ ein Teilring von R ist, der kein Einselement hat!

2.6 Sei R ein Ring. Jetzt sei $\tilde{R} := R \times \mathbb{Z}$ und für alle $a \in R, \lambda \in \mathbb{N}, \mu \in \mathbb{Z} \setminus \mathbb{N}_0$ sei $\lambda \cdot a := \underbrace{a + \ldots + a}_{\lambda - mal}$, weiterhin $0 \cdot a := 0_R$ und $\mu \cdot a := (-\mu) \cdot (-a)$.
Für alle $(a, \lambda), (b, \mu) \in \tilde{R}$ seien

$$(a, \lambda) + (b, \mu) := (a + b, \lambda + \mu) \text{ und } (a, \lambda) \cdot (b, \mu) := (a \cdot b + \lambda \cdot b + \mu \cdot a, \lambda \cdot \mu).$$

Zeige, dass $(\tilde{R}, +, \cdot)$ ein Ring ist und dass $(0_R, 1)$ ein Einselement in $\tilde{R}$ ist.

2.7 Seien p eine Primzahl und $R_p := \{\frac{a}{b} \mid a, b \in \mathbb{Z}, p \text{ teilt nicht } b \text{ in } \mathbb{Z}\}$.

(a) Zeige zuerst, dass $(R_p, +, \cdot)$ ein Teilring von $\mathbb{Q}$ ist.

(b) Bestimme die Einheiten und die irreduziblen Elemente von R_p.

(c) Ist R_p ein euklidischer Ring?

2.8 Seien $i \in \mathbb{C}$ die imaginäre Einheit, d.h. $i^2 = -1$, und $\omega := e^{\frac{2\pi i}{3}} \in \mathbb{C}$. Zeige, dass $\omega^2 + \omega + 1 = 0$ ist und $\omega = \frac{1}{2}(-1 + \sqrt{3}i)$.

Zeige weiter, dass $R := \mathbb{Z}[\omega] = \{a + b \cdot \omega \mid a, b \in \mathbb{Z}\}$ ein Teilring von $\mathbb{C}$ ist, also sogar ein Integritätsbereich. Welche Einheiten hat dieser Ring?

2.9 Sei wieder $i \in \mathbb{C}$ die imaginäre Einheit.

Zeige, dass $\mathbb{Z}[\sqrt{2}i] := \{a + b\sqrt{2}i \mid a, b \in \mathbb{Z}\}$ ein kommutativer Ring mit Einselement ist, und bestimme dessen Einheiten.

2.10 Sei R ein Integritätsbereich. Zeige: Ist $2 \leq |R| < \infty$, so ist R ein Körper.

2.11 Sei R ein beliebiger Ring mit Einselement, in dem für jedes $a \in R$ gilt: $a \cdot a = a$. Zeige:

(a) Für alle $a \in R$ ist $a + a = 0_R$.

(b) R ist kommutativ.

2.12 Führe den euklidischen Algorithmus durch, um einen ggT zu finden!

(a) Finde einen ggT von 500 und 36 in $\mathbb{Z}$.

(b) Finde einen ggT von $4 + 6i$ und $8 - 2i$ in $\mathbb{Z}[i]$.

Ringe und Ideale

3

Homomorphismen und Faktorringe (▶ sn.pub/OqwPgO)

Hier setzen wir die Untersuchung der im vorherigen Kapitel begonnenen Teilbarkeitsfragen fort, allerdings wesentlich allgemeiner in beliebigen Ringen. Ein zentraler Begriff ist der des *Ideals* (aufbauend auf der Theorie der *idealen Zahlen,* siehe z. B. in [4] ab S. 397).

Definition (Ideal)

Sei R ein kommutativer Ring. Eine Teilmenge $I \subseteq R$ heißt **Ideal** von R genau dann, wenn gilt:

(I1) $(I, +)$ ist eine Untergruppe von $(R, +)$.

(I2) Für alle $a \in R$ gilt $a \cdot I := \{a \cdot b \mid b \in I\} \subseteq I$. ◀

Beispiel 3.1

Die geraden ganzen Zahlen bilden ein Ideal des Ringes $\mathbb{Z}$. Für (I2) ist dabei nur zu beachten, dass alle Vielfachen einer geraden Zahl wieder gerade sind. Tatsächlich ist für jede ganze Zahl a die Menge $a \cdot \mathbb{Z}$ aller ganzzahligen Vielfachen von a immer ein Ideal von $\mathbb{Z}$.

Dies gilt noch allgemeiner! Ist R ein kommutativer Ring mit Eins und $a \in R$, so ist stets $a \cdot R := \{a \cdot b \mid b \in R\}$ ein Ideal von R, das a enthält. Wir sehen das wie folgt: Es ist $0_R = a \cdot 0_R \in a \cdot R$ und mit dem Distributivgesetz folgt dann, dass $(a \cdot R, +)$ eine Untergruppe von $(R, +)$ ist. Eigenschaft (I2) folgt sofort aus der Definiton der Menge $a \cdot R$.

Wir nennen das Ideal $a \cdot R$ **das von a erzeugte Ideal von R.**

Ähnlich zur Konstruktion von Faktorräumen, ausgehend von einem Vektorraum und einem Teilraum, und zu Faktorgruppen (siehe Kap. 1) können wir mit Hilfe von Idealen neue Ringe

G. Stroth und R. Waldecker, *Elementare Algebra und Zahlentheorie*, Mathematik Kompakt,
https://doi.org/10.1007/978-3-031-39771-4_3

konstruieren: Faktorringe. Für den nächsten Satz seien R ein kommutativer Ring, $I \subseteq R$ ein Ideal, und für alle $I + a, I + b \in R/I$ seien

$$(I + a) \oplus (I + b) := I + (a + b) \quad \text{und} \quad (I + a) \circ (I + b) := I + (a \cdot b).$$

Satz 3.2
*Seien R ein kommutativer Ring und $I \subseteq R$ ein Ideal. Dann ist $(R/I, \oplus, \circ)$ ein kommutativer Ring, der sogenannte **Faktorring R modulo I**. Falls R ein Einselement hat, dann hat R/I auch ein Einselement.*

Beweis Wir zeigen hier nur, dass die Multiplikation in R/I wohldefiniert ist, d. h. dass sie nicht von der Wahl der Repräsentanten abhängt. Die anderen Ringeigenschaften ergeben sich dann schnell aus denen von $(R, +, \cdot)$ und daraus, dass $(R/I, \oplus)$ die Faktorgruppe bezogen auf die Ringaddition ist.

Seien dazu $a, a', b, b' \in R$ so, dass $I + a' = I + a$ gilt und $I + b' = I + b$. Dann ist $a' = 0_R + a' \in I + a' = I + a$ und daher gibt es ein $c \in I$ so, dass $a' = c + a$ ist. Genau so wählen wir ein $d \in I$ so, dass $b' = d + b$ ist. Dann haben wir

$$(I + a') \circ (I + b') = (I + (c + a)) \circ (I + (d + b)) = I + (c \cdot d + c \cdot b + a \cdot d + a \cdot b).$$

Aus (12) folgt $c \cdot d + c \cdot b + a \cdot d \in I$, da c und d aus I kommen und R kommutativ ist. Also ist $(I + a') \circ (I + b') = I + (a \cdot b) = (I + a) \circ (I + b)$. $\square$

Später bezeichnen wir die Addition im Faktorring wieder mit $+$ und die Multiplikation mit $\cdot$. Auch in der nächsten Definition unterscheiden wir die Verknüpfungssymbole in den beiden Ringen nicht.

Definition (Ringhomomorphismus)

Seien R_1 und R_2 Ringe.

(a) Eine Abbildung $\varphi : R_1 \to R_2$ heißt **Ringhomomorphismus** genau dann, wenn für alle $a, b \in R_1$ gilt:

$$(a + b)^\varphi = a^\varphi + b^\varphi \quad \text{und} \quad (a \cdot b)^\varphi = a^\varphi \cdot b^\varphi.$$

Wir nennen einen Ringhomomorphismus einen **Epimorphismus, Monomorphismus bzw. Isomorphismus** genau dann, wenn er surjektiv, injektiv bzw. bijektiv ist. Ein **Körperhomomorphismus** (und entsprechend -epi-, -mono- und -isomorphismus) ist ein Ringhomomorphismus, bei dem die beteiligten Ringe Körper sind. Ein

Ringisomorphismus eines Ringes in sich selbst heißt **Ringautomorphismus.** Gibt es einen Ringisomorphismus von R_1 nach R_2, so schreiben wir als Abkürzung dafür $R_1 \cong R_2$.

(b) Sei $\varphi : R_1 \to R_2$ ein Ringhomomorphismus. Wir setzen

$$\text{Kern}\,(\varphi) := \{a \mid a \in R_1, a^\varphi = 0_{R_2}\}$$

und nennen Kern (φ) den **Kern** des Homomorphismus φ. ◄

Lemma 3.3
Seien R_1, R_2 Ringe und $\varphi : R_1 \to R_2$ ein Ringhomomorphismus. Dann gilt:

(a) $0^\varphi_{R_1} = 0_{R_2}$.
(b) *Seien R_1 und R_2 Ringe mit Einselementen 1_{R_1} bzw. 1_{R_2} und sei R_2 nullteilerfrei. Weiter sei $R_1 \neq \text{Kern}\,(\varphi)$. Dann gilt $1^\varphi_{R_1} = 1_{R_2}$.*

Beweis Die Aussage in (a) folgt, weil φ insbesondere ein Gruppenhomomorphismus von $(R_1, +)$ nach $(R_2, +)$ ist.

Für (b) sei $R_1 \neq \text{Kern}\,(\varphi)$. Sei $a \in R_1 \setminus \text{Kern}\,(\varphi)$. Dann ist $0_{R_2} \neq a^\varphi = (1_{R_1} \cdot a)^\varphi = 1^\varphi_{R_1} \cdot a^\varphi$ und daher

$$0_{R_2} = (1_{R_2} - 1^\varphi_{R_1}) \cdot a^\varphi.$$

Da R_2 nach Voraussetzung in (b) nullteilerfrei ist, folgt $0_{R_2} = 1_{R_2} - 1^\varphi_{R_1}$ und schließlich $1^\varphi_{R_1} = 1_{R_2}$. □

Lemma 3.4
Seien R_1, R_2 kommutative Ringe und $\varphi : R_1 \to R_2$ ein Ringhomomorphismus. Dann ist Kern (φ) ein Ideal.

Beweis Wir wissen bereits, dass Kern (φ) eine Untergruppe von R_1 bezüglich der Addition ist. (Siehe Kap. 1.) Für (I 2) seien $a \in R_1$ und $b \in \text{Kern}\,(\varphi)$. Dann ist $(a \cdot b)^\varphi = a^\varphi \cdot b^\varphi = 0_{R_2}$ und damit $a \cdot b \in \text{Kern}\,(\varphi)$. □

Satz 3.5 (Homomorphiesatz für Ringe).

Seien R_1, R_2 kommutative Ringe und $\varphi : R_1 \to R_2$ ein Ringhomomorphismus. Dann ist

$$R_1/\mathrm{Kern}\,(\varphi) \cong \mathrm{Bild}\,(\varphi).$$

Beweis Sei $J := \mathrm{Kern}\,(\varphi)$. Mit Lemma 3.4 und Satz 3.2 ist R_1/J ein Ring, und es ist auch $(\mathrm{Bild}\,(\varphi), +, \cdot)$ ein Ring. Wir definieren $\psi : R_1/J \to \mathrm{Bild}\,(\varphi)$, für alle $a \in R_1$ sei $(J + a)^\psi := a^\varphi$. Jetzt weisen wir nach, dass ψ ein Ringhomomorphismus von $(R_1/J, +, \cdot)$ nach $(\mathrm{Bild}\,(\varphi), +, \cdot)$ ist. Für die Wohldefiniertheit seien $a, b \in R_1$ so, dass $J + a = J + b$ ist. Dann ist $a - b \in J = \mathrm{Kern}\,(\varphi)$, also ist $(a - b)^\varphi = 0_{R_2}$ und somit $a^\varphi = b^\varphi$. Das bedeutet $(J + a)^\psi = (J + b)^\psi$.

Seien nun $a, b \in R_1$. Da φ ein Ringhomomorphismus ist, gilt dann

$$((J + a) \cdot (J + b))^\psi = (J + (a \cdot b))^\psi = (a \cdot b)^\varphi = a^\varphi \cdot b^\varphi = (J + a)^\psi \cdot (J + b)^\psi.$$

Genau so sieht man, dass ψ mit der Addition verträglich ist, und auch die Bijektivität folgt mit kleinen Rechnungen. $\square$

Die Nützlichkeit des folgenden Satzes wird sich später noch erschließen:

Satz 3.6

Ein kommutativer Ring R mit Eins, der mindestens zwei verschiedene Elemente besitzt, ist genau dann ein Körper, wenn $\{0_R\}$ und R die einzigen Ideale sind.

Beweis Es habe R nur die Ideale $\{0_R\}$ und R. Wir zeigen, dass R ein Körper ist. Da wir bereits (R 1) bis (R 4) haben, fehlt nur, dass $(R \setminus \{0_R\}, \cdot)$ eine Gruppe ist. Diese ist automatisch abelsch, da R als kommmutativ vorausgesetzt ist.

(1) Jedes $a \in R \setminus \{0_R\}$ hat ein multiplikatives Inverses:
    Sei $a \in R, a \neq 0_R$. Dann ist $a \cdot R$ ein Ideal von R, das a enthält, mit Beispiel 3.1. Insbesondere ist $a \cdot R \neq \{0_R\}$ und nach Voraussetzung dann $a \cdot R = R$. Da $1_R \in R$ ist, gibt es ein $b \in R$ mit der Eigenschaft $a \cdot b = 1_R$. Also ist b ein multiplikatives Inverses für a.

(2) $R \setminus \{0_R\}$ ist eine Gruppe:
    Es ist $R \setminus \{0_R\}$ eine nicht-leere Menge mit einem neutralen Element bezüglich $\cdot$, in der jedes Element ein Inverses bezüglich $\cdot$ besitzt. Da das Assoziativgesetz für $\cdot$ in ganz R gilt, brauchen wir nur noch, dass $(R \setminus \{0_R\}, \cdot)$ überhaupt eine Menge mit Verknüpfung

ist. Seien dazu $a, b \in R \setminus \{0_R\}$ und sei, mit (1), c ein multiplikatives Inverses zu b in R. Angenommen, es sei $a \cdot b = 0_R$. Dann folgt $0_R = 0_R \cdot c = a \cdot b \cdot c = a \cdot 1_R = a$, was falsch ist. Nun ist also R ein Körper.

Sei umgekehrt R ein Körper und $J \neq \{0_R\}$ ein Ideal. Dann gibt es ein $a \in J \setminus \{0_R\}$. Da R ein Körper ist, gibt es ein $b \in R$ mit der Eigenschaft $a \cdot b = 1_R$, und die Idealeigenschaft (I 2) liefert dann $1_R \in J$. Für jedes $c \in R$ gilt dann $c = c \cdot 1_R \in c \cdot J \subseteq J$ mit (I 2), und das bedeutet $R = J$. $\qquad\square$

▶ **Bemerkung 3.7**

(a) Im Beweis von Satz 3.6 haben wir u. a. gezeigt: Ist R ein kommutativer Ring mit Eins und J ein Ideal von R, das 1_R enthält, so ist $J = R$. Dies lässt sich noch verallgemeinern zu: Ist R ein kommutativer Ring mit Eins und J ein Ideal von R, das eine Einheit von R enthält, so ist $J = R$ (Übungsaufgabe 3.3).
(b) Der Teilring $R := \{0\}$ von $\mathbb{Z}$ hat nur ein Ideal und ist kein Körper. Die Voraussetzung $|R| \geq 2$ in Satz 3.6 ist also wirklich notwendig.

Folgerung 3.8
Seien K_1, K_2 Körper und $\varphi : K_1 \to K_2$ ein Ringhomomorphismus. Dann ist φ injektiv oder die Nullabbildung.

Beweis Nach Lemma 3.4 ist Kern (φ) ein Ideal von K_1. Mit Satz 3.6 ist also Kern $(\varphi) = \{0_{K_1}\}$, und daher φ injektiv, oder es ist Kern $(\varphi) = K_1$ und damit φ die Nullabbildung. $\quad\square$

 Primelemente und Primideale (▶ sn.pub/Frc4TM)

Für die nächste Definition lassen wir uns wieder vom Ring $\mathbb{Z}$ inspirieren. Seien $a \in \mathbb{Z}$ und $J := a \cdot \mathbb{Z}$ das von a erzeugte Ideal in $\mathbb{Z}$. Je nachdem, was a für eine Zahl ist, haben das Ideal J und der Faktorring $\mathbb{Z}/J$ sehr unterschiedliche Eigenschaften!

Zum Beispiel ist $\mathbb{Z}/3 \cdot \mathbb{Z}$ ein Körper, aber $\mathbb{Z}/4 \cdot \mathbb{Z}$ ist nicht einmal ein Integritätsbereich, wie wir im nächsten Beispiel sehen werden.

Definition (Primideal, maximales Ideal)

Sei R ein kommutativer Ring mit Eins.

(a) Ein Ideal J von R heißt **Primideal** von R genau dann, wenn R/J ein Integritätsbereich ist.

(b) Ein Ideal J von R heißt **maximales Ideal** von R genau dann, wenn $J \neq R$ ist und für alle Ideale I von R gilt:

$$\text{Falls } J \subseteq I \subseteq R \text{ ist, dann folgt } J = I \text{ oder } I = R.$$

◀

Hinweis: Nach unserer Definition ist jeder kommutative Ring mit Eins ein Primideal von sich selbst, da bei uns der Nullring ein Integritätsbereich ist.

Beispiel 3.9

(a) Sei $p \in \mathbb{N}$ eine Primzahl. Dann überlegen wir uns, dass $J := p \cdot \mathbb{Z}$ ein Primideal von $\mathbb{Z}$ ist. (Dies motiviert auch die Bezeichnung!)
Der Faktorring $\mathbb{Z}/J$ ist kommutativ und hat das Einselement $J + 1$, also geht es nur noch um die Nullteilerfreiheit. Seien dazu $a, b \in \mathbb{Z}$ so, dass $(J + a) \cdot (J + b) = J = p \cdot \mathbb{Z}$ ist. Dann ist $a \cdot b \in p \cdot \mathbb{Z}$, d.h. p teilt $a \cdot b$ in $\mathbb{Z}$. Da p eine Primzahl ist, ist a oder b durch p teilbar in $\mathbb{Z}$, und damit liegt a oder b in J. Also ist $J + a = J$ oder $J + b = J$. Damit ist $\mathbb{Z}/J$ ein Integritätsbereich.

(b) Das Beispiel $\mathbb{Z}/4 \cdot \mathbb{Z}$ zeigt, was bei zusammengesetzen Zahlen passiert! Der Faktorring ist immer noch ein kommutativer Ring mit Eins, aber nun gibt es Nullteiler. Es ist $4 \cdot \mathbb{Z} + 2 \neq 4 \cdot \mathbb{Z}$, aber $(4 \cdot \mathbb{Z} + 2) \cdot (4 \cdot \mathbb{Z} + 2) = 4 \cdot \mathbb{Z} + 4 = 4 \cdot \mathbb{Z}$. Gleichzeitig sehen wir, dass $4 \cdot \mathbb{Z}$ kein maximales Ideal von $\mathbb{Z}$ ist, denn das Ideal $2 \cdot \mathbb{Z}$ liegt noch echt zwischen $4 \cdot \mathbb{Z}$ und $\mathbb{Z}$.

(c) In jedem Integritätsbereich ist das Nullideal ein Primideal, und jeder kommutative Ring mit Eins ist ein Primideal von sich selbst.

Die Beispiele legen nahe, dass wir in $\mathbb{Z}$ Primideale als Verallgemeinerungen von Primelementen auffassen können. Ist $a \in \mathbb{Z}$ und ist $a \cdot \mathbb{Z}$ ein echtes Ideal von $\mathbb{Z}$ (also nicht $\{0\}$ oder ganz $\mathbb{Z}$), so ist es genau dann ein Primideal von $\mathbb{Z}$, wenn a ein Primelement in $\mathbb{Z}$ ist. Tatsächlich sind die von Primelementen erzeugten Ideale in $\mathbb{Z}$ auch immer maximal. Um das zu zeigen, formulieren wir ein schönes und nützliches Hilfsmittel:

Lemma 3.10 (Teilen heißt Umfassen).
Sei R ein kommutativer Ring mit Eins und seien $a, b \in R$. Dann sind gleichwertig:

(a) *a teilt b in R.*

(b) *$a \cdot R \supseteq b \cdot R$.*

Beweis Setzen wir zuerst voraus, dass a ein Teiler von b ist. Dann existiert ein $c \in R$ mit der Eigenschaft $c \cdot a = b$. Es ist also $b \cdot R = c \cdot a \cdot R \subseteq a \cdot R$ mit der Idealeigenschaft (I 2). Gilt umgekehrt $a \cdot R \supseteq b \cdot R$, so haben wir insbesondere $b = b \cdot 1_R \in b \cdot R \subseteq a \cdot R$. Also gibt es ein $r \in R$ mit der Eigenschaft $b = a \cdot r$ und somit ist a ein Teiler von b in R. $\square$

Folgerung 3.11

Sei R ein Integritätsbereich und seien $a, b \in R$. Dann sind gleichwertig:

(a) *a und b sind assoziiert in R.*
(b) *$a \cdot R = b \cdot R$.*

Beweis Sind a und b assoziiert in R, so teilen sie sich gegenseitig, und daher umfassen sich die Ideale $a \cdot R$ und $b \cdot R$ gegenseitig (Lemma 3.10).

Ist umgekehrt $a \cdot R = b \cdot R$, so folgt zuerst aus Lemma 3.10, dass sich a und b gegenseitig teilen, und dann liefert Lemma 2.6(a), dass sie assoziiert sind in R. $\square$

Lemma 3.12

Ist R ein kommutativer Ring mit Eins und J ein maximales Ideal, so ist R/J ein Körper. Insbesondere ist J ein Primideal.

Beweis Wir betrachten den Faktorring R/J und die Ideale dort. Ist $\tilde{I}$ ein Ideal von R/J, so zeigt eine kleine Rechnung (siehe Aufgabe 3.9), dass $I := \{a \in R \mid J + a \in \tilde{I}\}$ ein Ideal von R ist, das J als Teilmenge enthält. Nun ist aber J maximal nach Voraussetzung, daher muss $I = J$ oder $I = R$ sein.

Falls $I = J$ ist, dann ist $\tilde{I} = \{J\}$ das Nullideal in R/J.

Falls $I = R$ ist, dann ist $\tilde{I} = R/J$ der ganze Ring. Also besitzt R/J nur genau zwei verschiedene Ideale, nämlich ganz R/J und $\{J\}$. Mit Satz 3.6 folgt, dass R/J ein Körper ist. Da Körper Integritätsbereiche sind, ist insbesondere J ein Primideal. $\square$

Lemma 3.13

Sei R ein kommutativer Ring mit Eins und sei J ein Ideal. Dann sind gleichwertig:

(a) *J ist ein Primideal.*
(b) *Falls $a, b \in R$ sind und $a \cdot b \in J$ ist, dann liegt a oder b in J.*

Beweis Zuerst gelte (a), d. h. J sei ein Primideal. Sind $a, b \in R$ so, dass $a \cdot b \in J$ ist, so bedeutet das $J = J + (a \cdot b) = (J + a) \cdot (J + b)$. Da R/J ein Integritätsbereich ist, muss nun $J + a = J$ sein oder $J + b = J$. Also gilt $a \in J$ oder $b \in J$.

Umgekehrt gelte Aussage (b). Seien $J + a, J + b \in R/J$ so, dass $(J + a) \cdot (J + b) = J$ ist. Dann folgt $J = (J + a) \cdot (J + b) = J + (a \cdot b)$, also liegt $a \cdot b$ in J. Nach Voraussetzung ist dann $a \in J$ oder $b \in J$, also $J + a = J$ oder $J + b = J$. Damit ist R/J nullteilerfrei. Da R kommutativ mit Eins ist, ist auch R/J kommutativ mit Eins. Also ist R/J ein Integritätsbereich und J ein Primideal.   □

Im nächsten Lemma sehen wir einen Zusammenhang zwischen Primidealen und irreduziblen Elementen.

Lemma 3.14
Seien R ein Integritätsbereich und $a \in R$. Weiter gelte: $a \neq 0_R$, a ist keine Einheit in R und $a \cdot R$ ist ein Primideal in R. Dann ist a irreduzibel in R.

Beweis Nach Voraussetzung ist a weder 0_R noch eine Einheit. Sei $J := a \cdot R$, sei $b \in R$ ein Teiler von a und sei $c \in R$ so, dass $a = b \cdot c$ ist. Nun haben wir $b \cdot c = a = a \cdot 1_R \in a \cdot R = J$. Da J ein Primideal ist, liefert Lemma 3.13 uns $b \in J$ oder $c \in J$. Also ist a ein Teiler von b oder von c. Mit Lemma 2.6 (a) ist dann a assoziiert zu b (und damit c eine Einheit) oder es ist a assoziiert zu c (und damit b eine Einheit). Also ist a irreduzibel in R.   □

Die von einem Ringelement erzeugten Ideale haben nun schon eine wichtige Rolle gespielt und sollen daher einen Namen bekommen:

Definition (Hauptideal, HIR)

Sei R ein kommutativer Ring mit Eins.

(a) Ein Ideal J von R heißt **Hauptideal** genau dann, wenn es ein $a \in R$ gibt mit der Eigenschaft $J = a \cdot R$.

(b) R heißt **Hauptidealring (HIR)** genau dann, wenn R ein Integritätsbereich ist und jedes Ideal von R ein Hauptideal ist. ◄

Zuerst schauen wir $\mathbb{Z}$ an.

Lemma 3.15
$\mathbb{Z}$ ist ein HIR.

Beweis Sei J ein Ideal von $\mathbb{Z}$. Falls $J = \{0\}$ ist, dann ist $J = 0 \cdot \mathbb{Z}$ ein Hauptideal. Andernfalls sei $a \in J$, $a \neq 0$. Nun wählen wir a so, dass der Betrag $|a|$ so klein wie möglich ist. Ist $b \in J$ beliebig, so können wir b durch a mit Rest teilen und erhalten $q, r \in \mathbb{Z}$ so, dass gilt:

$$b = q \cdot a + r \, , \ \ 0 \leq |r| < |a| .$$

Aufgrund der Idealeigenschaften liegt $r = b - q \cdot a$ in J. Die Wahl von a als von 0 verschiedenes Element mit möglichst kleinem Betrag liefert nun, dass $r = 0$ sein muss. Somit ist $J = \{q \cdot a \mid q \in \mathbb{Z}\} = a \cdot \mathbb{Z}$. Insbesondere ist J ein Hauptideal. $\square$

Die Idee, die wir hier für $\mathbb{Z}$ benutzt haben, trägt weiter!

Satz 3.16

Jeder euklidische Ring R ist ein HIR.

Beweis Wir kennen die Idee schon: Sei J ein Ideal von R und $J \neq \{0_R\}$, da sonst nichts zu zeigen ist. Es bezeichne N eine euklidische Normfunktion auf R, und es sei weiterhin $M := \{m \in \mathbb{N}_0 \mid \text{Es gibt } a \in J \text{ mit der Eigenschaft } N(a) = m\}$. Diese Menge ist nicht leer, da $J \neq \{0_R\}$ ist. Mit dem Wohlordnungsprinzip seien $m_0 \in M$ ein minimales Element und $a_0 \in J \setminus \{0_R\}$ so, dass $N(a_0) = m_0$ ist. Wir zeigen, dass $J = a_0 \cdot R$ ist.

Sei dazu $b \in J$ beliebig und seien, mit (NF 2), die Elemente $q, r \in R$ so, dass $b = q \cdot a_0 + r$ ist, wobei $r = 0_R$ ist oder $N(r) < N(a_0)$. Da J ein Ideal ist, liegt $r = b - q \cdot a_0$ in J, muss also wegen der Wahl von a_0 schon 0_R sein. Also ist $b = q \cdot a_0$ und tatsächlich $J = a_0 \cdot R$ ein Hauptideal. $\square$

Satz 3.17

Sei R ein HIR und sei J ein Ideal von R.

(a) *J ist genau dann ein Primideal von R, wenn J von 0_R, einer Einheit oder einem irreduziblen Element in R erzeugt wird.*
(b) *Ist J ein Primideal und $\{0_R\} \neq J \neq R$, so ist J ein maximales Ideal und insbesondere R/J ein Körper.*

Beweis Da R ein HIR ist, gibt es ein $a \in R$ so, dass $J = a \cdot R$ ist. Für (a) sei zuerst J ein Primideal. Falls a nicht 0_R und auch keine Einheit ist, dann folgt aus Lemma 3.14, dass a irreduzibel in R ist.

Sei umgekehrt $a = 0_R$, a eine Einheit oder irreduzibel in R. Im ersten Fall ist $J = \{0_R\}$, im zweiten Fall ist $J = R$. In beiden Fällen ist R/J ein Integritätsbereich und damit J ein Primideal.

Ist a irreduzibel in R, so sei I ein Ideal von R mit der Eigenschaft $J \subseteq I \subseteq R$. Nach Voraussetzung ist R ein HIR – sei also $b \in R$ so, dass $I = b \cdot R$ ist. Lemma 3.10 liefert dann, dass b ein Teiler von a ist in R. Aufgrund der Irreduzibilität ist b eine Einheit in R (also $I = R$ mit Bemerkung 3.7(a)) oder es ist b zu a assoziiert in R (und daher gilt $I = J$ mit Folgerung 3.11). Somit ist J ein maximales Ideal, wie in (b) behauptet. Nach Lemma 3.12 ist dann R/J ein Körper, insbesondere ein Integritätsbereich. Also ist J ein Primideal.

Damit haben wir gleichzeitig (a) und (b) gezeigt. $\qquad\qquad\qquad\qquad\qquad\qquad\square$

Aus diesem Satz folgt zusammen mit Lemma 3.15 sofort:

Folgerung 3.18

Ist $p \in \mathbb{N}$ eine Primzahl, so ist $\mathbb{Z}/p \cdot \mathbb{Z}$ ein Körper.

Hauptidealringe und faktorielle Ringe (▶ sn.pub/QFNIt1)

Wir beschäftigen uns jetzt damit, wie wir in Hauptidealringen etwas finden können, was der eindeutigen Primfaktorzerlegung in $\mathbb{Z}$ ähnelt.

Satz 3.19

Seien R ein Hauptidealring , $n \in \mathbb{N}$ und $a_1, \ldots, a_n \in R$. Dann existiert ein ggT d von $a_1, \ldots, a_n$ in R. Für jeden ggT d von $a_1, \ldots, a_n$ in R gibt es Elemente $b_1, \ldots, b_n \in R$ so, dass gilt

$$d = a_1 \cdot b_1 + \cdots + a_n \cdot b_n.$$

Beweis Die Summe von Idealen in R ist wieder ein Ideal (siehe Übungsaufgabe 3.4), daher ist

$$J := a_1 \cdot R + \cdots + a_n \cdot R$$

ein Ideal. Da R ein HIR ist, gibt es ein $d \in R$ so, dass $J = d \cdot R$ gilt. Mit Lemma 3.10 sehen wir, dass d ein gemeinsamer Teiler von $a_1, ..., a_n$ in R ist. Gleichzeitig ist $d = d \cdot 1_R \in d \cdot R = J$ und daher gibt es $b_1, ..., b_n \in R$ mit der Eigenschaft $d = a_1 \cdot b_1 + \cdots + a_n \cdot b_n$.

Sei $s \in R$ ein gemeinsamer Teiler von $a_1, ..., a_n$ in R. Dann teilt s auch die Produkte $a_1 \cdot b_1, ..., a_n \cdot b_n$ und damit deren Summe. Also ist s ein Teiler von d in R. Nun haben wir alles gezeigt, da je zwei ggT von $a_1, ..., a_n$ in R assoziiert sind. $\qquad\qquad\square$

In einem euklidischen Ring kann man die Darstellung eines ggT, wie sie in Satz 3.19 angegeben ist, explizit ausrechnen. Wie das folgende Beispiel illustriert, ist wieder einmal der euklidische Algorithmus nützlich:

Beispiel 3.20
Seien $a, b, c \in \mathbb{Z}$ gegeben. Wir wollen wissen, ob die Gleichung

$$a \cdot x + b \cdot y = c \qquad\qquad (*)$$

ganzzahlig lösbar ist, und wollen ggf. Lösungen berechnen. Dabei dürfen wir $|a| \leq |b|$ annehmen.

Sei d ein ggT von a und b in $\mathbb{Z}$. Falls d kein Teiler von c ist, dann gibt es keine ganzzahligen Lösungen für $(*)$ und wir können aufhören. Andernfalls führen wir den euklidischen Algorithmus durch, um eine Darstellung für d wie in Satz 3.19 zu finden. Seien dazu $r_0 := b$ und $r_1 := a$. Wie in Satz 2.12 seien für jedes $j \geq 1$ die Elemente $q_j, r_{j+1} \in \mathbb{Z}$ rekursiv gegeben durch $r_{j-1} = q_j \cdot r_j + r_{j+1}$, wobei $r_{j+1} = 0$ ist oder $|r_{j+1}| < |r_j|$.

Es ist dann jeweils $r_{j+1} = q_j \cdot r_j - r_{j-1}$, und daher ist r_{j+1} eine Linearkombination der beiden Vorgänger. Indem wir dies iterieren und einsetzen, berechnen wir Koeffizienten so, dass r_{j+1} eine Linearkombination von a und b ist. Sei dann $i \in \mathbb{N}$ so, dass $r_i = 0$ und r_{i-1} ein ggT von a und b ist. Dann dürfen wir $d = r_{i-1}$ annehmen und haben gerade gesehen, wie wir Koeffizienten $v, w \in \mathbb{Z}$ für die Darstellung von d in der Form

$$d = a \cdot v + b \cdot w$$

berechnen können.

Da d ein Teiler von c ist, sehen wir jetzt, dass die Gleichung $(*)$ ganzzahlig lösbar ist und wie wir auf konkrete Lösungen kommen: Ist nämlich $u \in \mathbb{Z}$ so, dass $c = d \cdot u$ ist, so können wir einsetzen:

$$a \cdot (v \cdot u) + b \cdot (w \cdot u) = d \cdot u = c.$$

Die Zahlen $v \cdot u$ und $w \cdot u$ lösen also die Gleichung $(*)$. Wir vertiefen das Thema in Kap. 9.

Jetzt können wir zeigen, dass in Hauptidealringen die Begriffe „prim" und „irreduzibel" zusammenfallen.

Satz 3.21
In einem Hauptidealring ist jedes irreduzible Element prim.

Beweis Sei R ein HIR und sei $p \in R$ irreduzibel in R. Dann ist p weder 0_R noch eine Einheit. Seien jetzt $a, b \in R$ so, dass p ein Teiler von $a \cdot b$ ist. Sei $c \in R$ so, dass $a \cdot b = p \cdot c$ gilt, und sei d ein ggT von a und p in R. Als Teiler von p in R ist d zu p assoziiert oder eine Einheit. Im ersten Fall ist p ein Teiler von d, also auch von a, und damit sind wir fertig. Im zweiten Fall ist d eine Einheit, also ist jede Einheit von R ein ggT von a und p. Insbesondere ist 1_R ein ggT von a und p und wir finden (mit Satz 3.19) $u, v \in R$ mit der Eigenschaft $1_R = u \cdot p + v \cdot a$. Dann ist mit (R 4) auch

$$b = 1_R \cdot b = u \cdot p \cdot b + v \cdot a \cdot b = u \cdot p \cdot b + v \cdot p \cdot c = p \cdot (u \cdot b + v \cdot c).$$

Also ist p ein Teiler von b. Damit haben wir gezeigt, dass p ein Teiler von a oder b ist. Somit ist p prim.   □

Jetzt befassen wir uns mit der eindeutigen Primfaktorzerlegung und damit, wie dieses Konzept übertragen werden kann. Dabei ist die Eindeutigkeit auch in $\mathbb{Z}$ nicht absolut: Es ist zum Beispiel $-20 = (-2) \cdot 5 \cdot 2 = (-1) \cdot 2^2 \cdot 5$.

Die Reihenfolge der beteiligten Primelemente darf also vertauscht werden und es darf mit Einheiten multipliziert werden.

Definition (Faktorieller Ring)

Wir nennen einen Ring R **faktoriell** genau dann, wenn gilt:

(FR 1) R ist ein Integritätsbereich.

(FR 2) Jedes von 0_R verschiedene Element aus R kann als Produkt von Einheiten und irreduziblen Elementen aus R geschrieben werden.

(FR 3) Sind $e, e' \in R$ Einheiten, $n, m \in \mathbb{N}_0$ und $p_1, ..., p_n, q_1, ..., q_m \in R$ irreduzibel und gilt $e \cdot p_1 \cdots p_n = e' \cdot q_1 \cdots q_m$, so muss $n = m$ sein und jedes der Elemente $p_1, ..., p_n$ muss zu einem der Elemente $q_1, ..., q_m$ assoziiert sein. ◄

(FR 2) formuliert die Existenz von Zerlegungen in irreduzible Elemente und Einheiten, und (FR 3) drückt explizit aus, dass eine solche Zerlegung immer bis auf die Reihenfolge der beteiligten Faktoren und die Multiplikation mit Einheiten eindeutig sein soll.

Eine andere gebräuchliche Bezeichnung für faktorielle Ringe ist „Ring mit eindeutiger Primfaktorzerlegung" oder auch „ZPE-Ring".

Wie wir später sehen werden, sind in faktoriellen Ringen die Begriffe „prim" und „irreduzibel" gleichwertig.

Mit ein wenig Vorarbeit können wir nun zeigen, dass jeder Hauptidealring faktoriell ist! Dazu benötigen wir ein Resultat aus der Mengenlehre, das sogenannte Lemma von Zorn (siehe z. B. [38]). Die folgende vereinfachte Form liefert genau das, was wir brauchen:

*Sei $\mathcal{M}$ eine nicht-leere Menge von Mengen. Für jede bzgl. Inklusion total geordnete Teilmenge $\mathcal{K}$ von $\mathcal{M}$ (manchmal auch **Kette** genannt) gebe es ein $M_{\mathcal{K}}$ in $\mathcal{M}$, das maximal ist in dem Sinne, dass $M \subseteq M_{\mathcal{K}}$ ist für alle $M \in \mathcal{K}$. Dann besitzt $\mathcal{M}$ bezüglich Inklusion maximale Elemente.*

Lemma 3.22

Sei R ein Hauptidealring und sei $\mathcal{M}$ eine nicht-leere Menge von Idealen von R. Dann hat $\mathcal{M}$ ein maximales Element, d. h. es gibt ein Ideal $J^* \in \mathcal{M}$ so, dass für alle $A \in \mathcal{M}$ aus $J^* \subseteq A$ schon $J^* = A$ folgt.

Beweis Wir verwenden das Lemma von Zorn, wie oben formuliert. Sei dazu $\mathcal{K}$ eine Kette in $\mathcal{M}$, also eine per Inklusion total geordnete Teilmenge. Falls $\mathcal{K} = \varnothing$ ist, dann kann jedes Element von $\mathcal{M}$ als $M_\mathcal{K}$ gewählt werden. Andernfalls sei

$$V := \bigcup_{I \in \mathcal{K}} I.$$

Zuerst zeigen wir, dass V ein Ideal von R ist:

Mit $\mathcal{K}$ ist auch V nicht-leer. Seien $x, y \in V$. Dann gibt es $I_1, I_2 \in \mathcal{K}$ so, dass x in I_1 liegt und y in I_2. Da $\mathcal{K}$ total geordnet ist, gilt $I_1 \subseteq I_2$ oder $I_2 \subseteq I_1$. Also liegen x und y gemeinsam in I_1 oder in I_2. Insbesondere sind Summe und Produkt definiert, es gibt Inverse bezüglich $+$, ein neutrales Element etc. Somit ist $(V, +)$ eine abelsche Gruppe. Ist $a \in R$, so sehen wir $a \cdot x \in I_1 \subseteq V$, da I_1 ein Ideal ist. Das bedeutet $a \cdot V \subseteq V$. Also sind beide Idealeigenschaften erfüllt.

Da R ein Hauptidealring ist, gibt es ein $v \in R$ mit der Eigenschaft $V = v \cdot R$. Insbesondere liegt v selbst in V, also gibt es ein $J \in \mathcal{K}$, das v enthält. Wegen der Idealeigenschaft (I2) ist für alle $a \in R$ schon $a \cdot v \in J$, also $V = v \cdot R \subseteq J$. Das bedeutet, dass V selbst ein Element von $\mathcal{K}$ ist, also in $\mathcal{M}$ liegt, und weiter ist V maximal bezüglich Inklusion in $\mathcal{K}$. Das Lemma von Zorn liefert, dass $\mathcal{M}$ ein maximales Element besitzt. $\square$

Hauptidealringe sind faktoriell (▶ sn.pub/c9dsOu)

Satz 3.23
Jeder Hauptidealring ist faktoriell.

Beweis Sei R ein Hauptidealring. In diesem Beweis kürzen wir „Zerlegung in Einheiten und irreduzible Elemente" grundsätzlich mit „Zerlegung" ab. Wir beginnen mit der Existenz von Zerlegungen, da das schwieriger ist als die Eindeutigkeit, und wir argumentieren per Widerspruch.

Wir nehmen also an, es gebe ein Element in $R \setminus \{0_R\}$, das **keine** Zerlegung besitzt. Wir beachten, dass es auch Elemente mit Zerlegungen gibt, denn es ist zum Beispiel 1_R eine Einheit und Einheiten haben eine Zerlegung. Seien nun

$$N := \{a \in R \mid a \neq 0_R \text{ und } a \text{ hat keine Zerlegung}\}$$

und

$$P := \{y \in R \mid y \neq 0_R \text{ und } y \text{ hat eine Zerlegung}\}.$$

Dann ist $R = P \cup N \cup \{0_R\}$ mit nicht-leeren paarweise disjunkten Mengen. Wir untersuchen nun P und N näher:

(1) Sind $a, b \in P$, so ist auch $a \cdot b \in P$.

Beweis: Sind $a, b \in P$, so haben sie eine Zerlegung. Also hat auch ihr Produkt $a \cdot b$ eine (nämlich das Produkt der Zerlegungen).   ∎

(2) Für jedes $x \in N$ gibt es einen Teiler $y \in N$, der nicht zu x assoziiert und auch keine Einheit ist. Insbesondere ist dann $x \cdot R \subsetneqq y \cdot R$.

Beweis: Sei $x \in N$. Dann ist x weder 0_R noch eine Einheit noch irreduzibel in R. Seien dann $y, z \in R$ weder 0_R noch Einheiten noch zu x assoziiert und so, dass $x = y \cdot z$ ist. Wären $y, z \in P$, so wäre auch x in P mit (1). Widerspruch! Also muss mindestens eins der Elemente y, z in N liegen. Ohne Einschränkung sei $y \in N$. Die zweite Aussage folgt dann aus Lemma 3.10 und daraus, dass x und y nicht assoziiert sind.   ∎

Wir halten jetzt ein $x \in N$ fest. Sei

$$\mathcal{M} := \{y \cdot R \mid y \in N, y \text{ teilt } x \text{ und ist weder assoziiert zu } x \text{ noch eine Einheit}\}.$$

Hätte $\mathcal{M}$ ein maximales Element $y_m \cdot R$, so wäre $y_m \in N$ und hätte mit (2) einen Teiler $z \in N$ so, dass $y_m \cdot R \subsetneqq z \cdot R$ ist. Das widerspräche der Maximalität von $y_m \cdot R$. Deshalb hat $\mathcal{M}$ kein maximales Element, und dies wiederum widerspricht Lemma 3.22, denn $\mathcal{M}$ ist nicht-leer. Dieser letzte Widerspruch zeigt, dass eben doch $N = \varnothing$ ist, dass also tatsächlich jedes Element in $R \setminus \{0_R\}$ als Produkt von Einheiten und irreduziblen Elementen dargestellt werden kann.

Jetzt fehlt noch die Eindeutigkeit. Sei $b \in R \setminus \{0_R\}$ und seien zwei Zerlegungen von b gegeben. Etwa seien $n, m \in \mathbb{N}, e, e' \in R$ Einheiten und $p_1, \ldots, p_n, q_1, \ldots, q_m \in R$ irreduzibel und so, dass

$$b = e \cdot p_1 \cdots p_n \text{ ist und auch } b = e' \cdot q_1 \cdots q_m.$$

Wir müssen jetzt zeigen, dass $n = m$ ist und dass $p_1, \ldots, p_n$ bis auf Reihenfolge und Assoziiertheit mit $q_1, \ldots, q_m$ übereinstimmen. Wir dürfen $n \le m$ annehmen und argumentieren per Induktion.

Sei $n = 1$. Dann ist $b = e \cdot p_1$ selbst irreduzibel. Ferner ist nun q_1 ein Teiler von b, also auch von p_1, denn mit Satz 3.21 ist q_1 prim und teilt nicht die Einheit e. Da q_1 keine Einheit ist und das irreduzible Element p_1 teilt, ist nun q_1 zu p_1 assoziiert in R. Mit Lemma 2.6 (b), angewandt auf p_1, folgt, dass e assoziiert ist zu $q_2 \cdots q_m$. Da Teiler von Einheiten selbst Einheiten sind, muss $m = 1$ sein, und der Fall $n = 1$ ist abgeschlossen.

Sei jetzt $b = e \cdot p_1 \cdots p_n = e' \cdot q_1 \cdots q_m$ wie oben und sei die Behauptung für Produkte mit höchstens $n - 1$ irreduziblen Faktoren schon richtig.

Da q_m ein Teiler von b ist, teilt q_m das Produkt $e \cdot p_1 \cdots p_n$. Da R ein Hauptidealring ist, ist mit Satz 3.21 schon q_m ein Primelement, es teilt also einen der Faktoren $e, p_1, \ldots, p_n$. Nun ist aber e eine Einheit und daher nicht durch q_m teilbar. Also dürfen wir annehmen (evtl. nach Umbenennung), dass q_m ein Teiler von p_n ist. Beide Elemente sind irreduzibel in R, daher sind sie assoziiert. Sei $e_0 \in R$ eine Einheit mit der Eigenschaft $p_n = e_0 \cdot q_m$.

Dann wenden wir erneut Lemma 2.6 (b) an und erhalten

$$e \cdot e_0 \cdot p_1 \cdots p_{n-1} = e' \cdot q_1 \cdots q_{m-1}.$$

Es ist $e \cdot e_0$ eine Einheit, also greift die Induktionsvoraussetzung und wir erhalten, dass $n - 1 = m - 1$ ist und dass $p_1, \ldots, p_{n-1}$ bis auf Reihenfolge zu $q_1, \ldots, q_{m-1}$ assoziiert sind. Dann folgt $n = m$, die Elemente $p_1, \ldots, p_n$ sind bis auf Reihenfolge zu $q_1, \ldots, q_m$ assoziiert und wir sind fertig. $\qquad\square$

Da jeder euklidische Ring ein Hauptidealring ist, ist dann auch jeder euklidische Ring faktoriell. Somit sind die Ringe $\mathbb{Z}$ und $\mathbb{Z}[i]$ faktoriell. Jetzt können wir auch zeigen, dass in einem faktoriellen Ring die Begriffe „prim" und „irreduzibel" gleichwertig sind!

Lemma 3.24

Sei R ein faktorieller Ring und sei $p \in R$. Dann ist p genau dann ein Primelement, wenn p irreduzibel in R ist.

Beweis Mit Satz 2.7 müssen wir nur zeigen, dass irreduzible Elemente prim sind. Sei also $p \in R$ irreduzibel und seien $a, b \in R$ so, dass p ein Teiler von $a \cdot b$ ist. Sei $c \in R$ und $a \cdot b = p \cdot c$. Seien $e, e' \in R$ Einheiten, $n, m \in \mathbb{N}_0$ und $p_1, \ldots, p_n, q_1, \ldots, q_m \in R$ irreduzible Elemente so, dass $a = e \cdot p_1 \cdots p_n$ ist und $b = e' \cdot q_1 \cdots q_m$. Dabei ist der Spezialfall, dass a oder b eine Einheit ist, dadurch mit berücksichtigt, dass n oder m auch 0 sein darf (so dass ein leeres Produkt entsteht).

Jetzt ist $p \cdot c = a \cdot b = e \cdot e' \cdot p_1 \cdots p_n \cdot q_1 \cdots q_m$ und die Eindeutigkeit der Zerlegung liefert, dass p assoziiert zu einem der Elemente $p_1, \ldots, p_n$ oder $q_1, \ldots, q_m$ ist. Das bedeutet $p \mid a$ oder $p \mid b$. $\qquad\square$

Hier kommt eine praktische Anwendung:

Lemma 3.25

Seien R ein faktorieller Ring, $n \in \mathbb{N}$, $n \geq 2$ und $a_1, \ldots, a_n \in R$, nicht alle gleich 0_R.

(a) *Ist $b \in R$ jeweils teilerfremd zu $a_1, a_2, \ldots$ und zu a_n, so ist b auch teilerfremd zum Produkt $a_1 \cdots a_n$ in R.*

(b) *Sei $t \in R$ ein ggT von $a_1, \ldots, a_n$ in R. Für jedes $i \in \{1, \ldots, n\}$ sei $c_i \in R$ so, dass $a_i = c_i \cdot t$ ist. Dann sind die Elemente $c_1, \ldots, c_n$ teilerfremd in R.*

Beweis Für beide Aussagen reicht es, den Fall $n = 2$ zu betrachten.

In (a) sei $t \in R$ ein gemeinsamer Teiler von b und $a_1 \cdot a_2$ in R. Angenommen, es sei t keine Einheit. Dann sei $q \in R$ ein irreduzibler Teiler von t (gibt es, da R faktoriell ist). Nun ist q ein gemeinsamer irreduzibler Teiler von b und $a_1 \cdot a_2$. Da q auch prim ist mit Lemma 3.24, ist q ein Teiler von a_1 oder von a_2, und das widerspricht der vorausgesetzten Teilerfremdheit. Also ist t eine Einheit.

(b) Sei d ein ggT von c_1, c_2 in R. Da a_1, a_2 nicht beide 0_R sind, sind auch c_1, c_2 nicht beide 0_R und daher ist $d \neq 0_R$. Seien $d_1, d_2 \in R$ so, dass $c_1 = d \cdot d_1$ ist und $c_2 = d \cdot d_2$. Dann ist $a_1 = d \cdot d_1 \cdot t$ und $a_2 = d \cdot d_2 \cdot t$. Insbesondere ist $d \cdot t$ ein gemeinsamer Teiler von a_1 und a_2 und damit von t. Sei $x \in R$ so, dass $x \cdot d \cdot t = t$ ist. Da R faktoriell ist, können wir mit Lemma 2.6(b) kürzen und erhalten $x \cdot d = 1_R$. Also ist d eine Einheit. □

▶ **Bemerkung 3.26** Wir betrachten jetzt eine Klasse von Ringen, die viele unterschiedliche Beispiele liefert im Kontext der bisher betrachteten Eigenschaften. Für jedes $k \in \mathbb{Z}$, das kein Quadrat ist, sei die Menge M_k definiert durch

$$M_k := \{a + b\sqrt{k} \mid a, b \in \mathbb{Q}\}.$$

Einige Rechnungen zeigen, dass M_k ein Teilkörper von $\mathbb{C}$ ist. Für jedes $a + b\sqrt{k} \in M_k \setminus \{0\}$ ist $a^2 - b^2 \cdot k \neq 0$ und dann das multiplikative Inverse gegeben durch $(a+b\sqrt{k})^{-1} = \frac{a-b\sqrt{k}}{a^2-b^2\cdot k}$. Weiter ist

$$R_k := \{u \mid u \in M_k, u \text{ ist Nullstelle eines normierten Polynoms von Grad 2 aus } \mathbb{Z}[x]\}$$

ein Integritätsbereich. Wir können R_k auch anders beschreiben:

Falls k beim Teilen durch 4 den Rest 2 oder 3 hat, dann ist

$$R_k = \{r + s\sqrt{k} \mid r, s \in \mathbb{Z}\}.$$

Falls aber k beim Teilen durch 4 den Rest 1 hat, dann ist

$$R_k = \{(r + s\sqrt{k})/2 \mid r, s \in \mathbb{Z}, \ r \equiv s \bmod 2\}.$$

(Siehe etwa [7].)

In dieser Notation ist zum Beispiel $\mathbb{Z}[i] = R_{-1}$. Wie in $\mathbb{Z}[i]$ können wir in R_k auch eine Normfunktion einführen. Für alle $\alpha = a + b\sqrt{k} \in R_k$ sei

$$N(\alpha) := |a^2 - k \cdot b^2| = |(a + b\sqrt{k}) \cdot (a - b\sqrt{k})|.$$

Ist $k < 0$ und $k \notin \{-1, -2, -3, -7, -11\}$, so ist R_k kein euklidischer Ring. Am Beispiel $k = -5$ haben wir schon gesehen, dass der entstehende Ring nicht einmal faktoriell ist. Ist dagegen $k \in \{-1, -2, -3, -7, -11\}$, so ist R_k euklidisch und die oben definierte Abbildung

N erfüllt die Eigenschaften einer euklidischen Normfunktion. Der Beweis ist ähnlich wie bei $\mathbb{Z}[i]$.

Sehr interessant für uns ist der Ring R_{-19}: Dieser ist zwar nicht euklidisch, aber ein Hauptidealring! H. Stark hat 1967 bewiesen (siehe [33]), dass der Ring R_k für negative Werte von k genau dann faktoriell ist, falls

$$k \in \{-1, -2, -3, -7, -11, -19, -43, -67, -163\}$$

ist. Ist $k > 0$, so ist R_k ein euklidischer Ring mit der Normfunktion N von oben genau für die Werte

$$k \in \{2, 3, 5, 6, 7, 11, 13, 17, 19, 21, 29, 33, 37, 41, 57, 73\}.$$

Dies wurde im Wesentlichen von H. Chatland und H. Davenport (siehe [10]) gezeigt. Mit anderen euklidischen Normfunktionen gibt es auch für andere positive Werte von k noch euklidische Ringe in dieser Familie, etwa für $k = 69$ (siehe [11]). Es ist eine offene Frage, für welche $k \in \mathbb{N}$ der Ring R_k faktoriell ist.

Übungsaufgaben

3.1 Sei $(R, +, \cdot)$ ein Ring mit Einselement 1_R und sei $(R, \oplus, \odot)$ definiert wie in Aufgabe 2.1. Zeige, dass es einen Ringisomorphismus von $(R, +, \cdot)$ nach $(R, \oplus, \odot)$ gibt.

3.2 Seien R ein Ring und $\tilde{R}$ definiert wie in Aufgabe 2.6. Zeige, dass $\tilde{R}$ einen zu R isomorphen Teilring enthält.

3.3 Seien R ein kommutativer Ring mit Einselement und J ein Ideal von R. Zeige: Falls J eine Einheit von R enthält, so ist $J = R$.

3.4 Seien R ein kommutativer Ring mit Einselement und seien I, J Ideale von R. Sei weiter $I + J := \{a + b \mid a \in I, b \in J\}$. Zeige, dass $I + J$ und $I \cap J$ Ideale von R sind.

3.5 Gegeben sind $\alpha, \beta \in \mathbb{Z}[i]$: $\alpha := 31 - 2i$ und $\beta := 6 + 8i$. Finde eine Darstellung eines ggT von α und β in $\mathbb{Z}[i]$ als Linearkombination von α und β mit Koeffizienten aus $\mathbb{Z}[i]$.

3.6 Sei $R := \mathbb{Z}/n \cdot \mathbb{Z}, n \geq 2$. Zeige, dass jedes von 0_R verschiedene Element in R entweder eine Einheit oder ein Nullteiler in R ist.

3.7 Zeige, dass $K := \mathbb{Z}[i]/3 \cdot \mathbb{Z}[i]$ ein Körper ist. Bestimme $|K|$.

3.8 Bestimme die Primideale von $\mathbb{Z}/18 \cdot \mathbb{Z}$.

3.9 Seien R ein kommutativer Ring mit Eins, J ein maximales Ideal von R und $\tilde{I}$ ein Ideal des Faktorrings R/J. Zeige, dass dann $I := \{a \in R \mid J + a \in \tilde{I}\}$ ein Ideal von R ist, das J als Teilmenge enthält.

3.10 Sei R ein kommutativer Ring mit Eins, und sei E die Menge aller Einheiten von R. Zeige:

(a) $(E, \cdot)$ ist eine Gruppe.
(b) Für jedes $e \in E$ und jeden Teiler d von e in R ist auch $d \in E$.

3.11 Finde einen Ring R und darin unendlich viele Ideale $J_1, J_2,..$ so, dass für jedes $i \in \mathbb{N}$ gilt: $J_{i+1} \subsetneq J_i$.

3.12 Sei R ein Hauptidealring und seien $a, b \in R$ teilerfremd in R. Zeige, dass R selbst das einzige Ideal von R ist, das a und b enthält.

3.13 Finde ganze Zahlen x, y wie folgt:

(a) $754 \cdot x + 221 \cdot y = 13$.
(b) $158 \cdot x + 57 \cdot y = 20000$.

3.14 Sei $i \in \mathbb{C}$ die imaginäre Einheit, d. h. $i^2 = -1$.
    Für den Ring $R := \mathbb{Z}[\sqrt{2}i] := \{a + b\sqrt{2}i \mid a, b \in \mathbb{Z}\}$ sei folgende Abbildung N definiert: Für alle $a, b \in \mathbb{Z}$ sei $N(a + b\sqrt{2}i) := (a + b\sqrt{2}i) \cdot (a - b\sqrt{2}i)$.

(a) Zeige, dass R ein Integritätsbereich und mit der Normfunktion N ein euklidischer Ring ist.
(b) Berechne einen größten gemeinsamen Teiler von $1 - 2\sqrt{2}i$ und $2 - \sqrt{2}i$ in R.
(c) Zeige, dass 3 in R nicht irreduzibel ist.
(d) Schreibe 15 als Produkt irreduzibler Elemente von R.
(e) Finde alle Elemente im Ring R, deren Norm 9 ist.

Polynomringe

4

| 🎧 Grundlagen und Polynomringe über Körpern (▶ sn.pub/UCGYFh) |

Neben $\mathbb{Z}$ und $\mathbb{Z}[i]$ kommt auch den Polynomringen eine besondere Bedeutung im Rahmen der Algebra zu. Wir werden sehen, dass wir in diesen Ringen ähnlich wie in $\mathbb{Z}$ rechnen können, und es wird uns sehr zugutekommen, dass wir im vorherigen Kap. 3 eine allgemeine Theorie aufgebaut haben, die wir nun auf den Spezialfall der Polynomringe anwenden können. Wir wiederholen die Definition, die wir aus der Linearen Algebra kennen:

Definition (Polynomring)

Ist R ein kommutativer Ring mit Eins, so bezeichnen wir mit $R[x]$ den **Polynomring über R**, also die Menge aller Polynome mit Koeffizienten in R. Im Spezialfall, dass R der Nullring ist, enthält $R[x]$ nur das Nullpolynom. ◀

Wir geben uns hier mit der intuitiven Definition eines Polynoms zufrieden und verwenden die Standardnotation. Ist also R ein kommutativer Ring mit Eins und $P \in R[x]$, so gibt es ein $n \in \mathbb{N}_0$ und sogenannte Koeffizienten $a_0, ..., a_n \in R$ so, dass $P = \sum_{i=0}^{n} a_i \cdot x^i$ ist. Im Spezialfall des Nullpolynoms sind alle Koeffizienten Null, und R ist ein Teilring von $R[x]$, der Teilring der konstanten Polynome. Wir verwenden die übliche intuitive Notation für Addition und Multiplikation, ebenfalls wie in der Linearen Algebra. Immer dann, wenn der Nullring eine Sonderrolle spielt, verweisen wir darauf. Eine exakte Definition bzw. Konstruktion eines Polynomrings ist aufwändiger, siehe zum Beispiel in [34] auf S. 18.

▶ **Bemerkung 4.1** Für jeden kommutativen Ring R mit Eins ist $R[x]$ ebenfalls ein kommutativer Ring mit Eins, und es ist dann $1_R = 1_{R[x]}$.

© Der/die Autor(en), exklusiv lizenziert an Springer Nature Switzerland AG 2023
G. Stroth und R. Waldecker, *Elementare Algebra und Zahlentheorie*, Mathematik Kompakt,
https://doi.org/10.1007/978-3-031-39771-4_4

Achtung! Wir fassen Polynome nicht als Funktionen auf – auch wenn die Schreibweise das vielleicht suggeriert. Dass man hier vorsichtig sein muss, zeigt folgendes Beispiel: $R := \mathbb{Z}/2 \cdot \mathbb{Z}$ und $P := x + 1_R$, $Q := x^2 + 1_R \in R[x]$. Die Polynome P und Q sind verschieden, aber sie nehmen auf beiden Elementen von R den gleichen Wert an.

Anders ausgedrückt: Die zu den Polynomen gehörenden Funktionen sind gleich, obwohl die Polynome unterschiedlich sind. Wir werden aber dennoch von Nullstellen sprechen oder mathematische Objekte in Polynome einsetzen.

Definition (Einsetzungshomomorphismus)

Seien L ein kommutativer Ring mit Eins und R ein Teilring von L mit Eins.

(a) Sei $a \in L$ fest und sei die Abbildung $\varphi_a : R[x] \to L$ wie folgt definiert: Für alle Polynome $P = \sum_{i=0}^{n} b_i \cdot x^i \in R[x]$ sei $P^{\varphi_a} := \sum_{i=0}^{n} b_i \cdot a^i$. Dann nennen wir φ_a den **Einsetzungshomomorphismus** für a.

Für das Bild P^{φ_a} schreiben wir abkürzend (und suggestiver) $P(a)$ und lassen die Abbildung φ_a meistens weg.

(b) Wir nennen $a \in L$ eine **Nullstelle** von $P \in R[x]$ genau dann, wenn $P(a) = 0_L$ ist. ◄

Dass die Bezeichnung „Einsetzungs*homomorphismus*" gerechtfertigt ist, zeigen kleine Rechnungen.

Seien dazu $P, Q \in R[x]$, etwa $n, m \in \mathbb{N}_0$ und $P = \sum_{i=0}^{n} b_i \cdot x^i$, $Q = \sum_{i=0}^{m} c_i \cdot x^i$, und sei $a \in L$. Sei $n \le m$ und seien ggf. $b_{n+1} := 0_R, ..., b_m := 0_R$, so dass wir mit (R4) schreiben können $P + Q = \sum_{i=0}^{m} (b_i + c_i) \cdot x^i$. Dann ist

$$(P+Q)^{\varphi_a} = \left(\sum_{i=0}^{m} (b_i + c_i) \cdot x^i \right)^{\varphi_a} = \sum_{i=0}^{m} (b_i+c_i) \cdot a^i = \sum_{i=0}^{m} b_i \cdot a^i + \sum_{i=0}^{m} c_i \cdot a^i = P^{\varphi_a} + Q^{\varphi_a},$$

wobei im vorletzten Schritt noch einmal (R4) einging. Weiter ist

$$(P \cdot Q)^{\varphi_a} = \left((\sum_{i=0}^{n} b_i \cdot x^i) \cdot (\sum_{i=0}^{m} c_i \cdot x^i) \right)^{\varphi_a}$$

$$= (\sum_{i=0}^{m+n} (\sum_{j=0}^{i} b_j \cdot c_{i-j}) \cdot x^i)^{\varphi_a} = \sum_{i=0}^{m+n} (\sum_{j=0}^{i} b_j \cdot c_{i-j}) \cdot a^i$$

$$= ((\sum_{i=0}^{n} b_i \cdot a^i) \cdot (\sum_{i=0}^{m} c_i \cdot a^i)) = P^{\varphi_a} \cdot Q^{\varphi_a}.$$

Wir zeigen, dass gewisse Polynomringe so etwas wie eine Primfaktorzerlegung haben, ähnlich zu der im Ring $\mathbb{Z}$. Wie wir im vorherigen Kapitel gesehen haben, würde es reichen, zu zeigen, dass sie euklidisch sind. Um zu entscheiden, wann Polynomringe euklidisch sind, müssen wir etwas weiter ausholen. Dazu erinnern wir uns kurz an Notation aus der Linearen Algebra:

Ist R ein kommutativer Ring mit Eins und $P \in R[x]$, so schreiben wir P in der Form $P = \sum_{i=0}^{n} a_i \cdot x^i$ und schreiben nicht jedes Mal dazu, dass $n \in \mathbb{N}_0$ ist und $a_0, ..., a_n \in R$ sind. Der **Grad von** P, geschrieben als Grad(P), ist mit diesen Bezeichnungen n genau dann, wenn $a_n \neq 0_R$ ist. Wir nennen P **normiert** genau dann, wenn $a_n = 1_R$ ist. Das Nullpolynom $0_{R[x]}$ hat nach Definition den Grad $-\infty$.

Außerdem fassen wir immer R als Teilring des Polynomrings $R[x]$ auf.

Lemma 4.2

Sei R ein kommutativer Ring mit Eins und seien $P, Q \in R[x]$. Dann gilt

(a) Grad$(P \cdot Q) \leq$ Grad$(P) +$ Grad(Q).

(b) *Falls R ein Integritätsbereich ist, dann gilt*

(1) Grad$(P \cdot Q) =$ Grad$(P) +$ Grad(Q). *Insbesondere ist auch $R[x]$ ein Integritätsbereich.*

(2) *Die Einheiten von $R[x]$ sind genau die Einheiten von R.*

(3) *Jedes in R irreduzible Element $r \in R$ ist auch in $R[x]$ irreduzibel.*

Beweis Wir beweisen (a) und (b)(1) gleichzeitig. Falls P oder Q das Nullpolynom ist, ist alles klar. Seien also

$$P := \sum_{i=0}^{n} a_i \cdot x^i, Q := \sum_{j=0}^{m} b_j \cdot x^j$$

und $a_n \neq 0_R \neq b_m$. Dann ist

$$P \cdot Q = a_n \cdot b_m \cdot x^{n+m} + \sum_{i=0}^{n+m-1} c_i \cdot x^i$$

mit geeigneten Koeffizienten $c_i \in R$.

Das ergibt Grad$(P \cdot Q) \leq n + m =$ Grad$(P) +$ Grad(Q). Ist weiter R ein Integritätsbereich, so ist $a_n \cdot b_m \neq 0_R$. Dann ist also $a_n \cdot b_m$ der Leitkoeffizient von $P \cdot Q$ und damit gilt Grad$(P \cdot Q) =$ Grad$(P) +$ Grad(Q).

Insbesondere zeigt dieses Argument, dass $R[x]$ ein Integritätsbereich ist, wenn R einer ist.

Für (b)(2) halten wir zuerst fest, dass im Spezialfall $R = \{0_R\}$ nichts zu zeigen ist und dass immer alle Einheiten von R auch Einheiten in $R[x]$ sind. Seien jetzt $R \neq \{0_R\}$ und P eine Einheit in $R[x]$. Dann ist P ein Teiler von $1_{R[x]} = 1_R \neq 0_R$, siehe Übungsaufgabe 2.4. Ist $Q \in R[x]$ so, dass $P \cdot Q = 1_R$ gilt, so erhalten wir mit Teil (b)(1), dass

$$0 = \mathrm{Grad}\,(1_R) = \mathrm{Grad}\,(P) + \mathrm{Grad}\,(Q)$$

ist. Da weder P noch Q das Nullpolynom sein kann, müssen beide Polynome Grad 0 haben und damit in R liegen. Also ist P ein Teiler von 1_R in R und damit eine Einheit.

Jetzt kommt (b)(3). Sei $r \in R$ irreduzibel in R. Dann ist $r \neq 0_R$ und r keine Einheit, und mit (b)(2) ist r dann auch keine Einheit in $R[x]$.

Seien $P, Q \in R[x]$ so, dass $r = P \cdot Q$ ist. Nun sind P und Q beide nicht das Nullpolynom. Mit der Voraussetzung an R und der Gradformel aus (b)(1) ist

$$0 = \mathrm{Grad}\,(r) = \mathrm{Grad}\,(P) + \mathrm{Grad}\,(Q),$$

also haben P und Q beide Grad 0. Damit liegen sie in R und die Irreduzibilität von r dort liefert, dass P und Q Einheiten oder zu r assoziiert sind in R (also auch in $R[x]$). $\qquad\square$

Die Aussage in (b)(1) nennen wir oft die „Gradformel" für Polynome.

Nun können wir zeigen, dass Polynomringe über Körpern euklidisch sind. Dabei werden wir die „Grad"-Funktion als euklidische Normfunktion benutzen.

Satz 4.3
Sei K ein Körper.

(a) *$K[x]$ ist ein euklidischer Ring.*

(b) *Die Einheiten von $K[x]$ sind genau die Polynome vom Grad 0.*

Beweis (a) Da K ein Integritätsbereich ist, ist $K[x]$ auch einer (siehe Lemma 4.2 (b)). Für jedes $P \in K[x] \setminus \{0_{K[x]}\}$ sei jetzt $N(P) := \mathrm{Grad}\,(P)$. Dann definiert N eine Abbildung von $K[x] \setminus \{0_{K[x]}\}$ nach $\mathbb{N}_0$, und es bleibt nur die Überprüfung der Eigenschaften (NF 1) und (NF 2).

Seien $P, T \in K[x]$. Sind beide nicht das Nullpolynom, so liefert Lemma 4.2 (b) uns

$$N(P \cdot T) = \mathrm{Grad}\,(P \cdot T) = \mathrm{Grad}\,(P) + \mathrm{Grad}\,(T) = N(P) + N(T) \geq N(P).$$

Seien nun $P = \sum_{i=0}^{n} a_i \cdot x^i$ und $T = \sum_{j=0}^{m} b_j \cdot x^j$ und $a_n \cdot b_m \neq 0_K$. Wir zeigen, dass wir Polynome $Q, R \in K[x]$ finden so, dass $P = Q \cdot T + R$ gilt und $R = 0_{K[x]}$ ist oder $\mathrm{Grad}\,(R) < \mathrm{Grad}\,(T)$.

Ist $\mathrm{Grad}\,(P) < \mathrm{Grad}\,(T)$, so setzen wir $Q = 0_{K[x]}$ und $R = P$ und sind fertig. Ab jetzt sei also $\mathrm{Grad}\,(P) \geq \mathrm{Grad}\,(T)$. Wir definieren

$$P_1 := P - x^{n-m} \cdot a_n \cdot b_m^{-1} \cdot T.$$

Das geht, weil $b_m \neq 0_K$ ist, und wir sehen sofort Grad $(P_1) \leq$ Grad $(P) - 1 = n - 1$. Mit einer Induktion nach Grad (P) erhalten wir Polynome $Q_1, R_1 \in K[x]$ so, dass gilt:

$$P_1 = Q_1 \cdot T + R_1$$

und $R_1 = 0_{K[x]}$ oder Grad $(R_1) <$ Grad (T).

Dann ist

$$P = (Q_1 + x^{n-m} \cdot a_n \cdot b_m^{-1}) \cdot T + R_1$$

und wir setzen $Q := Q_1 + x^{n-m} \cdot a_n \cdot b_m^{-1}$ und $R := R_1$.

(b) Sei $P \in K[x]$ eine Einheit. Mit Lemma 4.2 (b) (2) ist dann $P \in K$ und dort eine Einheit, also ist $P \in K \setminus \{0_K\}$ ein Polynom von Grad 0. Umgekehrt sind alle Polynome von Grad 0 Einheiten in K und damit auch in $K[x]$. □

Folgerung 4.4

Ist K ein Körper, so ist $K[x]$ ein Hauptidealring und insbesondere faktoriell.

Beweis Dies sehen wir sofort mit Satz 4.3(a) und Satz 3.16. Dass $K[x]$ faktoriell ist, folgt dann aus Satz 3.23. □

Rekapitulieren wir kurz die Beispiele vom Anfang des Kap. 2: $\mathbb{Z}$, $\mathbb{R}[x]$ und $\mathbb{Z}[i]$ sind euklidisch, $\mathbb{R}$ ist ein Körper (und damit auch euklidisch, wie wir in Übungsaufgabe 4.11 sehen werden). Wie sieht es mit anderen Polynomringen aus? Ist $\mathbb{Z}[x]$ euklidisch? Oder wenigstens faktoriell? Der Beweis von Satz 4.3 kann nicht von K auf $\mathbb{Z}$ übertragen werden, da ganze Zahlen im Allgemeinen keine multiplikativen Inversen in $\mathbb{Z}$ haben und wir damit das im Beweis P_1 genannte Polynom nicht bilden können.

Wie aber können wir sicher sein, dass $\mathbb{Z}[x]$ nicht eine andere euklidische Normfunktion hat? Das nächste Resultat klärt diese Frage mit Hilfe von Satz 3.16.

Lemma 4.5

$\mathbb{Z}[x]$ ist kein HIR (und daher auch nicht euklidisch).

Beweis Wir betrachten das Ideal $J := x \cdot \mathbb{Z}[x]$ und die Abbildung $\varphi : \mathbb{Z}[x] \to \mathbb{Z}$, für alle $P \in \mathbb{Z}[x]$ sei $P^\varphi := P(0)$.

Dann ist φ ein Ringhomomorphismus, nämlich der Einsetzungshomomorphismus für 0. Weiterhin ist φ surjektiv. Ist $P \in \mathbb{Z}[x]$, so ist $P(0) = 0$ genau dann, wenn P in $\mathbb{Z}[x]$ durch x teilbar ist. Also ist Kern $(\varphi) = x \cdot \mathbb{Z}[x] = J$ und mit dem Homomorphiesatz 3.5 folgt, dass

$\mathbb{Z}[x]/J$ isomorph zu $\mathbb{Z}$ ist. Insbesondere ist $\mathbb{Z}[x]/J$ ein Integritätsbereich und kein Körper, und daher ist J ein Primideal, aber kein maximales Ideal (siehe Lemma 3.12). Nun liefert Satz 3.17, dass $\mathbb{Z}[x]$ kein HIR ist. Mit Satz 3.16 ist insbesondere $\mathbb{Z}[x]$ nicht euklidisch. $\square$

Es gibt noch andere Möglichkeiten, zu zeigen, dass $\mathbb{Z}[x]$ kein HIR ist – etwa durch das Angeben konkreter Ideale, die keine Hauptideale sind.

> 🎧 Quotientenkörper (▶ sn.pub/ZpXHam)

Jetzt ist zwar $\mathbb{Z}[x]$ kein Hauptidealring, aber er könnte ja immerhin noch faktoriell sein. Bei der Klärung wird uns helfen, dass $\mathbb{Z}$ ein Teilring des Körpers $\mathbb{Q}$ ist. Um allgemeiner etwas über Polynomringe sagen zu können, schauen wir uns das Konzept eines Quotientenkörpers an. Im Beweis des nächsten Satzes werden wir mehrmals auf $\mathbb{Z}$ und $\mathbb{Q}$ verweisen, um die Vorgehensweise zu motivieren.

Satz 4.6.
Sei R ein Integritätsbereich, der nicht der Nullring ist.

(a) *Es gibt einen Körper $(K, \oplus, \circ)$ und einen Ringmonomorphismus*

$$\alpha : R \to K$$

mit folgender Eigenschaft: Für jedes $a \in K$ existieren Elemente $r_1 \in R$ und $r_2 \in R \setminus \{0_R\}$ so, dass $a = r_1^\alpha \circ (r_2^\alpha)^{-1}$ ist.

(b) *Der Körper K ist durch R und die in (a) angegebenen Eigenschaften bis auf Körperisomorphie eindeutig bestimmt.*

(c) *Seien K und α wie in (a). Ist L ein Körper und $\beta : R \to L$ ein Ringmonomorphismus, so kann β zu einem Ringmonomorphismus $\psi : K \to L$ erweitert werden, und zwar so, dass $\alpha * \psi = \beta$ ist.*

Beweis (a) Wir definieren auf der Menge

$$A := \{(a, b) \mid a \in R, b \in R \setminus \{0_R\}\}$$

eine Relation $\sim$ wie folgt: Für alle $a, c \in R$ und $b, d \in R \setminus \{0_R\}$ sei $(a, b) \sim (c, d)$ genau dann, wenn $a \cdot d = b \cdot c$ ist.

Ist $R = \mathbb{Z}$, so gilt zum Beispiel $(2, -1) \sim (6, -3)$.

(1) $\sim$ ist eine Äquivalenzrelation.

Da R ein kommutativer Ring ist, sehen wir Reflexivität und Symmetrie sofort. Schließlich seien (a, b), (c, d), $(e, f) \in A$ und es gelte $(a, b) \sim (c, d)$ sowie $(c, d) \sim (e, f)$. Dann sehen wir: $a \cdot d = b \cdot c$ und $c \cdot f = d \cdot e$, also ist $a \cdot d \cdot f = b \cdot c \cdot f = b \cdot d \cdot e$. Da R ein Integritätsbereich ist und $d \neq 0_R$ nach Definition von A, dürfen wir kürzen mit Lemma 2.6 (b). Somit ist $a \cdot f = b \cdot e$ und daher $(a, b) \sim (e, f)$. ∎

Sei jetzt, für alle $(a, b) \in A$, mit $\overline{(a, b)}$ die Äquivalenzklasse bezüglich $\sim$ bezeichnet, die (a, b) enthält.

Ist $R = \mathbb{Z}$, so sind zum Beispiel die Elemente $(6, -3)$, $(-2, 1)$ und $(10, -5)$ in der Klasse $\overline{(2, -1)}$ enthalten.

Sind $\overline{(a, b)}$ und $\overline{(c, d)}$ Äquivalenzklassen, so setzen wir:

$$\overline{(a, b)} \oplus \overline{(c, d)} := \overline{(a \cdot d + b \cdot c, b \cdot d)} \text{ und } \overline{(a, b)} \circ \overline{(c, d)} := \overline{(a \cdot c, b \cdot d)}.$$

Dies ist durch die Rechenregeln in $\mathbb{Q}$ inspiriert.

(2) $\oplus$ und $\circ$ sind wohldefiniert.

Seien (a_1, b_1) und (a_2, b_2) aus A so, dass $(a_1, b_1) \sim (a_2, b_2)$ ist, also $\overline{(a_1, b_1)} = \overline{(a_2, b_2)}$. Genauso seien (c_1, d_1) und (c_2, d_2) aus A mit der Eigenschaft $\overline{(c_1, d_1)} = \overline{(c_2, d_2)}$. Dann gilt:

$$\overline{(a_1, b_1)} \oplus \overline{(c_1, d_1)} = \overline{(a_1 \cdot d_1 + c_1 \cdot b_1, b_1 \cdot d_1)}.$$

Es ist aber

$$(a_1 \cdot d_1 + c_1 \cdot b_1) \cdot b_2 \cdot d_2 = a_1 \cdot b_2 \cdot d_1 \cdot d_2 + c_1 \cdot d_2 \cdot b_1 \cdot b_2 =$$
$$b_1 \cdot a_2 \cdot d_1 \cdot d_2 + d_1 \cdot c_2 \cdot b_1 \cdot b_2 = (a_2 \cdot d_2 + c_2 \cdot b_2) \cdot b_1 \cdot d_1,$$

also gilt:

$$(a_1 \cdot d_1 + c_1 \cdot b_1, b_1 \cdot d_1) \sim (a_2 \cdot d_2 + c_2 \cdot b_2, b_2 \cdot d_2)$$

und daher

$$\overline{(a_1 \cdot d_1 + c_1 \cdot b_1, b_1 \cdot d_1)} = \overline{(a_2 \cdot d_2 + c_2 \cdot b_2, b_2 \cdot d_2)}.$$

Weiter ist

$$\overline{(a_1, b_1)} \circ \overline{(c_1, d_1)} = \overline{(a_1 \cdot c_1, b_1 \cdot d_1)} \text{ und } \overline{(a_2, b_2)} \circ \overline{(c_2, d_2)} = \overline{(a_2 \cdot c_2, b_2 \cdot d_2)}.$$

Wieder nach Wahl folgt mit der Kommutativität von R:

$$a_1 \cdot c_1 \cdot b_2 \cdot d_2 = a_1 \cdot b_2 \cdot c_1 \cdot d_2 = b_1 \cdot a_2 \cdot c_1 \cdot d_2 = b_1 \cdot a_2 \cdot d_1 \cdot c_2 = a_2 \cdot c_2 \cdot b_1 \cdot d_1,$$

also

$$(a_1 \cdot c_1, b_1 \cdot d_1) \sim (a_2 \cdot c_2, b_2 \cdot d_2),$$

d. h. auch $\circ$ ist wohldefiniert. ∎

(3) Für alle $a, b \in R \setminus \{0_R\}$ ist $(0_R, a) \sim (0_R, b)$ und $(a, a) \sim (b, b)$.

Seien $a, b \in R \setminus \{0_R\}$. Dann ist $a \cdot 0_R = 0_R = 0_R \cdot b$ und $a \cdot b = a \cdot b$. Daraus folgt alles. ■
Sei K die Menge der Äquivalenzklassen von $\sim$, also

$$K = \{\overline{(a, b)} \mid (a, b) \in A\}.$$

Auch hier gibt es eine Entsprechung zu $\mathbb{Q}$: Der Bruch $\frac{2}{5}$ repräsentiert in unserer Notation
die Klasse $\overline{(2, 5)}$, denn es ist zum Beispiel $\frac{2}{5} = \frac{4}{10} = \frac{-2}{-5}$.

(4) $(K, \oplus, \circ)$ ist ein Körper.

Da R kommutativ ist und $(R, +)$ eine abelsche Gruppe, ist K abgeschlossen bezüglich $\oplus$
und $\circ$, beides sind Verküpfungen (laut (2)) und erfüllen das Kommutativgesetz. Das Element
„Null" bezüglich $\oplus$ ist $\overline{(0_R, 1_R)}$, denn für alle $\overline{(c, d)} \in K$ gilt:

$$\overline{(c, d)} \oplus \overline{(0_R, 1_R)} = \overline{(c \cdot 1_R + 0_R \cdot d, d \cdot 1_R)} = \overline{(c \cdot 1_R, d \cdot 1_R)} = \overline{(c, d)}.$$

Das Inverse zu $\overline{(c, d)} \in K$ bezüglich $\oplus$ ist gegeben durch $\overline{(-c, d)}$, denn $\overline{(c, d)} \oplus \overline{(-c, d)} =$
$\overline{(c \cdot d - c \cdot d, d \cdot d)} = \overline{(0_R, d^2)} = \overline{(0_R, 1_R)}$ mit (3). Also ist $(K, \oplus)$ eine abelsche Gruppe.
    Wir müssen zeigen, dass $K \setminus \{\overline{(0_R, 1_R)}\}$ unter $\circ$ abgeschlossen ist (Nullteilerfreiheit).
Seien also $\overline{(c, d)}, \overline{(e, f)} \in K$ so, dass $\overline{(c, d)} \circ \overline{(e, f)} = \overline{(0_R, 1_R)}$ ist. Dann ist $\overline{(c \cdot e, d \cdot f)} =$
$\overline{(0_R, 1_R)}$, also $(c \cdot e, d \cdot f) \sim (0_R, 1_R)$ und damit $c \cdot e \cdot 1_R = d \cdot f \cdot 0_R = 0_R$. Da R
nullteilerfrei ist, muss eines der Elemente c, e gleich 0_R sein. Das bedeutet $\overline{(c, d)} = \overline{(0_R, 1_R)}$
oder $\overline{(e, f)} = \overline{(0_R, 1_R)}$ wie gewünscht. Das Element „Eins" bezüglich $\circ$ ist $\overline{(1_R, 1_R)}$, das
sehen wir sofort. Sei jetzt $\overline{(c, d)} \in K$ und $\overline{(c, d)} \neq 0_K$.
    Dann ist $c \neq 0_R$, also auch $\overline{(d, c)} \in K$ und wir erhalten

$$\overline{(c, d)} \circ \overline{(d, c)} = \overline{(c \cdot d, d \cdot c)} = \overline{(1_R, 1_R)}.$$

Somit ist $\overline{(d, c)}$ multiplikativ invers zu $\overline{(c, d)}$. Die beiden Assoziativgesetze folgen aus denen
in R, es fehlt nur noch das Distributivgesetz.
    Seien dazu $\overline{(a, b)}, \overline{(c, d)}, \overline{(e, f)} \in K$. Dann gilt:

$$(\overline{(a, b)} \oplus \overline{(c, d)}) \circ \overline{(e, f)} = \left(\overline{(a \cdot d + c \cdot b, b \cdot d)}\right) \circ \overline{(e, f)}$$
$$= \overline{((a \cdot d + c \cdot b) \cdot e, b \cdot d \cdot f)}$$

und

$$\left(\overline{(a, b)} \circ \overline{(e, f)}\right) \oplus \left(\overline{(c, d)} \circ \overline{(e, f)}\right) = \overline{(a \cdot e, b \cdot f)} \oplus \overline{(c \cdot e, d \cdot f)}$$
$$= \overline{(a \cdot e \cdot d \cdot f + c \cdot e \cdot b \cdot f, b \cdot d \cdot f \cdot f)}$$
$$= \overline{((a \cdot e \cdot d + c \cdot e \cdot b) \cdot f, b \cdot d \cdot f \cdot f)}$$
$$= \overline{(a \cdot e \cdot d + c \cdot e \cdot b, b \cdot d \cdot f)}.$$

∎

Wir definieren nun $\alpha : R \to K$ wie folgt: Für alle $r \in R$ sei $r^\alpha := \overline{(r, 1_R)}$. Ist $R = \mathbb{Z}$, so bilden wir zum Beispiel 5 auf $\overline{(5, 1)}$ ab, und das entspricht in $\mathbb{Q}$ der Zahl $\frac{5}{1}$.

(5) α ist ein Ringmonomorphismus.

Seien $a, b \in R$. Dann ist

$$(a + b)^\alpha = \overline{(a + b, 1_R)} = \overline{(a \cdot 1_R + b \cdot 1_R, 1_R)} = \overline{(a, 1_R)} \oplus \overline{(b, 1_R)} = a^\alpha \oplus b^\alpha$$

und

$$(a \cdot b)^\alpha = \overline{(a \cdot b, 1_R)} = \overline{(a, 1_R)} \circ \overline{(b, 1_R)} = a^\alpha \circ b^\alpha.$$

Also ist α ein Homomorphismus.

Für die Injektivität zeigen wir Kern $(\alpha) = \{0_R\}$. Ist $c \in$ Kern (α), so ist $c^\alpha = 0_K = \overline{(0_R, 1_R)}$. Daher ist $(0_R, 1_R) \sim (c, 1_R)$. Aber dann ist $0_R \cdot 1_R = 1_R \cdot c$, wegen der Nullteilerfreiheit in R und $1_R \neq 0_R$ folgt also $c = 0_R$. ∎

(6) Ist $a \in K$, so existieren $r_1, r_2 \in R$ so, dass $r_2 \neq 0_R$ ist und $a = r_1^\alpha \circ (r_2^\alpha)^{-1}$.

Sei $(r_1, r_2) \in A$ so, dass $a = \overline{(r_1, r_2)}$ ist. Wir beachten, dass wegen $r_2 \neq 0_R$ und $r_2^\alpha = \overline{(r_2, 1_R)}$ ein Inverses zu r_2^α in K existiert bezüglich $\circ$. Nun ist

$$r_1^\alpha \circ (r_2^\alpha)^{-1} = \overline{(r_1, 1_R)} \circ \overline{(1_R, r_2)} = \overline{(r_1, r_2)} = a$$

wie gewünscht. ∎

Insgesamt haben wir jetzt (a) bewiesen.

(b) Sei $(L, \oplus, \circ)$ ein Körper, der (a) mit dazugehörigem Monomorphismus β erfüllt. Sei $\varphi : K \to L$ eine Abbildung, für alle $\overline{(a, b)} \in K$ sei $\overline{(a, b)}^\varphi := (a^\beta) \circ (b^\beta)^{-1}$.

(7) φ ist wohldefiniert.

Sei dazu $(c, d) \in A$ und $(c, d) \sim (a, b)$, also $c \cdot b = d \cdot a$. Somit ist $(c \cdot b)^\beta = (d \cdot a)^\beta$, d. h. $c^\beta \circ (d^\beta)^{-1} = a^\beta \circ (b^\beta)^{-1}$. ∎

(8) φ ist ein Körperisomorphismus.

Die Homomorphieeigenschaften können einfach nachgerechnet werden. Mit (a) ist außerdem $L = \{a^\beta \circ (b^\beta)^{-1} \mid (a, b) \in A\}$, und daher ist φ surjektiv. Nach Folgerung 3.8 ist

Kern $(\varphi) = \{0_K\}$, da $\overline{(1_R, 1_R)}^{\varphi} = 1_L \neq 0_L$ ist. Also ist φ bijektiv und damit ein Körperisomorphismus. ∎

(c) Seien $(L, +, \cdot)$ ein Körper und $\beta : R \to L$ ein Ringmonomorphismus.
Wir definieren eine Abbildung $\psi : K \to L$, für alle Elemente $a^{\alpha} \circ (b^{\alpha})^{-1} \in K$ sei

$$(a^{\alpha} \circ (b^{\alpha})^{-1})^{\psi} := a^{\beta} \cdot (b^{\beta})^{-1}.$$

(9) ψ ist ein Ringmonomorphismus und $\beta = \alpha * \psi$.

Für die Wohldefiniertheit seien $a, b, c, d \in R$, $b \neq 0_R \neq d$ und

$$a^{\alpha} \circ (b^{\alpha})^{-1} = c^{\alpha} \circ (d^{\alpha})^{-1}.$$

Dann ist $a^{\alpha} \circ d^{\alpha} = b^{\alpha} \circ c^{\alpha}$ und daher $(a \cdot d)^{\alpha} = (b \cdot c)^{\alpha}$.
Da α ein Monomorphismus ist, erhalten wir nun $a \cdot d = b \cdot c$. Somit ist $(a \cdot d)^{\beta} = (b \cdot c)^{\beta}$ und die gleiche Rechnung wie oben liefert umgekehrt, dass $a^{\beta} \cdot (b^{\beta})^{-1} = c^{\beta} \cdot (d^{\beta})^{-1}$ ist. Die Homomorphieeigenschaft folgt aus einer kleinen Rechnung. Außerdem ist $(1_R^{\alpha} \circ (1_R^{\alpha})^{-1})^{\psi} = 1_R^{\beta} \cdot (1_R^{\beta})^{-1} \neq 0_L$. Daher ist ψ nicht die Nullabbildung und mit Folgerung 3.8 ist ψ injektiv. Sei nun $r \in R$. Dann erhalten wir

$$r^{\alpha * \psi} = (r^{\alpha} \circ (1_R^{\alpha})^{-1})^{\psi} = r^{\beta} \cdot (1_R^{\beta})^{-1} = r^{\beta}.$$

Somit ist $\beta = \alpha * \psi$, wie behauptet. ∎

☐

Definition (Quotientenkörper)

Den in Satz 4.6 konstruierten (und bis auf Isomorphie eindeutig bestimmten) Körper nennen wir **Quotientenkörper** zu R.

Ist R ein Integritätsbereich und nicht der Nullring, so bezeichnen wir mit $R(x)$ einen Quotientenkörper des Polynomrings $R[x]$. ◀

▶ **Bemerkung 4.7** Sei α wie in Satz 4.6 (a). Da $R^{\alpha} \subseteq K$ ist und R^{α} isomorph zu R ist, dürfen wir annehmen, dass R im Quotientenkörper K enthalten und $\alpha = \mathrm{id}_R$ ist. Dies vereinfacht die Notation.

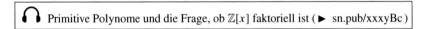 Primitive Polynome und die Frage, ob $\mathbb{Z}[x]$ faktoriell ist (▶ sn.pub/xxxyBc)

Wir betrachten nun Polynomringe $R[x]$, wobei R ein faktorieller Ring ist.

Definition (Primitives Polynom)

Seien R ein faktorieller Ring und $P = \sum_{i=0}^{n} a_i \cdot x^i \in R[x]$. Wir nennen P **primitiv in** $R[x]$ genau dann, wenn $a_0, \ldots, a_n$ in R teilerfremd sind. ◄

Lemma 4.8 (Gaußsches Lemma[1])

Seien R ein faktorieller Ring und $P, Q \in R[x]$ primitiv. Dann ist auch $P \cdot Q$ primitiv.

Beweis Falls R der Nullring ist, sind P, Q und $P \cdot Q$ jeweils das Nullpolynom, und dann ist nichts zu zeigen.

Jetzt sei R nicht der Nullring. Seien $n, m \in \mathbb{N}_0$, $a_0, \ldots, a_n, b_0, \ldots, b_m \in R$ und weiter $P = a_n \cdot x^n + \cdots + a_0$, $Q = b_m \cdot x^m + \cdots + b_0$. Angenommen, $P \cdot Q$ sei nicht primitiv. Dann existiert $d \in R$, das keine Einheit ist und jeden Koeffizienten von $P \cdot Q$ teilt. Sei $r \in R$ ein irreduzibles Element, das d teilt (existiert, da R faktoriell und nicht der Nullring ist). Da P und Q primitiv sind, haben sie mindestens einen Koeffizienten, der nicht von r geteilt wird in R.

Wir wählen daher $i \in \{0, \ldots, n\}$ und $j \in \{0, \ldots, m\}$ so, dass $a_0, \ldots, a_{i-1}$ und $b_0, \ldots, b_{j-1}$ von r geteilt werden, aber a_i nicht und b_j auch nicht. Der Koeffizient c_{i+j} von x^{i+j} in $P \cdot Q$ hat folgende Gestalt:

$$c_{i+j} = \sum_{s+t=i+j} a_s \cdot b_t,$$

und alle Summanden $a_s \cdot b_t$, bei denen $s \neq i$ und $t \neq j$ ist, sind durch r teilbar. Der letzte verbleibende Summand ist $a_i \cdot b_j$. Nach Voraussetzung ist c_{i+j} durch r teilbar, deshalb muss auch $a_i \cdot b_j$ durch r teilbar sein. Aber in faktoriellen Ringen ist jedes irreduzible Element prim (Lemma 3.24), also ist nun a_i oder b_j durch r teilbar. Widerspruch! □

---

[1] Johann Carl Friedrich Gauß, *30.4.1777 Braunschweig, †23.2.1855 Göttingen, Professor in Göttingen, wird als der größte Mathematiker der Neuzeit bezeichnet. In seiner Doktorarbeit bewies er den Fundamentalsatz der Algebra (jedes nicht konstante Polynom mit komplexen Koeffizienten hat eine Nullstelle in den komplexen Zahlen), mit 18 Jahren bewies er die Konstruierbarkeit mit Zirkel und Lineal des regelmäßigen 17-Ecks und löste damit ein Problem, das bis auf Euklid zurück geht. 1801 erschien sein Werk „Disquisitiones Arithmeticae", eines der bedeutendsten Werke der Mathematik. Hier wurden die Grundlagen der Zahlentheorie, die bis dahin aus vereinzelten Problemen bestand, gelegt. Er arbeitete auf vielen verschiedenen Gebieten (Geometrie, Algebra, Astronomie, Physik) und führte grundlegende Begriffe ein, z. B. die Gaußsche Glockenkurve und die erste geometrische Interpretation der komplexen Zahlen mit der Gaußschen Zahlenebene. Wikipedia 2022.

Lemma 4.9

Sei R ein faktorieller Ring, der nicht der Nullring ist, sei $P \in R[x]$ und sei K ein Quotientenkörper von R, der R enthält. Dann gilt:

(a) *Es gibt ein in $R[x]$ primitives Polynom $Q \in R[x]$ und ein $a \in R$ so, dass $P = Q \cdot a$ ist.*

(b) *Sei $T \in K[x]$. Dann gibt es ein in $R[x]$ primitives Polynom $Q \in R[x]$ und ein $a \in K$ so, dass $T = Q \cdot a$ ist.*

(c) *Seien $Q \in R[x]$ primitiv und $b \in K$ mit der Eigenschaft $P = Q \cdot b$. Dann ist $b \in R$.*

Beweis (a) ist wahr, falls P das Nullpolynom ist.

Andernfalls seien $n \in \mathbb{N}_0, a_0, \ldots, a_n \in R, a_n \neq 0_R$ so, dass $P = a_n \cdot x^n + \cdots + a_0$ ist. Sei a ein ggT von $a_0, \ldots, a_n$ in R. Für jedes $i \in \{0, \ldots, n\}$ sei dann $b_i \in R$ so, dass wir schreiben können $a_i = a \cdot b_i$. Jetzt setzen wir $Q := b_n \cdot x^n + \cdots + b_0$. Mit Lemma 3.25(b) sind dann $b_0, \ldots, b_n$ teilerfremd in R, also ist Q primitiv in $R[x]$ und $P = Q \cdot a$.

Für (b) seien $m \in \mathbb{N}_0, t_0, \ldots, t_m \in K$ und $T = t_m \cdot x^m + \cdots + t_0$. Nach Definition eines Quotientenkörpers und nach Voraussetzung gibt es für alle $i \in \{0, \ldots, m\}$ Elemente $v_i \in R$, $w_i \in R \setminus \{0_R\}$ so, dass $t_i = v_i \cdot w_i^{-1}$ ist (Invertierung in K). Es ist also $S := w_0 \cdots w_m \cdot T$ ein Polynom mit Koeffizienten in R. Mit Teil (a) seien $Q \in R[x]$ primitiv und $a \in R$ so, dass wir schreiben können $S = Q \cdot a$. Dann ist $k := a \cdot (w_0 \cdots w_m)^{-1} \in K$ und $T = Q \cdot k$.

Für (c) seien $b_1 \in R, b_2 \in R \setminus \{0_R\}$ so gewählt, dass $b = b_1 \cdot b_2^{-1}$ ist. Ist d ein gemeinsamer Teiler in R von b_1 und b_2, so schreiben wir $b_1 = c_1 \cdot d$ und $b_2 = c_2 \cdot d$ mit $c_1, c_2 \in R$ und erhalten $b = c_1 \cdot d \cdot (c_2 \cdot d)^{-1} = c_1 \cdot c_2^{-1}$. Wir können also annehmen, dass b_1 und b_2 teilerfremd sind in R. Wir sind fertig, falls b_2 eine Einheit in R ist, denn dann ist $b \in R$. Angenommen nicht, dann gibt es, da R faktoriell ist, ein irreduzibles Element $r \in R$, das b_2 teilt. Seien $m \in \mathbb{N}_0, d_0, \ldots, d_m \in R$ und $Q = d_m \cdot x^m + \cdots + d_0$. Dann ist

$$P = Q \cdot b = Q \cdot b_1 \cdot b_2^{-1} = (d_m \cdot b_1 \cdot b_2^{-1}) \cdot x^m + \cdots + (d_0 \cdot b_1 \cdot b_2^{-1}).$$

Wegen $P \in R[x]$ folgt für alle $i \in \{0, \ldots, m\}$, dass $d_i \cdot b_1 \cdot b_2^{-1}$ in R liegt, dass also b_2 ein Teiler von jedem $d_i \cdot b_1$ ist in R. Damit ist auch r ein Teiler von $d_0 \cdot b_1, \ldots, d_m \cdot b_1$ in R. Da r irreduzibel ist und b_2 teilt, b_2 und b_1 aber teilerfremd sind, sind auch b_1 und r teilerfremd. Das bedeutet, dass r ein Teiler von d_i sein muss für jedes $i \in \{0, \ldots, m\}$ (Lemma 3.24). Aber Q ist primitiv in $R[x]$. Widerspruch! Daher ist b_2 eine Einheit in R und $b \in R$. $\qquad \square$

Das nächste Lemma gibt uns Kontrolle über die irreduziblen Elemente von $R[x]$.

Lemma 4.10

Sei R ein faktorieller Ring, der nicht der Nullring ist, und sei K ein Quotientenkörper von R, der R enthält. Sei weiter $P \in R[x]$ ein in $R[x]$ primitives Polynom. Dann gilt: P ist in $K[x]$ genau dann irreduzibel, wenn P auch in $R[x]$ irreduzibel ist.

Beweis Sei P irreduzibel in $K[x]$. Dann ist P weder das Nullpolynom noch eine Einheit in $K[x]$ (also auch nicht in $R[x]$). Seien $Q_1, Q_2 \in R[x]$ so, dass $P = Q_1 \cdot Q_2$ ist. Da Q_1, Q_2 auch in $K[x]$ liegen und P dort irreduzibel ist, muss Q_1 oder Q_2 eine Einheit in $K[x]$ sein. Mit Lemma 4.3 (b) sei etwa $Q_2 \in K \setminus \{0_K\}$. Aus $Q_2 \in R[x]$ folgt dann $Q_2 \in R$. Aber P ist primitiv in $R[x]$, also muss Q_2 eine Einheit in R sein. Damit ist P irreduzibel in $R[x]$.

Jetzt sei umgekehrt P irreduzibel in $R[x]$. Dann ist P weder das Nullpolynom noch eine Einheit in $R[x]$. Falls P eine Einheit in $K[x]$ ist, ist $P \in K$, also folgt $P \in R$, und dann liefert die Primitivität, dass P eine Einheit ist. Da das unmöglich ist, ist P auch keine Einheit in $K[x]$. Nun seien $S_1, S_2 \in K[x]$ so, dass $P = S_1 \cdot S_2$ ist. Mit Lemma 4.9 (b) existieren primitive Polynome $Q_1, Q_2 \in R[x]$ und Elemente $k_1, k_2 \in K$ mit der Eigenschaft $S_1 = Q_1 \cdot k_1$ und $S_2 = Q_2 \cdot k_2$. Mit dem Gaußschen Lemma (4.8) ist auch $Q_1 \cdot Q_2$ primitiv, und wegen $k_1 \cdot k_2 \in K$ liefert Lemma 4.9 (c) dann schon $k_1 \cdot k_2 \in R$ (aus der Darstellung $P = (Q_1 \cdot Q_2) \cdot k_1 \cdot k_2$).

Aus der Irreduzibilität von P in $R[x]$ folgt, dass sämtliche Faktoren in der Darstellung $P = Q_1 \cdot Q_2 \cdot k_1 \cdot k_2$ Einheiten oder zu P assoziiert sein müssen. Insbesondere ist Q_1 oder Q_2 eine Einheit. Sei etwa Q_1 eine Einheit in R. Dann ist Q_1 vom Grad 0, liegt in K, und damit ist $Q_1 \cdot k_1 \in K$ ($\neq 0_R$, weil P nicht das Nullpolynom ist). Da K ein Körper ist, ist $S_1 = Q_1 \cdot k_1$ eine Einheit und damit S_2 zu P assoziiert. Falls Q_2 eine Einheit ist in R, dann ist entsprechend S_1 zu P assoziiert.

Also ist P irreduzibel in $K[x]$. $\square$

Für den Spezialfall $\mathbb{Z}$ haben wir:

Folgerung 4.11

Sei $P \in \mathbb{Z}[x]$ ein in $\mathbb{Z}[x]$ primitives Polynom. Dann ist P in $\mathbb{Q}[x]$ genau dann irreduzibel, wenn es in $\mathbb{Z}[x]$ irreduzibel ist.

Hier ist die Primitivität des Polynoms wichtig! Es ist zum Beispiel $P := 2 \cdot x - 4$ irreduzibel in $\mathbb{Q}[x]$, aber nicht in $\mathbb{Z}[x]$. Denn P hat den Teiler 2, der in $\mathbb{Z}[x]$ weder eine Einheit noch zu P assoziiert ist.

Nun können wir endlich die Frage beantworten, ob $\mathbb{Z}[x]$ ein faktorieller Ring ist.

Satz 4.12

Ist R ein faktorieller Ring, so ist auch R[x] faktoriell.

Beweis Es ist R ein Integritätsbereich, also auch $R[x]$. Falls $R = \{0_R\}$ ist, dann ist auch $R[x] = \{0_{R[x]}\}$. Daher setzen wir ab jetzt voraus, dass R nicht der Nullring ist. Aus Lemma 4.2 (b) (3) folgt, dass die irreduziblen Elemente aus R auch in $R[x]$ irreduzibel bleiben. Polynome vom Grad 0 sind also Einheiten oder Produkt von irreduziblen Elementen. Wir müssen noch zeigen, dass sich Polynome vom Grad mindestens 1 als Produkt von Einheiten und Irreduziblen schreiben lassen und die Eindeutigkeit zeigen.

Zuerst kümmern wir uns um die Existenz von Zerlegungen.

Sei K ein Quotientenkörper von R, der R enthält (mit Satz 4.6), und sei $P \in R[x]$ ein beliebiges Polynom vom Grad mindestens 1. Mit Folgerung 4.4 (a) ist $K[x]$ faktoriell, d.h. in $K[x]$ können wir P als Produkt von Einheiten und irreduziblen Polynomen schreiben. Seien etwa $n \in \mathbb{N}, T_1, \ldots, T_n \in K[x]$ irreduzible Polynome so, dass $P = T_1 \cdots T_n$ ist. Mit Lemma 4.9 (b) existieren primitive Polynome $Q_1, \ldots, Q_n \in R[x]$ und Körperelemente $k_1, \ldots, k_n \in K \setminus \{0_K\}$ mit der Eigenschaft $T_1 = Q_1 \cdot k_1, \ldots, T_n = Q_n \cdot k_n$.

Mehrfache Anwendung des Gaußschen Lemmas (4.8) liefert, dass $Q_1 \cdots Q_n$ primitiv ist, und mit Lemma 4.9 (c) ist dann $k := k_1 \cdots k_n \in R$. Außerdem gilt für alle $i \in \{1, \ldots, n\} : T_i$ ist irreduzibel in $K[x]$, daher ist auch $Q_i = k_i^{-1} \cdot T_i$ irreduzibel in $K[x]$. Da Q_i primitiv in $R[x]$ ist, folgt mit Satz 4.10, dass Q_i irreduzibel ist in $R[x]$. Wir haben also $P = Q_1 \cdots Q_n \cdot k$ mit irreduziblen Polynomen $Q_1, \ldots, Q_n \in R[x]$. Da R faktoriell ist und $k \in R$, ist k Produkt von Einheiten und irreduziblen Elementen in R. Diese bleiben Einheiten bzw. irreduzibel in $R[x]$ (Lemma 4.2 (b) (2) und (3)), und damit haben wir eine Zerlegung in irreduzible Elemente und Einheiten gefunden.

Zur Eindeutigkeit der Zerlegung bis auf Reihenfolge und Assoziierte:

Sei $P \in R[x] \setminus \{0_{R[x]}\}$. Wir sind fertig, falls P selbst eine Einheit oder irreduzibel ist.

Andernfalls seien $k, l, n, m \in \mathbb{N}$ und $a_1, \ldots, a_k, b_1, \ldots, b_l \in R$ irreduzibel, weiter $Q_1, \ldots, Q_n, S_1, \ldots, S_m \in R[x]$ irreduzible Polynome vom Grad mindestens 1 so, dass wir nun zwei Zerlegungen von P haben:

$$P = a_1 \cdots a_k \cdot Q_1 \cdots Q_n = b_1 \cdots b_l \cdot S_1 \cdots S_m.$$

Dann sind das auch Zerlegungen in $K[x]$. Dabei werden $a_1, \ldots, a_k, b_1, \ldots, b_l \in R$ zu Einheiten in K, da diese Elemente nicht 0_K sind und K ein Körper ist. Weiterhin sind $Q_1, \ldots, Q_n, S_1, \ldots, S_m$ primitiv, da sie irreduzibel in $R[x]$ sind, also sind sie mit Satz 4.10 auch irreduzibel in $K[x]$. Setzen wir $c := a_1 \cdots a_k \cdot (b_1 \cdots b_l)^{-1}$, so ist $c \in K$ und $Q_1 \cdots Q_n \cdot c = S_1 \cdots S_m$. Da $K[x]$ faktoriell ist, muss $n = m$ sein und für jedes $i \in \{1, ..., n\}$ gibt es ein $j \in \{1, ..., n\}$ so, dass Q_i assoziiert ist zu S_j.

Andererseits ist mit dem Gaußschen Lemma (4.8) das Produkt $Q_1 \cdots Q_n$ primitiv und mit Lemma 4.9 (c) dann schon $c \in R$. Aber genauso ist $S_1 \cdots S_n$ primitiv und daher c

eine Einheit in R. Es folgt, dass $a_1 \cdots a_k$ zu $b_1 \cdots b_l$ assoziiert ist in R. Da R faktoriell ist, muss $k = l$ sein und die Menge $\{a_1, \ldots, a_k\}$ ist bis auf Assoziiertheit genau die Menge $\{b_1, \ldots, b_l\}$. Insgesamt sind damit die beiden Zerlegungen bis auf Reihenfolge und Assoziierte gleich. $\qquad\square$

Definition

Seien R ein kommutativer Ring mit Eins und $n \in \mathbb{N}$.
Wir definieren rekursiv $R[x_1, \ldots, x_{n+1}]$ als $R[x_1, \ldots, x_n][x_{n+1}]$. ◄

Man kann sehen, dass $R[x_1][x_2] = R[x_2][x_1]$ ist, wenn man die exakte Definition des Polynomrings verwendet. Eine nicht rekursive Definition von $R[x_1, \ldots, x_n]$ kann man in [34], S. 27–28 finden.

Folgerung 4.13

(a) *Ist K ein Körper, so ist $K[x_1, \ldots, x_n]$ faktoriell.*
(b) *$\mathbb{Z}[x]$ ist faktoriell.*

Mit $\mathbb{Z}[x]$ kennen wir nun also auch einen Ring, der zwar faktoriell ist, aber kein Hauptidealring.

Übungsaufgaben

4.1 Seien $R := \mathbb{Z}[x]$ und p eine Primzahl. Weiter sei für jedes $a \in \mathbb{Z}$ definiert: $J_a := p \cdot \mathbb{Z}[x] + (x - a) \cdot \mathbb{Z}[x]$. Zeige:

(a) Für jedes $a \in \mathbb{Z}$ ist J_a ein maximales Ideal von R.
(b) Die Ideale $J_0, J_1, \ldots, J_{p-1}$ sind paarweise verschieden.
(c) Ist M ein maximales Ideal von R und gilt $|R/M| = p$, so existiert ein $a \in \mathbb{Z}$ so, dass $0 \le a \le p - 1$ ist und $M = J_a$.

4.2 Seien $P := 2 \cdot x^4 - 3 \cdot x^3 + 4 \cdot x^2 - 5 \cdot x + 6$, $Q := x^2 - 3 \cdot x + 1 \in \mathbb{R}[x]$. Finde $R, T \in \mathbb{R}[x]$ so, dass Grad $(R) <$ Grad (Q) ist und $P = T \cdot Q + R$ gilt.

4.3 Sei $I := \{P \in \mathbb{Q}[x] \mid P(0) = P'(0) = 0\}$, wobei P' die formale Ableitung bezeichnet.

(a) Zeige, dass I ein Ideal von $\mathbb{Q}[x]$ ist.

(b) Gib ein erzeugendes Element für das Ideal I an.

(c) Ist I ein Primideal?

4.4 Seien $P := x^3 + 2 \cdot x^2 - x - 1$ und $Q := x^2 + x - 3$ aus $\mathbb{Q}[x]$.

(a) Zeige, dass P und Q in $\mathbb{C}$ keine gemeinsamen Nullstellen haben.

(b) Zeige, dass es Polynome $S, T \in \mathbb{Q}[x]$ gibt mit der Eigenschaft $S \cdot P + T \cdot Q = 1$.

(c) Finde konkrete Polynome S und T wie in (b)!

4.5 Bestimme eine Zerlegung von $x^5 + x^3 + 2 \cdot x^2 - x + 2$ in irreduzible Polynome in $\mathbb{Z}[x]$.

4.6 Sei $P \in \mathbb{Z}[x]$. Es gelte für vier paarweise verschiedene ganze Zahlen a, b, c und d:

$$P(a) = P(b) = P(c) = P(d) = 7.$$

Zeige, dass es keine ganze Zahl k gibt, für die $P(k) = 10$ ist.

4.7 Seien R ein faktorieller Ring, der nicht der Nullring ist, und K ein Quotientenkörper von R, der R enthält. Weiter sei $P := x^n + a_{n-1} \cdot x^{n-1} + \ldots + a_0 \in R[x]$. Zeige:

(a) Ist $s \in K$ eine Nullstelle von P, so ist $s \in R$.

(b) Ist $s \in R$ eine Nullstelle von P, so ist s ein Teiler von a_0 in R.

4.8 Besitzt das Polynom $x^{37} + 12 \cdot x^{15} + x + 1 \in \mathbb{Z}[x]$ Nullstellen in $\mathbb{Q}$?

4.9 Zeige, dass das Polynom $x^4 - 30 \cdot x^2 + 120 \cdot x - 27$ in $\mathbb{Q}[x]$ irreduzibel ist.

4.10 Seien $P := x^2 + 1 \in \mathbb{R}[x]$ und $J := \{T \cdot P \mid T \in \mathbb{R}[x]\}$. Finde einen surjektiven Ringhomomorphismus von $\mathbb{R}[x]$ nach $\mathbb{C}$, dessen Kern genau J ist!

4.11 Zeige, dass jeder Körper ein euklidischer Ring ist.

4.12 Sei S der Ring aller beliebig oft diffenzierbaren Funktionen von $\mathbb{R}$ nach $\mathbb{R}$, wobei die Verknüpfungen im Ring die Addition und die Multiplikation von Funktionen sind.

(a) Zeige: Für jede reelle Zahl x_0 ist die Abbildung, die jeder Funktion $f \in S$ den Funktionswert $f(x_0)$ zuordnet, ein Ringhomomorphismus von S nach $\mathbb{R}$.

(b) Zeige: Für jedes offene Intervall $I = (a, b) \subseteq \mathbb{R}$ ist die Abbildung, die jeder Funktion $f \in S$ die Einschränkung dieser Funktion auf das Intervall I zuordnet, ein Ringhomomorphismus von S in den Ring aller auf I definierten und auf I beliebig oft differenzierbaren Funktionen. Zeige außerdem, dass dieser Homomorphismus weder injektiv noch surjektiv ist.

(c) Ist die Abbildung, die jeder Funktion $f \in S$ ihre Ableitung f' zuordnet, ein Ringhomomorphismus von S in sich?

Irreduzibilitätstests

5

> 🎧 Nullstellen und das Kriterium von Eisenstein (▶ sn.pub/Jf7EOM)

In diesem Kapitel widmen wir uns der Frage, wie ein Element eines faktoriellen Rings als irreduzibel erkannt werden kann. Das ist in $\mathbb{Z}$ schon schwierig (siehe Kap. 7 und 13). Für $\mathbb{Z}[x]$ diskutieren wir nun einige Methoden und benötigen den folgenden Satz zur Vorbereitung:

Satz 5.1

Seien K ein Körper und $P \in K[x] \setminus \{0_{K[x]}\}$.

(a) *Ist $a \in K$ eine Nullstelle von P, so ist der Linearfaktor $x - a$ ein Teiler von P in $K[x]$.*

(b) *Falls Grad $(P) \geq 2$ ist und P eine Nullstelle in K hat, dann ist P nicht irreduzibel in $K[x]$.*

(c) *Ist $n \in \mathbb{N}_0$ der Grad von P, so besitzt P höchstens n paarweise verschiedene Nullstellen in K.*

Beweis (a) Da $K[x]$ nach Satz 4.3 (a) euklidisch ist, existieren Polynome S und T in $K[x]$ mit den Eigenschaften $P = S \cdot (x - a) + T$ und Grad $(T) <$ Grad $(x - a)$. Dies schließt den Fall ein, dass T das Nullpolynom ist, denn das hat ja den Grad $-\infty$.

Da Grad $(x - a) = 1$ ist, folgt Grad $(T) < 1$, d. h. T hat Grad 0 oder ist das Nullpolynom. In beiden Fällen liegt T im Körper K. Setzen wir a in die Gleichung ein, so erhalten wir, da Einsetzen ein Homomorphismus ist:

G. Stroth und R. Waldecker, *Elementare Algebra und Zahlentheorie*, Mathematik Kompakt, https://doi.org/10.1007/978-3-031-39771-4_5

$$0_K = P(a) = S(a) \cdot (x - a)(a) + T(a) = S(a) \cdot (a - a) + T = T.$$

Also ist T das Nullpolynom und $P = S \cdot (x - a)$ wie gewünscht. Das ist (a).

Jetzt betrachten wir (b): Seien Grad $(P) \geq 2$ und $a \in K$ eine Nullstelle von P. Mit Teil (a) folgt dann, dass P den Teiler $x - a$ in $K[x]$ hat, und der ist weder eine Einheit noch zu P assoziiert.

Für (c) beachten wir, dass nach Voraussetzung P nicht das Nullpolynom ist. Induktion nach n:

Ist $n = 0$, so ist $P \in K$ konstant, aber nicht das Nullpolynom. Daher besitzt P gar keine Nullstellen.

Sei jetzt die Behauptung für alle Polynome vom Grad höchstens $n - 1$ richtig. Falls P gar keine Nullstelle hat, sind wir fertig. Sei ab jetzt also $a \in K$ eine Nullstelle von P. Mit Teil (a) sei $S \in K[x]$ ein Polynom mit der Eigenschaft $P = S \cdot (x - a)$. Ist $c \in K$ eine beliebige Nullstelle von P, so ist $0_K = P(c) = S(c) \cdot (c - a)$. Wegen der Nullteilerfreiheit von K muss daher $c = a$ sein oder es muss $S(c) = 0_K$ gelten. Die Nullstelle a kennen wir schon, und mit der Gradformel ist Grad $(S) = n - 1$, d. h. nach Voraussetzung hat S höchstens $n - 1$ Nullstellen in K. Es gibt also höchstens $n - 1$ paarweise verschiedene Möglichkeiten für c als Nullstelle von S, und zusammen mit der Nullstelle a macht das höchstens n paarweise verschiedene Nullstellen von P in K. Da jede Nullstelle von P eine Nullstelle von $(x - a)$ oder von S sein muss, sind wir nun fertig.   □

Sehr bekannt ist das Irreduzibilitätskriterium von Eisenstein[1].

Satz 5.2

Sei R ein faktorieller Ring, der nicht der Nullring ist, und sei K ein Quotientenkörper von R, der R enthält. Seien $P \in R[x]$, Grad $(P) \geq 1$ und $P = c_n \cdot x^n + \cdots + c_0$, wobei $c_n \neq 0_R$ ist. Weiter sei $r \in R$ prim und es gelte Folgendes:
r teilt $c_0, ..., c_{n-1}$ in R, aber nicht c_n, und r^2 teilt nicht c_0.
Dann ist P irreduzibel in $K[x]$.

Beweis Nach Voraussetzung ist Grad $(P) \geq 1$ und daher ist P weder das Nullpolynom noch eine Einheit in $K[x]$. Wir wenden Lemma 4.9 (a) an, es seien also $Q \in R[x]$ und $a \in R$ so,

---

[1] Ferdinand Gotthold Max Eisenstein, *16.4.1823 Berlin, †11.10.1852 Berlin. Studierte ab 1843 an der Berliner Universität und erhielt, nachdem er allein im Jahr 1844 über 20 Arbeiten veröffentlicht hatte, im Jahr 1845 den Doktorgrad ehrenhalber von der Universität Breslau. Habilitierte 1847 an der Berliner Universität und wurde 1852 Mitglied der Berliner Akademie der Wissenschaften. Arbeitete auf den Gebieten der Zahlentheorie, Algebra, elliptische und abelsche Funktionen. Beschäftigte sich mit quadratischen, kubischen und biquadratischen Reziprozitätsgesetzen. Herausragende Arbeiten zu quadratischen und kubischen Formen. Hier entstanden auch die später nach ihm benannten Eisenstein-Reihen. Wikipedia 2022.

dass Q primitiv ist und $P = Q \cdot a$. Wir beachten $a \neq 0_R$. Dann ist Grad $(Q) = $ Grad $(P) = n$
mit der Gradformel aus Lemma 4.2 (b) (1). Insbesondere ist Q weder das Nullpolynom noch
eine Einheit in $R[x]$ und in $K[x]$, und aus der Irreduzibilität von Q in $K[x]$ folgt sofort die
von P.

Seien $b_0, ..., b_n \in R$ so, dass $Q = b_n \cdot x^n + \cdots + b_0$ ist. Dann ist $c_n = b_n \cdot a$, und da
c_n nicht durch r teilbar ist in R, ist dann auch b_n nicht durch r teilbar. Aus dem gleichen
Grund ist a nicht durch r teilbar. Da aber r prim in R ist und jeden der Koeffizienten
$c_0 = b_0 \cdot a, ..., c_{n-1} = b_{n-1} \cdot a$ teilt, muss nun r ein Teiler von $b_0, ..., b_{n-1}$ sein in R.
Nach Voraussetzung teilt r^2 nicht c_0, also teilt r^2 auch nicht b_0. Wir zeigen, dass Q in $K[x]$
irreduzibel ist, und dazu weisen wir zuerst die Irreduzibilität in $R[x]$ nach.

Seien also $S, T \in R[x]$ und $Q = S \cdot T$. Weiter seien $S = \sum_{i=0}^{m} s_i \cdot x^i$ und $T = \sum_{j=0}^{k} t_j \cdot x^j$, wobei $s_m \neq 0_R \neq t_k$ gelte. Dann ist zunächst $b_0 = s_0 \cdot t_0$.

Nach Voraussetzung ist r prim. Da b_0 von r geteilt wird, folgt nun, dass s_0 oder t_0 von r
geteilt wird in R. Da b_0 nicht durch r^2 teilbar ist, können wir die Notation so wählen, dass
s_0 durch r teilbar ist, t_0 aber nicht. Da außerdem $b_n = s_m \cdot t_k$ nicht durch r teilbar ist, ist s_m
nicht durch r teilbar.

Sei jetzt $j \in \{0, ..., m\}$ minimal mit der Eigenschaft, dass s_j nicht durch r teilbar ist in
R. Für den Fall, dass $k < j$ ist, setzen wir t_{k+1} usw. bis hin zu t_j auf 0_R, damit wir einen
Koeffizientenvergleich machen können und schreiben können

$$b_j = s_j \cdot t_0 + s_{j-1} \cdot t_1 + \cdots + s_0 \cdot t_j.$$

Angenommen es sei $j < n$. Da r die Elemente s_i für jedes $i < j$ teilt, aber nicht das
Produkt $s_j \cdot t_0$, ist r auch kein Teiler von b_j. Dies widerspricht der Voraussetzung $j < n$
und den Eigenschaften von Q, siehe oben.

Also ist $j = n$ und dann auch $n = m$. Somit haben wir Grad $(Q) = $ Grad (S) und
Grad $(T) = 0$, d. h. T ist ein Element des Ringes R. Da Q primitiv ist, muss dann T eine
Einheit in R sein. Jetzt ist S assoziiert zu Q in $R[x]$ und wir sehen, dass Q irreduzibel in
$R[x]$ ist. Wieder wegen der Primitivität von Q ist es dann auch irreduzibel in $K[x]$.   □

Wir illustrieren an einigen Beispielen, mit welchen Methoden man die Frage nach der
Irreduzibilität eines Polynoms angehen kann.

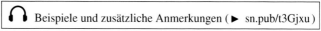 Beispiele und zusätzliche Anmerkungen (▶ sn.pub/t3Gjxu)

Beispiele 5.3

(a) Sei $P := \frac{2}{25} \cdot x^6 + \frac{7}{5} \cdot x^5 + x^3 + \frac{1}{5} \in \mathbb{Q}[x]$. Ist P irreduzibel in $\mathbb{Q}[x]$?

Es ist
$$T := 25 \cdot P = 2 \cdot x^6 + 35 \cdot x^5 + 25 \cdot x^3 + 5 \in \mathbb{Z}[x].$$

Dann wenden wir Satz 5.2 an mit der Primzahl $r = 5$. So sehen wir, dass T irreduzibel ist in $\mathbb{Q}[x]$, also auch P. (Denn in $\mathbb{Q}[x]$ sind diese beiden Polynome assoziiert.)

(b) Das nächste Beispiel ist von zentraler Bedeutung. Seien $p \in \mathbb{N}$ eine Primzahl und

$$T := x^{p-1} + x^{p-2} + \ldots + x + 1.$$

Wir werden zeigen, dass T irreduzibel in $\mathbb{Z}[x]$ ist. Satz 5.2 ist nicht direkt anwendbar, aber ein kleiner Trick hilft! Das Polynom T ist nämlich genau das, was herauskommt, wenn man das Polynom $x^p - 1$ mit Rest durch $x - 1$ teilt, per Polynomdivision. Wenn wir das im Hinterkopf behalten, $x + 1$ in T einsetzen und den binomischen Lehrsatz anwenden, ergibt sich

$$\tilde{T} := T(x+1) = (x+1)^{p-1} + (x+1)^{p-2} + \ldots + (x+1) + 1 = x^{p-1} + \sum_{i=1}^{p-1} \binom{p}{i} \cdot x^{i-1}$$

$$= x^{p-1} + p \cdot x \cdot S + p \text{ mit einem geeigneten Polynom } S \in \mathbb{Z}[x].$$

Nun liefert Satz 5.2, mit der Primzahl p, dass $\tilde{T}$ irreduzibel ist in $\mathbb{Q}[x]$. Als primitives Polynom ist es dann auch irreduzibel in $\mathbb{Z}[x]$. Jede Zerlegung von T liefert auch eine von $T(x+1)$ und damit von $\tilde{T}$, und daher ist T selbst auch irreduzibel in $\mathbb{Z}[x]$.

(c) Eine weitere Möglichkeit ist, die Koeffizienten des Polynoms zu verändern. Ähnlich verfahren Computeralgebrasysteme beim Testen von Irreduzibilität.

Seien $n \in \mathbb{N}$ und $^-$ eine Abbildung von $\mathbb{Z}$ nach $\mathbb{Z}/n \cdot \mathbb{Z}$, für alle $a \in \mathbb{Z}$ sei $\bar{a} := n \cdot \mathbb{Z} + a$. Diese Abbildung erweitern wir zu einer Abbildung von $\mathbb{Z}[x]$ nach $(\mathbb{Z}/n \cdot \mathbb{Z})[x]$, indem wir sie auf die Koeffizienten anwenden:

$$\text{Ist } T = \sum_{i=0}^{m} a_i \cdot x^i \text{ in } \mathbb{Z}[x], \text{ so definieren wir } \bar{T} := \sum_{i=0}^{m} \bar{a}_i \cdot x^i.$$

Ist p eine Primzahl, so ist $K := \mathbb{Z}/p \cdot \mathbb{Z}$ ein Körper und $K[x]$ ein faktorieller Ring. Sind weiter $S, Q \in \mathbb{Z}[x]$ und gilt $T = S \cdot Q$, so ist auch $\bar{T} = \bar{S} \cdot \bar{Q}$ in $K[x]$. Falls jetzt $\bar{T}$ primitiv und irreduzibel in $K[x]$ ist, so ist $\bar{S}$ oder $\bar{Q}$ eine Einheit, hat also Grad Null. Wählen wir die Primzahl p so, dass p nicht a_m teilt, so ist $\text{Grad}(S) = \text{Grad}(\bar{S})$ und $\text{Grad}(Q) = \text{Grad}(\bar{Q})$. Dann ist also auch T irreduzibel in $\mathbb{Z}[x]$.

Der Vorteil beim Rechnen in $K[x]$ ist der, dass K nur endlich viele Elemente hat. Es ist also wesentlich einfacher, systematisch alle Polynome zu betrachten, die echt kleineren Grad haben als $\bar{T}$. Wir erklären dies konkret an einem Beispiel. Sei

$$T := x^4 + 5 \cdot x^3 + 35 \cdot x^2 + 10 \cdot x + 7 \in \mathbb{Z}[x].$$

Wir setzen $p := 5$ und arbeiten mit der Abbildung $^-$ von oben. Dann ist $\bar{T} = x^4 + \bar{2}$. Indem wir die Elemente $\bar{0}, \bar{1}, \bar{2}, \bar{3}, \bar{4}$ aus $K := \mathbb{Z}/5 \cdot \mathbb{Z}$ einsetzen, sehen wir, dass $\bar{T}$ keine Nullstelle in K hat. Insbesondere kann $\bar{T}$ in $K[x]$ nicht als Produkt eines Polynoms vom Grad 3 mit einem Polynom vom Grad 1 geschrieben werden.

Falls $\bar{T}$ also nicht irreduzibel ist in $K[x]$, dann gibt es Polynome $\bar{Q}, \bar{S} \in K[x]$ vom Grad 2 und so, dass $\bar{T} = \bar{S} \cdot \bar{Q}$ ist. Da $\bar{T}$ normiert ist, können wir auch $\bar{S}$ und $\bar{Q}$ normiert wählen und schreiben $\bar{S} = x^2 + \bar{a} \cdot x + \bar{b}$ und $\bar{Q} = x^2 + \bar{c} \cdot x + \bar{d}$.

Ein Koeffizientenvergleich liefert $\bar{a} = -\bar{c}$, $\bar{a} \cdot \bar{c} + \bar{b} + \bar{d} = \bar{0}$ und $\bar{b} \cdot \bar{d} = \bar{2}$. Somit folgt $\bar{b} + \bar{d} = \bar{a}^2$. Da $\bar{a}^2 \in \{\bar{0}, \bar{1}, \bar{4}\}$ ist, gibt es drei Fälle:

Falls $\bar{a}^2 = \bar{0}$ ist, so erhalten wir $\bar{b}^2 = \overline{-2} = \bar{3}$, was nicht möglich ist. In den anderen beiden Fällen gilt

$$\bar{b} \cdot (\bar{1} - \bar{b}) = \bar{2} \text{ oder } \bar{b} \cdot (\bar{4} - \bar{b}) = \bar{2},$$

und dann können wir die möglichen Werte für $\bar{b}$ einsetzen und bekommen einen Widerspruch. Also ist $\bar{T}$ irreduzibel in $K[x]$. Da T primitiv ist, folgt daraus die Irreduzibilität von T in $\mathbb{Z}[x]$.

Wir hätten aber auch $p = 3$ und $K := \mathbb{Z}/3 \cdot \mathbb{Z}$ betrachten können. In dem Fall bekommen wir

$$\bar{T} = x^4 - x^3 - x^2 + x + \bar{1},$$

und

$$x^4 - x^3 - x^2 + x + \bar{1} = (x^2 + x - \bar{1})^2.$$

Dies zeigt, dass je nach Wahl der Primzahl p das Polynom $\bar{T}$ durchaus nicht irreduzibel in $K[x]$ sein muss, selbst wenn T irreduzibel in $\mathbb{Z}[x]$ ist.

Zum Schluss besprechen wir das Verfahren aus dem letzten Beispiel allgemeiner:

▶ **Bemerkung 5.4** Sei $T \in \mathbb{Z}[x]$, $T = \sum_{i=0}^{n} a_i \cdot x^i$ und Grad $(T) \geq 1$. Wir testen T auf Irreduzibilität in $\mathbb{Z}[x]$ anhand mehrerer Schritte.

(1) Wir prüfen, ob T primitiv ist. Falls nicht, dann ist T auch nicht irreduzibel in $\mathbb{Z}[x]$.

(2) Sei jetzt T primitiv. Wir testen, ob T eine Nullstelle in $\mathbb{Z}$ hat.

Ist nämlich $z \in \mathbb{Z}$ und $T(z) = 0$, so ist z ein Teiler von a_0 in $\mathbb{Z}$. (Siehe dazu Übungsaufgabe 4.7(b).) Da a_0 nur endlich viele Teiler in $\mathbb{Z}$ hat, kann in endlich vielen Schritten geklärt werden, ob T eine ganzzahlige Nullstelle hat.

Falls es eine Nullstelle $z \in \mathbb{Z}$ von T gibt, dann liegt diese in $\mathbb{Q}$ und falls Grad $(T) \geq 2$ ist, so ist T dann nicht irreduzibel in $\mathbb{Q}[x]$, wegen der Primitivität also auch nicht in $\mathbb{Z}[x]$. Hier haben wir Lemma 4.10 und Satz 5.1 (b) verwendet.

(3) Immer noch sei T primitiv. Wir bilden die formale Ableitung $T' := \sum_{i=0}^{n} i \cdot a_i \cdot x^{i-1}$ von T und testen, ob T und T' in $\mathbb{Q}[x]$ teilerfremd sind. Falls sie es nicht sind, ist nämlich T nicht irreduzibel in $\mathbb{Q}[x]$ (und damit in $\mathbb{Z}[x]$, weil T primitiv ist).

Zur Begründung reicht es, zu sehen, dass ein ggT von T und T' höchstens Grad $n - 1$ haben kann. Er ist also nicht zu T assoziiert.

(4) Wir nehmen eine Primzahl $p \in \mathbb{N}$ her, die a_n nicht teilt, setzen $K := \mathbb{Z}/p \cdot Z$ und verwenden den natürlichen Homomorphismus $^-$ von $\mathbb{Z}[x]$ nach $K[x]$ wie in Beispiel 5.3(c) oben. Ist $\bar{T}$ irreduzibel in $K[x]$, so ist T irreduzibel in $\mathbb{Z}[x]$.

Schritt (4) hilft nicht immer weiter! Es ist z. B. $T := x^4 - x^2 + 1$ irreduzibel in $\mathbb{Z}[x]$, aber unabhängig von der Wahl der Primzahl p ist das Bild $\bar{T}$ des Polynoms in $(\mathbb{Z}/p \cdot \mathbb{Z})[x]$ niemals irreduzibel, so dass das Kriterium aus Schritt (4) nicht greift. (Vgl. dazu [34], Satz 12.10 auf S. 152.)

Wir überlegen uns jetzt, wie wir ausgehend von Teilern von $\bar{T}$ Rückschlüsse auf Teiler von T ziehen können. Da die Elemente im Körper $\mathbb{Z}/p\mathbb{Z}$ keine eindeutigen Urbilder in $\mathbb{Z}$ haben, legen wir fest, dass wir die Urbilder immer im Intervall $[-p/2, p/2]$ wählen. Damit können bei Koeffizienten, die im Verhältnis zur Primzahl p betragsmäßig klein sind, die Urbilder rekonstruiert werden.

Schauen wir uns das genauer an. Seien S, R ganzzahlige Polynome, $S = \sum_{i=0}^{r} b_i \cdot x^i$ und $R = \sum_{i=0}^{s} c_i \cdot x^i$, und zwar so, dass $T = S \cdot R$ ist. Die Landau-Mignotte-Ungleichung[2] besagt dann:

$$\sum_{j=0}^{r} |b_j| \leq 2^r \cdot \left| \frac{a_n}{b_r} \right|^{-1} \cdot \sqrt{\sum_{i=0}^{n} a_i^2}.$$

Im Beispiel $T = x^4 - x^2 + 1$ ist T normiert, also können wir auch S mit Leitkoeffizient 1 wählen. Mit Blick auf die Koeffizienten von T ist $\sqrt{\sum_{i=0}^{n} a_i^2} = \sqrt{3}$, und T hat Grad 4. Also ist $\sum_{j=0}^{r} |b_j|$ durch $16 \cdot \sqrt{3}$ nach oben beschränkt. Wir müssen also nur die Primzahl p so wählen, dass $\frac{p}{2}$ größer als $16\sqrt{3}$ ist. Zum Beispiel ist $p := 59$ geeignet. Setzen wir $K := \mathbb{Z}/59 \cdot \mathbb{Z}$, so finden wir durch Probieren in $K[x]$ die Zerlegung

$$\bar{T} = (x^2 + \bar{11} \cdot x + \bar{1}) \cdot (x^2 - \bar{11} \cdot x + \bar{1}).$$

Weiter sehen wir, dass dies eine Zerlegung in irreduzible Polynome in $K[x]$ ist. Mit unserer Konvention müssen wir dann nur testen, ob $x^2 + 11 \cdot x + 1$ oder $x^2 - 11 \cdot x + 1$ das Polynom T in $\mathbb{Z}[x]$ teilen. Man kann einfach nachrechnen, dass dies nicht der Fall ist. Daher ist T irreduzibel in $\mathbb{Z}[x]$. Dieses Beispiel zeigt aber auch, dass selbst dann, wenn T irreduzibel ist und wir eine geeignete Primzahl p gewählt haben, aus einer Faktorisierung in $K[x]$ nicht auf eine in $\mathbb{Z}[x]$ geschlossen werden kann.

Übungsaufgaben

5.1 Sei $q \in \mathbb{N}$. Zeige, dass $x^q + 1$ genau dann irreduzibel in $\mathbb{Z}[x]$ ist, wenn $q = 2^m$ eine 2-Potenz ist.

5.2 Sei $P \in \mathbb{Q}[x]$ vom Grad 2 oder 3. Zeige, dass P irreduzibel ist in $\mathbb{Q}[x]$ genau dann, wenn P keine Nullstellen in $\mathbb{Q}$ hat. Gilt eine analoge Aussage für Polynome vom Grad 4?

5.3 Zeige, dass es für jedes $n \in \mathbb{N}$ unendlich viele irreduzible Polynome vom Grad n in $\mathbb{Z}[x]$ gibt.

---

[2] Siehe dazu [6], [23] und [27].

5.4 Sei K einer der Körper $\mathbb{Z}/5 \cdot \mathbb{Z}$, $\mathbb{Z}/\cdot 7\mathbb{Z}$, $\mathbb{Q}$, $\mathbb{R}$, $\mathbb{C}$.
  In welchen Fällen ist das Polynom $x^2 + 1_K$ irreduzibel in $K[x]$, in welchen nicht?

5.5 Sei $P \in \mathbb{Q}[x]$ irreduzibel in $\mathbb{Q}[x]$ und normiert, vom Grad $n \geq 1$. Zeige, dass dann P in $\mathbb{C}$ genau n paarweise verschiedene Nullstellen hat. (Hier darf verwendet werden, dass irreduzible Polynome in $\mathbb{C}[x]$ Grad 1 haben.)

Körper

6

🎧 Charakteristik, Primkörper und Grundbegriffe (▶ sn.pub/8fmUf1)

Wir befassen uns hier mit dem nächsten wichtigen Gegenstand der Algebra, den *Körpern*. Tatsächlich kennen wir neben $\mathbb{Q}$, $\mathbb{R}$ und $\mathbb{C}$ schon viele weitere: Ist nämlich K ein beliebiger Körper und J ein maximales Ideal in $K[x]$, so ist auch $K[x]/J$ nach Satz 3.17 ein Körper. Ist $P \in K[x]$ ein irreduzibles Polynom, so ist wieder nach Satz 3.17 $J := P \cdot K[x]$ ein maximales Ideal, und daher gehört zu jedem irreduziblen Polynom in $K[x]$ ein Faktorring von $K[x]$, der ein Körper ist.

Den ersten Unterschied zwischen $\mathbb{Q}$ und einem endlichen Körper sehen wir, wenn wir das Einselement mehrfach zu sich selbst addieren. Sei $p \in \mathbb{N}$ eine Primzahl. In $K := \mathbb{Z}/p \cdot \mathbb{Z}$ erhalten wir, wenn wir p-mal das Einselement zu sich selbst addieren, das Element 0_K. In $\mathbb{Q}$ können wir beliebig oft die Zahl 1 zu sich selbst addieren und werden niemals 0 erhalten! Das führt zu folgender Definition:

Definition (Charakteristik, Primkörper, Teilkörper)

Sei K ein Körper.

(a) Die kleinste natürliche Zahl n mit der Eigenschaft $\underbrace{1_K + \ldots + 1_K}_{n-mal} = 0_K$ nennen wir die **Charakteristik** von K. Wir schreiben dann char $(K) = n$. Gibt es keine solche Zahl, so schreiben wir char $(K) = 0$.

(b) Ein **Teilkörper** von K ist ein Teilring, der mit den Einschränkungen der Verknüpfungen selbst ein Körper ist.

(c) Der Durchschnitt **aller** Teilkörper von K heißt **Primkörper** von K.

© Der/die Autor(en), exklusiv lizenziert an Springer Nature Switzerland AG 2023
G. Stroth und R. Waldecker, *Elementare Algebra und Zahlentheorie*, Mathematik Kompakt,
https://doi.org/10.1007/978-3-031-39771-4_6

(d) Zwei Körper heißen **isomorph** genau dann, wenn es einen bijektiven Ringhomomorphismus von dem einen in den anderen gibt. ◄

Zum Beispiel ist char $(\mathbb{Q}) = 0$ und für alle Primzahlen p hat der Körper $K := \mathbb{Z}/p \cdot \mathbb{Z}$ die Charakteristik p. Der Primkörper von $\mathbb{C}$ ist $\mathbb{Q}$.

Lemma 6.1
Die Charakteristik eines Körpers ist 0 oder eine Primzahl.

Beweis Seien K ein Körper und char $(K) = n \neq 0$. Es ist $n \neq 1$, da $0_K \neq 1_K$ ist. Sei jetzt p ein Primteiler von n und sei $k \in \mathbb{N}$ so, dass $n = p \cdot k$ ist. Dann gilt nach Definition der Charakteristik

$$0_K = \underbrace{1_K + \cdots + 1_K}_{n-mal} = \underbrace{(1_K + \cdots + 1_K)}_{p-mal} \cdot \underbrace{(1_K + \cdots + 1_K)}_{k-mal}.$$

Da K ein Körper ist und damit nullteilerfrei, muss nun $\underbrace{(1_K + \cdots + 1_K)}_{p-mal} = 0_K$ sein oder

$\underbrace{(1_K + \cdots + 1_K)}_{k-mal} = 0_K$.

Die minimale Wahl von n liefert dann $n = p$ und $k = 1$.   □

Der Primkörper eines Körpers ist der bezüglich Inklusion kleinste Teilkörper. Der nächste Satz sagt uns, dass wir alle Primkörper bereits kennen.

Satz 6.2
Seien K ein Körper und K_0 der Primkörper von K.

(a) *Ist* char $(K) = 0$*, so ist K_0 zu $\mathbb{Q}$ isomorph.*
(b) *Ist* char $(K) = p \neq 0$*, so ist K_0 zu $\mathbb{Z}/p \cdot \mathbb{Z}$ isomorph.*

Beweis (a) Sei $\psi : \mathbb{N} \to K_0$ eine Abbildung, für alle $n \in \mathbb{N}$ sei

$$n^\psi := \underbrace{(1_K + \cdots + 1_K)}_{n-mal}.$$

Sind $n, m \in \mathbb{N}$ und $n \leq m$ mit der Eigenschaft $n^\psi = m^\psi$, so folgt

$$0_K = n^\psi - m^\psi = \underbrace{(1_K + \cdots + 1_K)}_{(n-m)-mal}.$$

Da char $(K) = 0$ ist, ist dann $n = m$. Also ist ψ eine injektive Abbildung. Somit besitzt K_0 eine Teilmenge, die sich bezüglich der Addition wie $\mathbb{N}$ verhält. Da K_0 ein Körper ist, gibt es also in K_0 einen zu $\mathbb{Z}$ isomorphen Teilring und dann auch einen zu $\mathbb{Q}$ isomorphen Teilkörper. Da $\mathbb{Q}$ keine echten Teilkörper hat, ist K_0 selbst isomorph zu $\mathbb{Q}$.

(b) Seien nun p eine Primzahl und char $(K) = p$. Sei weiter

$$L := \{0_K, 1_K, \ldots, \underbrace{1_K + \cdots + 1_K}_{(p-1)-mal}\} \subseteq K_0.$$

Da char $(K) = p$ ist, sind die Elemente in L paarweise verschieden und daher ist $|L| = p$, außerdem ist L unter Addition abgeschlossen.

Sei $\tau : \mathbb{Z}/p \cdot \mathbb{Z} \to L$ eine Abbildung, für alle $a \in \{0, 1, ..., p-1\}$ sei

$$(p \cdot \mathbb{Z} + a)^\tau := \underbrace{1_K + \cdots + 1_K}_{a-mal}.$$

Dann ist τ bijektiv. Nun definieren wir eine Multiplikation auf L wie folgt: Sind $t, s \in L$, so sei $t \cdot s$ in L definiert als $(t^{\tau^{-1}} \cdot s^{\tau^{-1}})^\tau$. So wird L zu einem kommutativen Ring mit Eins, da sich die Rechenregeln aus $\mathbb{Z}/p \cdot \mathbb{Z}$ durch τ übertragen. Wir prüfen noch, dass jedes Element in $L \setminus \{0_K\}$ ein multiplikatives Inverses hat.

Seien dazu $l \in L \setminus \{0_K\}$ und $l_0 \in \{0, 1, ..., p-1\}$ so, dass $p \cdot \mathbb{Z} + l_0 = l^{\tau^{-1}}$ ist. Da das Urbild nicht Null ist und $\mathbb{Z}/p \cdot \mathbb{Z}$ ein Körper ist, besitzt $p \cdot \mathbb{Z} + l_0$ ein multiplikatives Inverses $p \cdot \mathbb{Z} + a_0$, wobei $a_0 \in \{0, 1, ..., p-1\}$ ist. Setzen wir $a := (p \cdot \mathbb{Z} + a_0)^\tau$, so gilt

$$l \cdot a = (l^{\tau^{-1}} \cdot a^{\tau^{-1}})^\tau = ((p \cdot \mathbb{Z} + l_0) \cdot (p \cdot \mathbb{Z} + a_0))^\tau = (p \cdot \mathbb{Z} + 1)^\tau = 1_K.$$

Also haben wir wie gewünscht ein multiplikatives Inverses gefunden, sogar mit Konstruktionsvorschrift. Insgesamt folgt, dass L ein Körper ist, und das bedeutet, dass $L = K_0$ ist und dass τ ein Isomorphismus ist. □

Definition (algebraische Körpererweiterung)

Seien K, L Körper.

(a) Wir nennen L/K eine **Körpererweiterung** und L einen **Erweiterungskörper** von K genau dann, wenn K ein Teilkörper von L ist.

(b) Die Einschränkung der Multiplikation von L auf $K \times L$ definiert eine Skalarmultiplikation auf L. So wird L zu einem K-Vektorraum, und als **Erweiterungsgrad**

von L über K definieren wir die Dimension $\dim_K(L)$ von L als K-Vektorraum. Die Bezeichnung für den Erweiterungsgrad ist $[L : K]$.

(c) Die Erweiterung L/K heißt **endlich** genau dann, wenn $[L : K]$ endlich ist.

(d) Ein Element $a \in L$ heißt **algebraisch über K** genau dann, wenn es ein Polynom P in $K[x] \setminus \{0_{K[x]}\}$ gibt, welches a als Nullstelle hat. Andernfalls heißt a **transzendent über K**.

(e) Die Erweiterung L/K heißt **algebraisch** genau dann, wenn jedes Element von L algebraisch über K ist.

(f) Sei L/K eine Körpererweiterung. Ist U eine Teilmenge von L, so bezeichnen wir mit $K(U)$ („K adjungiert U") den Durchschnitt aller Teilkörper von L, die K und die Menge U enthalten. Sind $n \in \mathbb{N}$, $u_1, ..., u_n \in L$ und $U = \{u_1, \ldots, u_n\}$, so schreiben wir auch $K(u_1, \ldots, u_n)$.

(g) Sei L/K eine Körpererweiterung. L heißt **endlich erzeugt über K** genau dann, wenn es eine endliche Teilmenge U von L gibt so, dass $L = K(U)$ ist.

(h) Die Erweiterung L/K heißt **einfach** genau dann, wenn es ein Element $a \in L$ gibt so, dass $L = K(a)$ ist. ◄

Elementar, aber wichtig ist folgendes erstes Ergebnis:

Satz 6.3 (Gradsatz)

Seien L/K und A/L Körpererweiterungen. Dann ist

$$[A : K] = [A : L] \cdot [L : K].$$

Beweis Es genügt, den Fall zu betrachten, in dem $[A : L]$ und $[L : K]$ endlich sind. Seien etwa $n, m \in \mathbb{N}$ so, dass $[A : L] = n$ ist und $[L : K] = m$ und seien $\{a_1, \ldots, a_n\} \subseteq A$ eine L-Basis von A und $\{b_1, \ldots, b_m\} \subseteq L$ eine K-Basis von L. Da alles im großen Körper A passiert, können wir beliebig addieren und multiplizieren. Für jedes $i \in \{1, \ldots, m\}$ und $j \in \{1, \ldots, n\}$ setzen wir $c_{ij} := b_i \cdot a_j$.

Wir zeigen jetzt, dass $C := \{c_{ij} \mid i \in \{1, \ldots, m\}, j \in \{1, \ldots, n\}\}$ eine K-Basis von A ist. Zuerst die Erzeugniseigenschaft:

Seien $d \in A$ beliebig. Dann gibt es $l_1, \ldots, l_n \in L$ mit der Eigenschaft $d = \sum_{j=1}^{n} l_j \cdot a_j$, und für jedes $j \in \{1, ..., n\}$ liegt l_j in L. Da $\{b_1, \ldots, b_m\}$ dort eine K-Basis ist, gibt es $k_{j1}, \ldots, k_{jm} \in K$ so, dass $l_j = \sum_{i=1}^{m} k_{ji} \cdot b_i$ ist. Insgesamt ergibt das

$$d = \sum_{j=1}^{n} \left(\sum_{i=1}^{m} k_{ji} \cdot b_i \right) \cdot a_j = \sum_{i,j} k_{ji} \cdot c_{ij},$$

es ist also d eine K-Linearkombination der Elemente $c_{ij} \in C$.

Es bleibt die lineare Unabhängigkeit zu zeigen. Seien dazu für alle $i \in \{1, \dots, m\}$ und $j \in \{1, \dots, n\}$ Elemente $k_{ji} \in K$ so, dass $\sum_{i,j} k_{ji} \cdot c_{ij} = 0_A$ ist. Wir schreiben um:

$$0_A = \sum_{i,j} k_{ji} \cdot c_{ij} = \sum_{j=1}^{n} \left(\sum_{i=1}^{m} k_{ji} \cdot b_i \right) \cdot a_j$$

und sehen wegen der linearen Unabhängigkeit der Menge $\{a_1, \dots, a_n\}$ über L, dass $\sum_{i=1}^{m} k_{ji} \cdot b_i = 0_L$ sein muss für alle $j \in \{1, \dots, n\}$. Aber dann folgt aus der linearen Unabhängigkeit von $\{b_1, \dots, b_m\}$ über K, dass schon $k_{ji} = 0_K$ ist für alle i und j. Also ist die Menge C wirklich eine K-Basis von A, und $\dim_K(A) = n \cdot m$ wie gewünscht. $\qquad \square$

Es ergeben sich nun einige Fragen. Wie erkennen wir zum Beispiel, dass eine Körpererweiterung algebraisch ist? Sind Summen und Produkte algebraischer Elemente auch wieder algebraisch?

🎧 Algebraische Erweiterungen und das Minimalpolynom (▶ sn.pub/iQcKRX)

Der nächste Satz liefert ein gutes Kriterium dafür, dass gewisse Körpererweiterungen immer algebraisch sind.

Satz 6.4
Jede endliche Körpererweiterung ist algebraisch.

Beweis Sei L/K eine endliche Körpererweiterung. Dann gibt es eine endliche K-Basis von L. Die Anzahl der Basiselemente ist genau der Erweiterungsgrad $n := [L : K] \in \mathbb{N}$. Insbesondere bilden je $n + 1$ paarweise verschiedene Elemente von L eine linear abhängige Menge über K. Sei jetzt $a \in L$ beliebig.

Falls es $k, m \in \mathbb{N}_0$ gibt so, dass $k < m \leq n$ ist und $a^k = a^m$, dann ist a Nullstelle des Polynoms $x^m - x^k \in K[x] \setminus \{0_{K[x]}\}$. Sind dagegen die Potenzen $1, a, \dots, a^n$ alle paarweise verschieden, so bilden sie nach der Anfangsbemerkung eine linear abhängige Menge über K. Seien dann $b_0, \dots, b_n \in K$ nicht alle 0_K und so, dass $0_L = b_0 \cdot 1_L + b_1 \cdot a + \dots + b_n \cdot a^n$ ist. Dann ist a eine Nullstelle des Polynoms $P := b_n \cdot x^n + \dots + b_1 \cdot x + b_0 \in K[x]$ und P ist nicht das Nullpolynom. Also ist a algebraisch über K. $\qquad \square$

Der nächste Satz beschreibt die Struktur von einfachen Körpererweiterungen.

Satz 6.5

Seien K, L Körper und $a \in L$ so, dass $L = K(a)$ ist. Ist a transzendent über K, so ist L zu einem Quotientenkörper $K(x)$ des Polynomrings $K[x]$ isomorph. Weiter ist dann $[L : K] = \infty$.

Ist a algebraisch über K, so existiert ein eindeutig bestimmtes normiertes Polynom $P \in K[x]$, das a als Nullstelle hat und mit diesen Eigenschaften kleinstmöglichen Grad hat. Es ist dann P irreduzibel in $K[x]$, $[L : K] = \mathrm{Grad}\,(P)$ und L isomorph zu $K[x]/P \cdot K[x]$.

Beweis Wir betrachten den Einsetzungungshomomorphismus $\sigma : K[x] \to L$ für das Element a. Für alle $Q \in K[x]$ ist also $Q^\sigma := Q(a)$. Sei $M := \mathrm{Bild}\,(\sigma)$. Dann ist M ein Teilring von L, der 1_L enthält, er ist also ein Integritätsbereich. Konkret ist

$$M = \left\{ \sum_{i=0}^{n} b_i \cdot a^i \;\middle|\; n \in \mathbb{N}_0, b_i \in K \right\}.$$

Ist $Q \in \mathrm{Kern}\,(\sigma)$, so ist $Q(a) = Q^\sigma = 0_K$.

Zuerst sei a transzendent. Für alle $Q \in \mathrm{Kern}\,(\sigma)$ gilt dann $Q = 0_{K[x]}$, d.h. σ ist ein Monomorphismus. Dann ist mit dem Homomorphiesatz für Ringe (Satz 3.5) sofort $K[x]$ isomorph zu M. Nach Satz 4.6 enthält L einen Quotientenkörper von M, der dann zu einem Quotientenkörper von $K[x]$ isomorph ist, also zu $K(x)$. Da $a \in M$ ist, liefert die Definition von $K(a)$, dass $K(a)$ selbst ein Quotientenkörper von M ist, und damit ist $K(x)$ isomorph zu L.

Sei jetzt a algebraisch über K. Dann gibt es ein Polynom $T \in K[x]$, das nicht das Nullpolynom ist und a als Nullstelle hat. Insbesondere ist $T \in \mathrm{Kern}\,(\sigma)$ und σ nicht injektiv. Es ist $\mathrm{Kern}\,(\sigma)$ ein Ideal von $K[x]$ nach Lemma 3.4. Mit den Sätzen 4.3 und 3.16 ist $K[x]$ ein Hauptidealring, es gibt daher ein Polynom $P \in K[x]$, welches das Ideal $\mathrm{Kern}\,(\sigma)$ erzeugt. Wir können dann P normiert wählen und erhalten mit der Gradformel aus Lemma 4.2 (b), dass P kleinstmöglichen Grad hat unter allen von $0_{K[x]}$ verschiedenen Polynomen in $K[x]$, die a als Nullstelle haben.

Durch die Normierung ist P eindeutig bestimmt und hat Grad mindestens 1, da sonst a keine Nullstelle sein kann. Insbesondere ist $P \cdot K[x] \neq K[x]$ und mit dem Homomorphiesatz $K[x]/P \cdot K[x]$ isomorph zu M, d.h. $K[x]/P \cdot K[x]$ ist ein Integritätsbereich. Nach Lemma 3.14 ist dann P irreduzibel. Das liefert mit Satz 3.17, dass M sogar ein Körper ist. Insgesamt folgt $M = K(a)$. Die Behauptung $[K(a) : K] = \mathrm{Grad}\,(P)$ haben wir nebenbei bereits gezeigt.   □

Mit diesem Satz ist die folgende Definition sinnvoll:

Definition (Minimalpolynom)

Seien L/K eine Körpererweiterung und $a \in L$ algebraisch über K. Das normierte Polynom kleinsten Grades aus $K[x]$, das a als Nullstelle hat, nennen wir dann das **Minimalpolynom von a über K** und bezeichnen es mit $\mathrm{Min}_K(a)$.

▶ **Bemerkung 6.6** Wir haben im Beweis von Satz 6.5 gesehen, dass Minimalpolynome existieren und irreduzibel über dem Grundkörper K sind. Seien L/K eine Körpererweiterung und $a \in L$ algebraisch über K. Wir definieren eine Abbildung $\alpha_a : L \to L$, für alle $b \in L$ sei $b^{\alpha_a} := a \cdot b$. Dann ist α_a eine K-lineare Abbildung von L, aufgefasst als K-Vektorraum, in sich selbst, und $\mathrm{Min}_K(a)$ ist das Minimalpolynom von α_a im Sinne der linearen Algebra.

Wie wir in Satz 6.4 gesehen haben, sind endliche Körpererweiterungen algebraisch. Wir zeigen jetzt, dass für endlich erzeugte algebraische Erweiterungen die Umkehrung gilt.

Satz 6.7
Sei L/K eine Körpererweiterung. Genauer seien $n \in \mathbb{N}$, $a_1, ..., a_n \in L$ und $L = K(a_1, ..., a_n)$. Dann sind gleichwertig:

(a) *Die Elemente $a_1, ..., a_n$ sind algebraisch über K.*
(b) *Der Erweiterungsgrad $[L : K]$ ist endlich.*
(c) *Die Erweiterung L/K ist algebraisch.*

Beweis Es gelte (a). Wir beweisen (b) durch Induktion nach n. Im Fall $n = 1$ ist dies die Aussage von Satz 6.5.

Sei jetzt $n > 1$ und die Behauptung richtig für Erweiterungen mit höchstens $n - 1$ adjungierten Elementen. Sei weiter $A := K(a_1, ..., a_{n-1})$. Dann ist A/K endlich per Induktion, und $L = A(a_n)$. Das bedeutet

$$[L : K] = [A(a_n) : A] \cdot [A : K]$$

mit Satz 6.3. Da a_n algebraisch über K ist, gibt es ein Polynom $P \in K[x] \setminus \{0_{K[x]}\}$, das a_n als Nullstelle hat. P liegt auch in $A[x]$, und daher ist a_n auch algebraisch über A. Insbesondere ist $[L : A] = [A(a_n) : A]$ endlich mit Satz 6.5 und insgesamt $[L : K]$ endlich.

Es folgt (c) aus (b) mit Satz 6.4.

Zum Schluss gelte (c). Dann sind alle Elemente aus L algebraisch über K, also ist (a) sofort erfüllt. $\qquad\square$

Damit haben wir auch gezeigt, dass für jede Körpererweiterung L/K und alle über K algebraischen Elemente $a, b \in L$ auch die Summe $a+b$ und das Produkt $a \cdot b$ algebraisch über K sind. (Wir verwenden einfach Satz 6.7 mit der algebraischen Erweiterung $K(a, b)/K$.) Dabei beruht unser Argument nicht darauf, aus Polynomen aus $K[x]$, die a bzw. b als Nullstelle haben, eins für $a + b$ oder für $a \cdot b$ zu konstruieren!

Folgerung 6.8
Die Menge $\mathcal{A}$ der über $\mathbb{Q}$ algebraischen Zahlen in $\mathbb{C}$ ist ein Teilkörper von $\mathbb{C}$, der $\mathbb{Q}$ enthält.

Es ist $\mathbb{Q}$ abzählbar und damit auch $\mathbb{Q}[x]$. Da jedes vom Nullpolynom verschiedene Polynom nur endlich viele Nullstellen in $\mathbb{C}$ hat, gibt es daher nur abzählbar viele über $\mathbb{Q}$ algebraische Elemente in $\mathbb{C}$. Aber $\mathbb{C}$ ist überabzählbar (denn $\mathbb{R}$ ist überabzählbar), und deshalb gibt es überabzählbar viele über $\mathbb{Q}$ transzendente Elemente in $\mathbb{C}$. Es ist überraschend, dass wir davon nur vergleichsweise wenige konkret angeben können, z. B. π und e.

Folgerung 6.9
Seien A/K und L/A Körpererweiterungen. Sind L/A und A/K algebraisch, so ist auch L/K algebraisch.

Beweis Sei $b \in L$. Da b algebraisch über A ist, gibt es ein von $0_{A[x]}$ verschiedenes Polynom $P \in A[x]$, das b als Nullstelle hat. Seien Grad $(P) = n \in \mathbb{N}$ und $c_0, .., c_n \in A$ die Koeffizienten von P. Diese sind algebraisch über K, so dass insgesamt b algebraisch ist über $K(c_0, \ldots, c_n)$ und $K(c_0, \ldots, c_n)$ algebraisch ist über K. Mit Satz 6.7 und dem Gradsatz 6.3 ist dann $[K(c_0, \ldots, c_n, b) : K]$ endlich und daher b algebraisch über K. $\qquad\square$

Beispiel 6.10
Sei $P := x^2 - 2 \in \mathbb{Q}[x]$. Gesucht ist ein möglichst kleiner Erweiterungskörper von $\mathbb{Q}$ in $\mathbb{C}$, in dessen Polynomring sich P als Produkt von Polynomen von Grad 1 schreiben lässt.
   Faktorisieren wir P in $\mathbb{C}[x]$, so erhalten wir $P = (x - \sqrt{2}) \cdot (x + \sqrt{2})$ und sehen damit, dass $\mathbb{Q}(\sqrt{2})$ ein Kandidat für den gesuchten Körper ist. Mit Satz 6.5 ist $[\mathbb{Q}(\sqrt{2}) : \mathbb{Q}] = $ Grad $(P) = 2$. Gäbe es noch einen kleineren Erweiterungskörper mit den gewünschten Eigenschaften, so müsste er Erweiterungsgrad 1 über $\mathbb{Q}$ haben, und das ist unmöglich, da $\sqrt{2} \notin \mathbb{Q}$ ist.

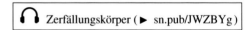 Zerfällungskörper (▶ sn.pub/JWZBYg)

Dies führt zu folgender Definition:

Definition (Zerfällungskörper)

Sei L/K eine Körpererweiterung.

(a) Sei $P \in K[x]$. Wir nennen L einen **Zerfällungskörper von P über K** genau dann, wenn es ein $c \in K$, $n \in \mathbb{N}_0$ und $a_1, ..., a_n \in L$ gibt so, dass $P = c \cdot \prod_{i=1}^{n} (x - a_i)$ ist (in $L[x]$) und $L = K(a_1, ..., a_n)$.

(b) K heißt **algebraisch abgeschlossen** genau dann, wenn jedes Polynom $P \in K[x]$ vom Grad mindestens 1 eine Nullstelle in K hat.

(c) L heißt **algebraischer Abschluss von K** genau dann, wenn L/K algebraisch ist und L algebraisch abgeschlossen ist. ◄

▶ **Bemerkung 6.11**

(a) $\mathbb{C}$ ist algebraisch abgeschlossen, aber nicht der algebraische Abschluss von $\mathbb{Q}$.

(b) Im Spezialfall, dass P konstant ist, ist K selbst ein Zerfällungskörper von P über K. In der Definition ist dann $P = c$, $n = 0$ und $\{a_1, ..., a_n\} = \varnothing$.

(c) Die Existenz von Zerfällungskörpern ist nicht offensichtlich! Wir verwenden die Idee aus dem Beweis für Satz 6.5, um Zerfällungskörper für irreduzible Polynome zu konstruieren.

Vorher ist noch ein technisches Lemma notwendig.

Lemma 6.12

Seien R_1, R_2 Ringe und $\alpha : R_1 \longrightarrow R_2$ ein Ringmonomorphismus. Dann existieren ein Ring D und ein Ringisomorphismus $\beta : R_2 \longrightarrow D$ so, dass R_1 ein Teilring von D ist und für alle $a \in R_1$ gilt: $a^{\alpha * \beta} = a$.

Beweis Wir verwenden ohne Beweis (Mengenlehre), dass zu jeder Menge eine disjunkte gleichmächtige Menge existiert.

Sei R die abstrakte Vereinigung der Mengen R_1 und R_2 und sei $\mathcal{M}$ eine Menge, die disjunkt und gleichmächtig zu R ist. Jetzt existiert eine Bijektion von R nach $\mathcal{M}$; insbesondere existiert eine Bijektion φ von $R_2 \setminus R_1^\alpha$ auf eine Teilmenge T von $\mathcal{M}$. Es ist T disjunkt zu R, und wir setzen $D := R_1 \cup T$. Jetzt definieren wir eine Abbildung

$$\beta : R_2 \longrightarrow D, \text{ für alle } r \in R_2 \text{ sei } r^\beta := \begin{cases} r^\varphi, & \text{falls } r \in R_2 \setminus R_1^\alpha \text{ und} \\ r^{\alpha^{-1}} \text{ (Urbild unter } \alpha), & \text{falls } r \in R_1^\alpha. \end{cases}$$

Diese Abbildung ist wohldefiniert, da jedes Element von R_2 entweder in $R_2 \setminus R_1^\alpha$ oder in R_1^α liegt und $\alpha : R_1 \longrightarrow R_1^\alpha$ ein Isomorphismus, also invertierbar ist. Wir zeigen die Injektivität von β:

Seien $a, b \in R_2$ und $a \neq b$. Falls $a, b \in R_1^\alpha$ sind, dann folgt $a^\beta \neq b^\beta$. Entsprechend läuft der Fall, wo $a, b \notin R_1^\alpha$ sind.

Jetzt sei $a \in R_1^\alpha, b \notin R_1^\alpha$. Dann haben wir $a^\beta = a^{\alpha^{-1}}$ und $b^\beta = b^\varphi$, also $a^\beta \neq b^\beta$, da sonst b ein Urbild unter α hätte. Genauso umgekehrt, also ist β injektiv.

Für die Surjektivität sei $d \in D$. Ist zunächst $d \in R_1$, so ist $d^\alpha \in R_1^\alpha \subseteq R_2$ und $(d^\alpha)^\beta = (d^\alpha)^{\alpha^{-1}} = d$. Ist $d \in T$, so hat d ein Urbild in $R_2 \setminus R_1^\alpha$ unter φ, also unter β.

Wir definieren $\oplus$ und $\circ$ auf D wie folgt: Für alle $a, b \in D$ sei $a \oplus b := (a^{\beta^{-1}} + b^{\beta^{-1}})^\beta$ und $a \circ b := (a^{\beta^{-1}} \cdot b^{\beta^{-1}})^\beta$ (mit Verknüpfungen $+, \cdot$ aus R_2). Dann ist D automatisch unter $\oplus$ und $\circ$ abgeschlossen, β respektiert $\oplus$ und $\circ$ nach Definition, und so wird D zu einem Ring $(D, \oplus, \circ)$, der isomorph zu R_2 ist und R_1 als Teilring hat. Weiter ist für alle $r \in R_1$ jetzt $r^{\alpha * \beta} = (r^\alpha)^{\alpha^{-1}} = r$ (wegen $r^\alpha \in R_1^\alpha$). $\qquad \square$

Satz 6.13

Seien K ein Körper und $P \in K[x]$ ein irreduzibles Polynom. Dann gibt es einen Erweiterungskörper L von K und ein $a \in L$ so, dass gilt: $L = K(a)$ und $P(a) = 0_K$. Es ist dann $[L : K] = \mathrm{Grad}\,(P)$.

Beweis Nach Folgerung 4.4 ist $K[x]$ ein Hauptidealring, und mit Satz 3.17 ist dann $J := P \cdot K[x]$ ein maximales Ideal von $K[x]$. Somit ist $K[x]/J$ ein Körper. Sei $\alpha : K[x] \to K[x]/J$, für alle $Q \in K[x]$ sei $Q^\alpha := J + Q$. Dies ist ein Epimorphismus (kennen wir schon). Es ist P irreduzibel und K ein Körper, also ist $\mathrm{Grad}\,(P) \geq 1$. Sind $k_1, k_2 \in K$ mit $k_1^\alpha = k_2^\alpha$, so folgt $J + k_1 = J + k_2$, also ist $k_1 - k_2 \in J$. Aufgrund der Gradformel geht das nur, wenn $k_1 - k_2 = 0_K$ ist. Daher ist $\alpha_{|K}$ injektiv, also ein Monomorphismus von K nach $K[x]/J$.

Lemma 6.12 liefert einen Ring R und einen Ringisomorphismus $\beta : K[x]/J \to R$ mit der Eigenschaft $\alpha * \beta_{|K} = \mathrm{id}_K$. Nun ist R ein Körper, der K enthält.

Seien $a := x^{\alpha * \beta}$ ($x \in K[x]$), $n \in \mathbb{N}$, $c_1, ..., c_n \in K$ und $P = c_n \cdot x^n + \cdots c_1 \cdot x + c_0$. Dann haben wir

$$P(a) = c_n \cdot a^n + \cdots + c_0 = c_n^{\alpha * \beta}(x^{\alpha * \beta})^n + \cdots + c_0^{\alpha * \beta} = P^{\alpha * \beta} = (J)^\beta = 0_R,$$

d. h. $P(a) = 0_R$.

Weiter ist $K(a) \subseteq R$, weil K und $a = x^{\alpha * \beta}$ in R liegen und R ein Körper ist. Daher ist $K(a)$ die gesuchte algebraische Erweiterung, „gefunden" im Körper R, der Erweiterungsgrad ist Grad (P) nach Satz 6.5. □

Indem wir verwenden, dass Polynomringe über Körpern faktoriell sind, erhalten wir induktiv:

Satz 6.14

Seien K ein Körper und $P \in K[x]$ vom Grad n. Dann gibt es einen Erweiterungskörper L von K so, dass gilt:

$[L : K] \leq n!$ und L enthält einen Zerfällungskörper von P über K.

Damit haben wir gezeigt, dass es für jedes Polynom $P \in K[x]$ einen Zerfällungskörper über K gibt. Es ist klar, dass sich das Verfahren auf endliche Mengen von Polynomen fortsetzen lässt. In der Tat kann man die Existenz von Zerfällungskörpern auch für beliebige Mengen von Polynomen zeigen, was dann u.a. auch die Existenz eines algebraischen Abschluss liefert. Diese und viele weitere Resultate sind zum Beispiel in [34] zu finden.

Wir wollen zum Ende dieses Kapitels noch zeigen, dass für ein gegebenes Polynom je zwei Zerfällungskörper über dem gleichen Grundkörper isomorph sind.

 Noch mehr zu Zerfällungskörpern (▶ sn.pub/buU2yv)

Lemma 6.15

Seien K_1 und K_2 Körper, $K_1(a_1)/K_1$ und $K_2(a_2)/K_2$ jeweils Körpererweiterungen und $\varphi : K_1[x] \to K_2[x]$ ein Ringisomorphismus, für den $K_1^\varphi = K_2$ und $x^\varphi = x$ gilt. Sei $P_1 \in K_1[x]$ irreduzibel mit der Eigenschaft $P(a_1) = 0_{K_1}$, sei $P_2 := P_1^\varphi$ und sei $P_2(a_2) = 0_{K_2}$.

Dann existiert genau ein Körperisomorphismus α von $K_1(a_1)$ auf $K_2(a_2)$, der a_1 auf a_2 abbildet und der auf K_1 mit φ übereinstimmt.

Beweis Zuerst stellen wir fest, dass P_2 irreduzibel ist, weil P_1 es ist. Tatsächlich sind P_1 bzw. P_2 assoziiert zu den Minimalpolynomen von a_1 über K_1 bzw. a_2 über K_2. Seien $i \in \{1, 2\}$, $J_i := P_i \cdot K_i[x]$ und $\alpha_i : K_i[x]/J_i \to K_i(a_i)$ eine Abbildung, für alle $Q_i \in K_i[x]$ sei $(J_i + Q_i)^{\alpha_i} := Q_i(a_i)$.

Wir halten fest, dass $(J_1 + x)^{\alpha_1} = a_1$ ist und $(J_2 + x)^{\alpha_2} = a_2$. Weiter sind α_1 und α_2 Homomorphismen, das sind kleine Rechnungen. Da P_1 und P_2 irreduzibel sind, sind $K_1[x]/J_1$ und $K_2[x]/J_2$ Körper, nach Satz 3.17. Mit Folgerung 3.8 sind dann α_1 und α_2

Körperisomorphismen. Wir basteln nun zuerst einen Isomorphismus von $K_1[x]/J_1$ nach $K_2[x]/J_2$ und dann erst den gesuchten Isomorphismus α. Sei $\sigma : K_1[x]/J_1 \to K_2[x]/J_2$ gegeben, für alle $Q \in K_1[x]$ sei $(J_1 + Q)^\sigma := J_2 + Q^\varphi$.

Zuerst zeigen wir, dass dies tatsächlich eine Abbildung ist. Sind $Q, Q' \in K_1[x]$ so, dass $J_1 + Q = J_1 + Q'$ ist, dann ist P_1 ein Teiler von $Q - Q'$ in $K_1[x]$, und daher ist auch P_2 ein Teiler von $Q^\varphi - Q'^\varphi$. Das bedeutet, dass $J_2 + Q^\varphi = J_2 + Q'^\varphi$ ist, und damit ist auch $(J_1 + Q)^\sigma = (J_1 + Q')^\sigma$.

Weiter ist σ ein Homomorphismus, da φ einer ist. Sind $S, T \in K_1[x]$ und ist $(J_1 + T)^\sigma = (J_1 + S)^\sigma$, so haben wir $J_2 + T^\varphi = J_2 + S^\varphi$, also ist $T^\varphi - S^\varphi$ durch P_2 teilbar. Da φ eine Umkehrabbildung besitzt, ist dann $T - S$ durch P_1 teilbar, also ist $J_1 + T = J_1 + S$. Daher ist σ injektiv. Die Surjektivität von σ folgt sofort aus der von φ. Also ist σ ein Körperisomorphismus.

Nun setzen wir alles zusammen: Mit den Körperisomorphismen α_1, α_2 und σ setzen wir $\alpha := \alpha_1^{-1} * \sigma * \alpha_2$ und erhalten damit einen Körperisomorphismus von $K_1(a_1)$ auf $K_2(a_2)$. Wir zeigen, dass α die angegebenen Eigenschaften hat:

Ist $k \in K_1$, so ist

$$k^\alpha = k^{\alpha_1^{-1} * \sigma * \alpha_2} = (J_1 + k)^{\sigma * \alpha_2} = (J_2 + k^\varphi)^{\alpha_2} = k^\varphi.$$

Daher stimmt α auf K_1 mit φ überein. Nun erinnern wir uns an die Wahl von α_1 und α_2 und sehen, dass

$$a_1^\alpha = (J_1 + x)^{\sigma * \alpha_2} = (J_2 + x)^{\alpha_2} = a_2$$

ist. Damit ist alles gezeigt – die Eindeutigkeit folgt daraus, dass α durch φ und das Bild von a_1 eindeutig festgelegt ist.   □

Satz 6.16

Seien K_1 und K_2 Körper und sei $\varphi : K_1[x] \to K_2[x]$ ein Ringisomorphismus, für den $K_1^\varphi = K_2$ und $x^\varphi = x$ gilt. Sei $P_1 \in K_1[x]$ und sei L_1 ein Zerfällungskörper für P_1 über K_1. Seien $P_2 := P_1^\varphi$ und L_2 ein Zerfällungskörper für P_2 über K_2.

Dann existiert ein Körperisomorphismus α von L_1 auf L_2, der auf K_1 mit φ übereinstimmt.

Beweis Sei $n := \text{Grad}(P_1) = \text{Grad}(P_2)$. Wir argumentieren per Induktion über den Erweiterungsgrad $m := [L_1 : K_1]$. Ist $m = 1$, so ist $L_1 = K_1$, also auch $L_2 = K_2$, wir sind also fertig. Sei jetzt $m \geq 2$. Dann ist auch $n \geq 2$, es besitzt sogar P_1 in $K_1[x]$ einen irreduziblen Teiler Q_1 vom Grad mindestens 2. Wir wählen Q_1 normiert und setzen $Q_2 := Q_1^\varphi$.

Wir setzen nun voraus, dass die Behauptung für Zerfällungskörper mit kleinerem Erweiterungsgrad als m bereits richtig ist.

Nach Definition eines Zerfällungskörpers existieren $c \in K_1$ und $a_1, \ldots, a_n \in L_1$ so, dass $P_1 = c \cdot (x - a_1) \cdots (x - a_n)$ ist. Weiterhin ist $L_1[x]$ faktoriell und Q_1 ein Teiler von P_1 in $L_1[x]$, daher können wir ein $l \in \{2, \ldots, n\}$ und die Bezeichnungen so wählen, dass $Q_1 = (x - a_1) \cdots (x - a_l)$ ist.

Analog existieren $b_1, \ldots, b_n \in L_2$ so, dass $P_2 = c^\varphi \cdot (x - b_1) \cdots (x - b_n)$ ist und $Q_2 = (x - b_1) \cdots (x - b_l)$. Da Q_1 bzw. Q_2 in $K_1[x]$ bzw. $K_2[x]$ irreduzibel sind und a_1 bzw. b_1 als Nullstelle haben, existiert mit Lemma 6.15 ein Körperisomorphismus β von $A_1 := K_1(a_1)$ auf $A_2 := K_2(b_1)$, der a_1 auf b_1 abbildet und auf K_1 mit φ übereinstimmt. Außerdem ist L_1 ein Zerfällungskörper für P_1 über A_1 und L_2 ist einer für P_2 über A_2. Da Q_1 mindestens Grad 2 hat, ist $[A_1 : K_1] \geq 2$ und daher $[L_1 : A_1] < [L_1 : K_1]$, mit dem Gradsatz (6.3).

Das bedeutet, dass wir die Induktionsvoraussetzung anwenden können und dass ein Körperisomorphismus α von L_1 nach L_2 existiert, der auf A_1 mit β übereinstimmt. Insbesondere stimmt α auf K_1 mit φ überein. □

Definition (K-isomorph)

Seien K, L_1 und L_2 Körper, wobei K ein Teilkörper von L_1 und von L_2 ist. Wir nennen L_1 und L_2 genau dann **K-isomorph,** wenn es einen Körperisomorphismus $\sigma : L_1 \to L_2$ gibt, dessen Einschränkung auf K die identische Abbildung ist. ◄

Folgerung 6.17

Seien K ein Körper und $P \in K[x]$. Dann sind je zwei Zerfällungskörper von P über K schon K-isomorph.

Beweis Wir verwenden Satz 6.16, wobei $K = K_1 = K_2$ ist, $\varphi = \mathrm{id}_{K[x]}$ und $P = P_1 = P_2$. □

Übungsaufgaben

6.1 Seien $a, b \in \mathbb{Q} \setminus \{0\}$ so, dass $P := x^2 + a$ und $Q := x^2 + b$ in $\mathbb{Q}[x]$ irreduzibel sind. Untersuche, ob deren Zerfällungskörper in $\mathbb{C}$ über $\mathbb{Q}$ in folgenden Fällen $\mathbb{Q}$-isomorph sind:

(a) $a = 1, \quad b = 4$,
(b) $a = 1, \quad b = -2$.

Was kann allgemein bzgl. $\mathbb{Q}$-Isomorphie der Zerfällungskörper von P bzw. Q ausgesagt werden?

6.2 Bestimme den Grad der Zerfällungskörper über $\mathbb{Q}$ in $\mathbb{C}$ der folgenden Polynome aus $\mathbb{Q}[x]: x - 1, x^5 - 1, x^p + 1$ mit einer Primzahl p.

6.3 Seien $a, b \in \mathbb{Q}$ und $L := \mathbb{Q}(\sqrt{a}, \sqrt{b})$. Zeige, dass $L = \mathbb{Q}(\sqrt{a} + \sqrt{b})$ ist.

6.4 Bestimme folgende Erweiterungsgrade:

(a) $[\mathbb{Q}(\sqrt{15}) : \mathbb{Q}]$.
(b) $[\mathbb{Q}(\sqrt{2}, \sqrt{3}, \sqrt{7}) : \mathbb{Q}]$.
(c) $[\mathbb{Q}(\sqrt{2} + \sqrt{3}) : \mathbb{Q}]$.

6.5 Sei L/K eine Körpererweiterung und sei $[L : K] = 2$. Zeige:

(a) Ist $a \in L \setminus K$, so ist $L = K(a)$.
(b) Falls K nicht Charakteristik 2 hat, dann gibt es ein $a \in L$ so, dass $\mathrm{Min}_K(a) = x^2 - b$ mit einem geeigneten $b \in K$ gilt.
(c) Sei K von Charakteristik 2 und sei $a \in L \setminus K$ so, dass $\mathrm{Min}_K(a)$ nicht von der Form $x^2 + c$ mit $c \in K$ ist. Dann gibt es ein $b \in L$ und ein $d \in K$ so, dass $\mathrm{Min}_K(b) = x^2 + x + d$ ist.

6.6 Seien K ein Körper und $P = x^4 + x^2 + 1 \in K[x]$. Bestimme einen Zerfällungskörper von P über K in folgenden Fällen:

(a) $K = \mathbb{Q}$.
(b) $K = \mathbb{Z}/2 \cdot \mathbb{Z}$.

6.7 Sei L/K eine Körpererweiterung und sei $[L : K] = p$ eine Primzahl. Zeige:

(a) Ist $a \in L \setminus K$, so ist $L = K(a)$.
(b) Sei $P \in K[x]$ und $\mathrm{Grad}\,(P) = p$ und sei $a \in L \setminus K$ eine Nullstelle von P. Dann ist P irreduzibel über K.

6.8 Sei L/K eine Körpererweiterung und sei $P \in K[x]$ irreduzibel und vom Grad $n \in \mathbb{N}$. Zeige:
 Ist $[L : K]$ endlich und n teilerfremd zu $[L : K]$, so ist P auch in $L[x]$ irreduzibel.

6.9 Es ist bekannt, dass e und π beide transzendent über $\mathbb{Q}$ sind. Folgere daraus, dass die Zahlen $e + \pi$ und $e \cdot \pi$ nicht *beide* algebraisch sein können. (Es ist allerdings eine offene Frage, ob eine der Zahlen algebraisch ist!)

6.10 Finde alle Nullstellen von $x^3 - 1$ und von $x^3 - 2$ in $\mathbb{C}$! Seien a_1, a_2, a_3 die Nullstellen von $x^3 - 1$ und seien b_1, b_2, b_3 die Nullstellen von $x^3 - 2$. Seien weiter $A := \mathbb{Q}(a_1, a_2, a_3)$ und $B := \mathbb{Q}(b_1, b_2, b_3)$. Welchen Erweiterungsgrad haben A bzw. B über $\mathbb{Q}$?

6.11 Sei L ein Teilkörper von $\mathbb{C}$, der $\mathbb{Q}$ enthält. Zeige, dass für alle Körperautomorphismen σ von L gilt: $\sigma_{|\mathbb{Q}} = \mathrm{id}_{\mathbb{Q}}$.

6.12 Sei p eine Primzahl und sei

$$T := \left\{ \begin{pmatrix} a & b \\ b & a + b \end{pmatrix} \,\middle|\, a, b \in \mathbb{Z}/p \cdot \mathbb{Z} \right\}.$$

Zeige, dass T ein Körper ist, falls p beim Teilen durch 5 den Rest 2 oder 3 hat.

Betrachte nun Matrizen der Gestalt $\begin{pmatrix} a & b \\ -b & a \end{pmatrix}$ und zeige, dass diese im Falle $p = 3$ einen Körper bilden, der zu T isomorph ist.

Primzahlen 7

🎧 Der Kleine Satz von Fermat (▶ sn.pub/ny2Knn)

Wir kehren nun wieder zur Arithmetik zurück und widmen uns in diesem Kapitel den ganzen Zahlen $\mathbb{Z}$. Da sich jede ganze Zahl als Produkt von Primzahlen schreiben lässt, lenken wir unser Hauptaugenmerk darauf. Dabei sind Primzahlen diejenigen natürlichen Zahlen, die genau zwei natürliche Teiler haben, und zwar 1 und sich selbst. Anders gesagt sind Primzahlen die positiven Primelemente bzw. irreduziblen Elemente in $\mathbb{Z}$. Wir beginnen mit einem Klassiker:

Satz 7.1
Es gibt unendlich viele Primzahlen.

Beweis (Euklid)[1] Die Menge der Primzahlen ist nicht leer, denn wir kennen zum Beispiel die Primzahl 2. Angenommen, es gebe nur endlich viele Primzahlen. Seien dann $r \in \mathbb{N}$ und $p_1, \ldots, p_r$ sämtliche Primzahlen. Jetzt betrachten wir

$$n := 1 + p_1 \cdots p_r.$$

---

[1] Siehe [16, 9. Buch, 20. Satz].

Es ist n keine Einheit in $\mathbb{Z}$, da $n > 1$ ist. Also gibt es eine Primzahl $p \in \mathbb{N}$, die n teilt. Gleichzeitig ist das Produkt $p_1 \cdots p_r$ durch $p_1, ..., p_r$ teilbar, also ist n nicht durch $p_1, ..., p_r$ teilbar. Somit ist $p \notin \{p_1, ..., p_r\}$, und das ist ein Widerspruch zu unserer Annahme. $\square$

Lemma 7.2
Es gibt beliebig lange Primzahllücken, d. h. für jedes $n \in \mathbb{N}$ gibt es n aufeinander folgende Zahlen, die keine Primzahlen sind.

Beweis Sei $n \in \mathbb{N}$ und $n \geq 2$, denn im Fall $n = 1$ ist die Aussage klar. Wir betrachten die n aufeinanderfolgenden Zahlen

$$(n+1)! + 2, ..., (n+1)! + (n+1)$$

und sehen, dass die erste Zahl durch 2 teilbar ist (und ungleich 2), dass die zweite durch 3 teilbar ist (und ungleich 3) etc., so dass dies keine Primzahlen sind. $\square$

Andererseits gibt es für jedes $n \in \mathbb{N}$, $n \geq 2$, immer eine Primzahl, die echt zwischen n und $2n$ liegt – dies ist die Aussage des Bertrand'schen Postulats.[2] Ein offenes Problem ist es, ob es stets eine Primzahl zwischen n^2 und $(n+1)^2$ gibt.

▶ **Bemerkung 7.3** Die Primzahlen sind nicht ganz wild verteilt. 1792 hat C.F. Gauß den folgenden Satz (bezeichnet als **Primzahlsatz**) vermutet:

Für $x \in \mathbb{R}$ sei $\pi(x)$ die Anzahl der Primzahlen kleiner gleich x. Dann ist $\pi(x)$ asymptotisch $\frac{x}{\ln x}$, d. h.

$$\lim_{x \to \infty} \frac{\pi(x)}{\left(\frac{x}{\ln x}\right)} = 1.$$

---

[2] Joseph Louis François Bertrand, *11.3.1822, †5.4.1900, beides Paris, Professor an der École Polytechnique und am Collège de France, wurde 1856 Mitglied der Pariser Akademie der Wissenschaften und 1874 dort der ständige Sekretär. Bertrand arbeitete in der Zahlentheorie, Differentialgeometrie, Wahrscheinlichkeitrechnung, Ökonomie und Thermodynamik. Das Postulat wurde von ihm vermutet, aber erst 1850 von Chebyshev bewiesen. Er ist berühmt für das Bertrand-Paradox in der Wahrscheinlichkeitstheorie. Wikipedia 2022.

Dieser Satz wurde erst 1896 von Hadamard[3] und unabhängig von de la Vallée-Poussin[4] bewiesen. Der Beweis benutzt analytische Hilfsmittel, die den Rahmen dieses Buches sprengen würden.

Eine weitere, immer wieder gestellte Frage ist die nach einer Primzahlformel oder nach unendlichen Serien von Primzahlen.

Lemma 7.4

(a) *Die Menge $\{4 \cdot n + 3 \mid n \in \mathbb{N}\}$ enthält unendlich viele Primzahlen.*
(b) *Die Menge $\{8 \cdot n + 3, 8 \cdot n - 3 \mid n \in \mathbb{N}\}$ enthält unendlich viele Primzahlen.*

Beweis Wir beweisen (a) und (b) gleichzeitig und setzen daher

$$M := \{4 \cdot n + 3 \mid n \in \mathbb{N}\} \text{ in (a) und } M := \{8 \cdot n + 3, 8 \cdot n - 3 \mid n \in \mathbb{N}\} \text{ in (b)}.$$

Es gibt jeweils Primzahlen in M, z. B. 7, 11, und 5. Angenommen, M enthalte nur endlich viele Primzahlen, und dann seien $r \in \mathbb{N}$ und $p_1, \ldots, p_r$ genau die Primzahlen in M. Wir verfahren nun ähnlich wie in Satz 7.1. Man kann leicht zeigen: Ist $a \in \mathbb{N}$ ungerade, so gilt

$$8 \mid a^2 - 1. \tag{$*$}$$

Also ist 8 ein Teiler von $p_1^2 \cdots p_r^2 - 1$, denn die Primzahlen $p_1, \ldots, p_r$ sind ungerade. Wir setzen

$$x := p_1^2 \cdots p_r^2 - 2 \text{ in (a) und } x := p_1^2 \cdots p_r^2 - 4 \text{ in (b)}.$$

Für alle $i \in \{1, \ldots, r\}$ gilt dann:

$$p_i \text{ teilt nicht } x.$$

---

[3] Jacques Salomon Hadamard, *8.12.1865 Versailles, †17.10.1963 Paris, arbeitete zunächst als Lehrer. Wurde mit einer Arbeit über Taylorreihen promoviert, wurde 1896 Professor für Astronomie und Mechanik in Bordeaux, wechselte 1897 an die Sorbonne. Als Schwager von Alfred Dreyfus (manche Quellen sagen Cousin der Ehefrau) war er auch in die gleichnamige Affäre verstrickt. 1906 Präsident der Société Mathématique de France, 1912 Professor für Analysis an der Ecole Polytechnique (Nachfolge Camille Jordan), Mitglied der Académie des Sciences, bahnbrechende Arbeiten im Bereich der partiellen Differentialgleichungen und Geodäsie. Arbeitete auch auf den Gebieten der Optik, der Hydrodynamik und zu Grenzwertproblemen. Wikipedia 2022.
[4] Charles de la Vallée-Poussin, *14.8.1866 Löwen, †2.3.1962 Brüssel, Professor in Löwen, war später auch in Harvard, Paris und Genf tätig, arbeitete über Differentialgleichungen, Funktionentheorie und Potentialtheorie. Wikipedia 2022.

Also liegt jede Primzahl, die x teilt, in $4 \cdot \mathbb{Z} + 1$ in (a) bzw. in $8 \cdot \mathbb{Z} + 1$ oder $8 \cdot \mathbb{Z} - 1$ in (b). Das Produkt mehrerer Primzahlen, die x teilen, liegt dann auch in $4 \cdot \mathbb{Z} + 1$, in $8 \cdot \mathbb{Z} + 1$ oder in $8 \cdot \mathbb{Z} - 1$.

Es gibt deshalb ein $t \in \mathbb{Z}$ so, dass gilt: $x = 4 \cdot t + 1$ oder $x = 8 \cdot t + 1$ oder $x = 8 \cdot t - 1$. Gleichzeitig ist 8 ein Teiler von $p_1^2 \cdots p_r^2 - 1$ (siehe (*)), d.h. 8 teilt $x + 1 = 4 \cdot t + 2$ in (a) oder 8 teilt $x + 3 = 8 \cdot t + 4$ oder $8 \cdot t + 2$ in (b). All dies ist nicht möglich. Der Widerspruch zeigt, dass es doch unendlich viele Primzahlen in M gibt. □

Lemma 7.4 ist nur ein Spezialfall eines allgemeineren Satzes, den wir nicht beweisen:

Satz 7.5 (Dirichlet[5])
Sind $a \in \mathbb{N}$ und $b \in \mathbb{Z}$ teilerfremd in $\mathbb{Z}$, so enthält die Menge $\{a \cdot n + b \mid n \in \mathbb{N}\}$ unendlich viele Primzahlen.

Definition (kongruent)

Sind $a, b \in \mathbb{Z}$ und $r \in \mathbb{Z}$, $r \neq 0$, so heißen a, b **kongruent modulo r in** $\mathbb{Z}$ genau dann, wenn $a - b$ durch r teilbar ist in $\mathbb{Z}$.
Wir schreiben dafür $a \equiv b \bmod r$ (in $\mathbb{Z}$) oder $a \equiv b$ modulo r. ◄

Beispiel 7.6

In $\mathbb{Z}$ sind alle geraden Zahlen kongruent modulo 2, alle ungeraden auch. Ferner ist $11 \equiv 1$ modulo 5 und $6 \equiv -1$ modulo 7. ◄

▶ **Bemerkung 7.7** Ist $r \in \mathbb{Z}$ fest, $r \neq 0$, so wird durch Kongruenz modulo r in $\mathbb{Z}$ eine Äquivalenzrelation definiert.

Lemma 7.8
Seien $a, b, c, d, r \in \mathbb{Z}$, $r \neq 0$, und es gelte gleichzeitig $a \equiv b \bmod r$ und $c \equiv d$ mod r. Dann gelten auch die Kongruenzen

$$a + c \equiv b + d \bmod r, \; a - c \equiv b - d \bmod r \text{ und } a \cdot c \equiv b \cdot d \bmod r.$$

---

[5] Johann Peter Gustave Lejeune Dirichlet, *13.2.1805 Düren, †5.5.1859 Göttingen, Professor in Berlin und Göttingen, dort Nachfolger von Gauß. Hauptarbeitsgebiete waren partielle Differentialgleichungen, Zahlentheorie und Integraltheorie. Wikipedia 2022.

Beweis Wir betrachten nur die letzte Aussage: Es ist

$$a \cdot c - b \cdot d = (a - b) \cdot c + b \cdot (c - d).$$

Da r sowohl $a - b$ also auch $c - d$ teilt, ist r auch ein Teiler von $a \cdot c - b \cdot d$. $\qquad\square$

Kürzen ist im Allgemeinen nicht möglich, es ist zum Beispiel

$$3 \cdot 2 = 6 \equiv 1 \cdot 2 = 2 \mod 4, \text{ aber } 3 \not\equiv 1 \mod 4.$$

Aber immerhin haben wir:

Lemma 7.9

Seien $a, b, c \in \mathbb{Z}$ und $r \in \mathbb{Z} \setminus \{0\}$, weiter gelte $a \cdot c \equiv b \cdot c \mod r$. Falls dann r und c teilerfremd sind in $\mathbb{Z}$, dann gilt $a \equiv b \mod r$.

Beweis Da r und c teilerfremd in $\mathbb{Z}$ sind, gibt es Elemente $x, y \in \mathbb{Z}$ mit der Eigenschaft $1 = r \cdot x + c \cdot y$ (nach Satz 3.19, da $\mathbb{Z}$ ein Hauptidealring ist). Für dieses $y \in \mathbb{Z}$ erhalten wir $c \cdot y \equiv 1 \mod r$, und nach Voraussetzung ist $a \cdot c \equiv b \cdot c \mod r$. Jetzt verwenden wir Lemma 7.8 und die Tatsache, dass $y \equiv y$ ist modulo r. Damit ist $a \cdot c \cdot y \equiv b \cdot c \cdot y \mod r$ und dann $a \cdot 1 \equiv b \cdot 1 \mod r$, und daraus folgt $a \equiv b \mod r$ wie gewünscht. $\qquad\square$

Eine alte und gleichzeitig hochaktuelle Frage ist die nach zuverlässigen Tests, mit denen bei großen natürlichen Zahlen n schnell entschieden werden kann, ob es sich um eine Primzahl handelt. Dabei ist eine naive Suche nach möglichen Teilern nicht sinnvoll, da der Rechenaufwand mit n sehr schnell wächst. Stattdessen werden Eigenschaften von Primzahlen aufgespürt und zum Testen verwendet. Wir beweisen ein Lemma zur Vorbereitung und besprechen dann zwei Beispiele für solche Eigenschaften. Mehr dazu in Kap. 13!

Lemma 7.10

Sei $p \in \mathbb{N}$ eine Primzahl.

Ist $p = 2$, so ist die Lösungsmenge der Kongruenz $x^2 - 1 \equiv 0 \mod p$ genau die Menge $p \cdot \mathbb{Z} + 1$ aller ungeraden ganzen Zahlen.

Ist p ungerade, so liegt jede Lösung der Kongruenz $x^2 - 1 \equiv 0 \mod p$ in genau einer der Mengen $p \cdot \mathbb{Z} + 1$ bzw. $p \cdot \mathbb{Z} + (-1)$.

Beweis Sei $z \in \mathbb{Z}$ eine Lösung der Kongruenz $x^2 - 1 \equiv 0$ modulo p. Dann wissen wir, dass p ein Teiler von $z^2 - 1$ ist in $\mathbb{Z}$. Da p eine Primzahl ist, ist p nun ein Teiler von $z + 1$ oder $z - 1$.

Im Fall $p = 2$ sind 1 und -1 kongruent modulo p, dann sind alle ungeraden Zahlen Lösungen. Ist aber p ungerade, so sind die beiden Möglichkeiten $z \equiv 1 \bmod p$ und $z \equiv -1 \bmod p$ verschieden. Jede Lösung der Kongruenz liegt dann in $p \cdot \mathbb{Z} + 1$ oder in $p \cdot \mathbb{Z} + (-1)$. $\qquad\square$

▶ **Bemerkung 7.11** Modulo 5 hat die Kongruenz $x^2 - 1 \equiv 0$ die Lösungen 1 und 4. Diese sind verschieden modulo 5, und die vollständigen Lösungsmengen sind $5 \cdot \mathbb{Z} + 1$ und $5 \cdot \mathbb{Z} + 4 = 5 \cdot \mathbb{Z} + (-1)$. Jede Lösung der Kongruenz liegt in genau einer dieser beiden Mengen, zum Beispiel liegt die Lösung 6 in der Menge $5 \cdot \mathbb{Z} + 1$.

Satz 7.12 (Wilson[6])
Sei $n \in \mathbb{N}$, $n \geq 2$. Dann gilt: n ist eine Primzahl genau dann, wenn $(n - 1)! \equiv -1$ mod n ist.

Beweis Zuerst sei n prim. Dann ist $\mathbb{Z}/n \cdot \mathbb{Z}$ ein Körper nach Folgerung 3.18, also gibt es zu jedem $a \in \{1, ..., n - 1\}$ genau ein $b \in \{1, ..., n - 1\}$ mit der Eigenschaft

$$a \cdot b \equiv 1 \mod n.$$

Dies liefert uns Paare von Elementen in $\{1, ..., n - 1\}$ außer in dem Fall, wo $a = b$ ist. Aber im Fall $a = b$ ist $a^2 \equiv 1 \bmod n$, also ist a eine Lösung der Kongruenz $x^2 - 1 \equiv 0$ modulo n. Mit Lemma 7.10 ist dann $a \equiv 1 \bmod n$ oder $a \equiv -1 \equiv n - 1 \bmod n$. Insgesamt folgt damit $(n - 1)! \equiv n - 1 \equiv -1 \bmod n$.

Umgekehrt gelte $(n - 1)! \equiv -1$ modulo n. Sei $d \in \mathbb{N}$ ein Teiler von n und $d \neq n$. Dann ist $d < n$ und daher kommt d im Produkt $(n - 1)!$ als Faktor vor. Gleichzeitig ist n ein Teiler von $(n - 1)! + 1$, also teilt auch d diesen Ausdruck. Dann teilt d die Differenz, also ist -1 in $\mathbb{Z}$ durch d teilbar, und damit muss $d = 1$ sein. Also ist n eine Primzahl. $\qquad\square$

Leider eignet sich der Satz von Wilson nicht, um auf die Primzahleigenschaft zu testen, denn der Rechenaufwand bei der Berechnung von Fakultäten wächst bei großen Zahlen sehr schnell. Der folgende Satz, bekannt als Kleiner Satz von Fermat, ist besser geeignet. Wir werden das in Kap. 13 aufgreifen.

---

[6] John Wilson, *6.8.1741 Applethwaite, †18.10.1793, Kendal, britischer Mathematiker. Waring veröffentlichte den Satz 1770 als Satz von Wilson, aber ohne Beweis. Der erste Beweis wurde 1773 von Lagrange gegeben, zuerst entdeckt wurde das Resultat ca. 700 Jahre früher von Ibn al-Haytham. Wikipedia 2022.

Satz 7.13 (Fermat[7])

Seien $p \in \mathbb{N}$ eine Primzahl und $a \in \mathbb{Z}$. Dann gilt $a^p \equiv a$ mod p. Falls a und p teilerfremd in $\mathbb{Z}$ sind, dann gilt auch

$$a^{p-1} \equiv 1 \mod p.$$

Beweis Falls p ein Teiler von a ist, steht die Kongruenz sofort da. Ab jetzt seien also a und p teilerfremd in $\mathbb{Z}$. Sei $M := \{1, \dots p - 1\}$. Jedes Element in M ist teilerfremd zu p in $\mathbb{Z}$ und jede zu p teilerfremde ganze Zahl ist zu genau einem Element von M kongruent modulo p. Für jedes $m \in M$ ist auch $a \cdot m$ teilerfremd zu p (mit Lemma 3.25 (a)) und daher existiert genau ein $b_m \in M$ mit der Eigenschaft $a \cdot m \equiv b_m$ mod p. Mit Lemma 7.9 sind die Elemente $a \cdot m, m \in M$, paarweise verschieden, und damit folgt

$$\prod_{m \in M} m \equiv \prod_{m \in M} (a \cdot m) = a^{|M|} \prod_{m \in M} m \mod p.$$

Nun verwenden wir Lemma 7.9 erneut, kürzen mit $\prod_{m \in M} m$ und erhalten

$$1 \equiv a^{|M|} = a^{p-1} \mod p.$$

Durch Multiplikation mit a folgt die andere Aussage. $\qquad\square$

Wenn p keine Primzahl ist, kann dies durchaus schiefgehen: Ist zum Beispiel $p = 6$ und $a = 5$, so sind zwar a und p teilerfremd in $\mathbb{Z}$, aber

$$5^{6-1} = 5^5 = 5^2 \cdot 5^2 \cdot 5 \equiv 1 \cdot 1 \cdot 5 = 5 \equiv -1 \mod 6.$$

Wir schließen dieses Kapitel ab mit einigen weiteren klassischen Resultaten aus der Zahlentheorie und Anwendungsbeispielen.

 Der Satz von Fermat-Euler (▶ sn.pub/OHttR8)

---

[7] Pierre de Fermat, *zweite Jahreshälfte 1607 Beaumont-de-Lomagne, †12.1.1665 Castres, Jurist und Mathematiker, war Mitglied des obersten Gerichtshofs in Toulouse. Fermat beschäftigte sich mit Mathematik nur als Hobby. Er lieferte wesentliche Beiträge zur Geometrie, Analysis und Wahrscheinlichkeitstheorie. Berühmt sind seine Beiträge zur Zahlentheorie und hier insbesondere der „Große Fermatsche Satz". Die Versuche, diesen Satz allgemein zu beweisen, führten zur Entwicklung der algebraischen Zahlentheorie. Schließlich wurde der Satz 1995 von A. Wiles bewiesen. Wikipedia 2022.

Definition (Eulersche[8] φ-Funktion)

Sei $n \in \mathbb{N}$. Dann ist $\mathrm{Tf}(n) := \{k \in \{1, ..., n\} \mid k$ und n sind teilerfremd in $\mathbb{Z}\}$.
Die **Eulersche φ-Funktion** ist dann definiert wie folgt: $\varphi : \mathbb{N} \to \mathbb{N}$, für alle $n \in \mathbb{N}$ ist
$\varphi(n) := |\mathrm{Tf}(n)|$ die **Anzahl der zu n teilerfremden Zahlen** von 1 bis n. ◄

Lemma 7.14
*Sei $n \in \mathbb{N}$. Die Anzahl der multiplikativ invertierbaren Elemente im Ring $\mathbb{Z}/n \cdot \mathbb{Z}$ ist
dann genau $\varphi(n)$.*

Beweis Sei $c \in \{1, ..., n\}$ teilerfremd zu n in $\mathbb{Z}$. Dann gibt es nach Satz 3.19 Elemente
$x, y \in \mathbb{Z}$ mit der Eigenschaft $1 = c \cdot x + n \cdot y$. Insbesondere ist $c \cdot x \equiv 1 \bmod n$, d. h.
$n \cdot \mathbb{Z} + c$ ist multiplikativ invertierbar in $\mathbb{Z}/n \cdot \mathbb{Z}$. Ist umgekehrt $b \in \{1, ..., n\}$ so, dass
$n \cdot \mathbb{Z} + b$ ein multiplikatives Inverses hat in $\mathbb{Z}/n \cdot \mathbb{Z}$, so existiert ein $a \in \mathbb{Z}$ mit der Eigenschaft
$b \cdot a \equiv 1 \bmod n$. Jeder gemeinsame Teiler von b und n teilt nun gleichzeitig b und $b \cdot a - 1$,
und deshalb sind b und n teilerfremd in $\mathbb{Z}$. □

▶ **Bemerkung 7.15** Es ist $\varphi(1) = 1$, $\varphi(2) = 1$ und $\varphi(4) = 2$. Für jede Primzahl p ist
$\varphi(p) = p - 1$. Die Menge $\mathrm{Tf}(10)$ ist genau $\{1, 3, 7, 9\}$, also ist $\varphi(10) = 4$.

Die Methode, $\varphi(n)$ direkt über die Menge $\mathrm{Tf}(n)$ zu berechnen, wird bei wachsendem n
schnell sehr aufwändig. Wie kann $\varphi(n)$ effizienter berechnet werden? Zumindest für Primzahlpotenzen können wir systematisch arbeiten:

Sind $p, a \in \mathbb{N}$ und ist p eine Primzahl, so haben alle natürlichen Vielfachen von p
gemeinsame Teiler mit p^a, die von 1 verschieden sind. Jede p-te Zahl ist ein solches Vielfa-
ches, so dass also $p^a - p^{a-1}$ Zahlen übrig bleiben für die Menge $\mathrm{Tf}(p^a)$. Diese Überlegung
führt zusammen mit der Primfaktorzerlegung in $\mathbb{Z}$ zu einer einfachen Berechnungsmethode.
Der folgende Satz ist dabei ein Hilfsmittel, aber auch von unabhängigem Interesse.

---

[8] Leonhard Euler, *15.4.1707 Basel, †18.9.1783 St. Petersburg, ab 1731 Professor für Physik und ab
1733 für Mathematik in St. Petersburg. 1741 bis 1776 tätig an der Königlich Preussischen Akademie
der Wissenschaften in Berlin, danach an der Sankt Petersburger Akademie. Bedeutendster Mathematiker des 18. Jahrhunderts, lieferte auf fast allen damals zur Mathematik gehörenden Gebieten
grundlegende Beiträge. Sehr umfangreiches Werk mit insgesamt über 860 Publikationen. Bedeutend
waren nicht nur seine erzielten Sätze, sondern auch seine Fähigkeit, die ihm bekannte Mathematik
zu vereinheitlichen und zu systematisieren. Wikipedia 2022.

Lemma 7.16 (Chinesischer Restsatz)
Seien $k \in \mathbb{N}$, $m_1, \ldots, m_k \in \mathbb{N}$ paarweise teilerfremd in $\mathbb{Z}$ und $a_1, \ldots, a_k \in \mathbb{Z}$. Dann gibt es ein $x \in \mathbb{Z}$, das für jedes $i \in \{1, \ldots, k\}$ gleichzeitig die Kongruenz

$$x \equiv a_i \bmod m_i \qquad\qquad (\star)$$

erfüllt.

Beweis Wir arbeiten mit vollständiger Induktion über k. Ist $k = 1$, so muss nur eine Kongruenz erfüllt sein: $x \equiv a_1 \bmod m_1$, und hier ist $x = a_1$ eine Lösung. Jetzt sei $k \geq 2$ und es sei jedes System mit höchstens $k - 1$ Kongruenzen simultan ganzzahlig lösbar, wenn es unsere Voraussetzungen erfüllt.

Zuerst suchen wir ein $y \in \mathbb{Z}$, das für jedes $i \in \{2, \ldots, k\}$ gleichzeitig erfüllt:

$$y \cdot m_1 \equiv a_i - a_1 \bmod m_i \qquad\qquad (\star\star)$$

Nach Voraussetzung sind m_1 und m_i teilerfremd, also existiert mit Satz 3.19 eine ganze Zahl t_i so, dass $m_1 \cdot t_i \equiv 1 \bmod m_i$ ist. Wir betrachten die Kongruenzen

$$y \equiv (a_i - a_1) \cdot t_i \bmod m_i,$$

wobei $i \in \{2, \ldots, k\}$ ist. Diese sind per Induktion simultan lösbar, da sie die Voraussetzungen erfüllen. Sei also $y_0 \in \mathbb{Z}$ so, dass es all diese Kongruenzen gleichzeitig erfüllt. Einsetzen von y_0 und Multiplikation mit m_1 liefert dann für jedes $i \in \{2, \ldots, k\}$ die Kongruenz

$$y_0 \cdot m_1 \equiv (a_i - a_1) \cdot t_i \cdot m_1 \bmod m_i.$$

Wir benutzen $m_1 \cdot t_i \equiv 1 \bmod m_i$ und erhalten $y_0 \cdot m_1 \equiv a_i - a_1 \bmod m_i$. Daraus folgt $(\star\star)$. Zum Schluss definieren wir $x := a_1 + y_0 \cdot m_1$. Dann ist

$$x = a_1 + y_0 \cdot m_1 \equiv a_i \bmod m_i$$

für jedes $i \in \{2, \ldots, k\}$, mit $(\star\star)$, und nach Definition ist $x \equiv a_1 \bmod m_1$. Also ist x unsere gesuchte Lösung für das Kongruenzsystem $(\star)$. $\qquad\qquad\qquad\qquad\qquad\square$

Der Chinesische Restsatz findet sich in den Arbeiten des chinesischen Mathematikers und Astronomen Chin Chiu-Shao (1202–1261, siehe [12]) und wurde im 13. Jahrhundert zur Berechnung der Planetenbahnen benutzt. Es wurde hierbei allerdings angenommen, dass sich die Planeten auf Kreisbahnen bewegen.

Lemma 7.17

Sind $a, b \in \mathbb{N}$ teilerfremd, so ist $\varphi(a \cdot b) = \varphi(a) \cdot \varphi(b)$.

Beweis Wir betrachten die Menge

$$E := \{(x, y) \mid x, y \in \mathbb{N}, x \leq a, y \leq b, x \notin \mathrm{Tf}(a) \text{ oder } y \notin \mathrm{Tf}(b)\}.$$

Dann ist

$$|E| = a \cdot b - \varphi(a) \cdot \varphi(b).$$

Wir zählen nun E noch einmal anders ab. Dabei wird der Wert $\varphi(a \cdot b) = |\mathrm{Tf}(a \cdot b)|$ eingehen. Sei dazu $t \in \mathbb{N}$, $t \leq a \cdot b$, aber $t \notin \mathrm{Tf}(a \cdot b)$. Dann gibt es eine Primzahl p, die t und $a \cdot b$ teilt, und dann folgt, dass p ein Teiler von a oder von b ist. Es ist also a oder b nicht teilerfremd zu t.

Sei $r_a \in \{1, ..., a\}$ kongruent zu t modulo a und sei $r_b \in \{1, ..., b\}$ kongruent zu t modulo b. Dann sind r_a und r_b eindeutig bestimmt, und es gilt $r_a \notin \mathrm{Tf}(a)$ oder $r_b \notin \mathrm{Tf}(b)$. So können wir also jedem $t \in T := \{1, ..., a \cdot b\} \setminus \mathrm{Tf}(a \cdot b)$ eindeutig ein Element $(r_a, r_b) \in E$ zuordnen. Das definiert eine Abbildung α von T nach E und wir zeigen, dass α injektiv ist.

Seien $c, d \in T$ und $c^\alpha = (r_a, r_b) = d^\alpha \in E$. Da nach Wahl c und d zu r_a kongruent sind modulo a, ist a ein Teiler von $c - d$. Entsprechend ist auch b ein Teiler von $c - d$. Nach Voraussetzung sind a und b teilerfremd in $\mathbb{Z}$, und da $\mathbb{Z}$ ein faktorieller Ring ist, folgt jetzt, dass auch $a \cdot b$ ein Teiler von $c - d$ ist. Wir dürfen $c \geq d$ annehmen und sehen dann, dass $c - d$ in der Menge $\{0, \ldots, a \cdot b - 1\}$ liegt und gleichzeitig durch $a \cdot b$ teilbar ist. Das bedeutet $c - d = 0$, also ist $c = d$ und damit α injektiv. So sehen wir, dass $|T| \leq |E|$ ist.

Ist $(x, y) \in E$, so gibt es mit dem Chinesischen Restsatz 7.16 ein $z \in \mathbb{Z}$ so, dass gilt:

$$z \equiv x \bmod a \quad \text{und} \quad z \equiv y \bmod b.$$

Sei jetzt $t \in \{1, ..., a \cdot b\}$ so, dass $z \equiv t \bmod a \cdot b$ ist. Nach Wahl ist $x \notin \mathrm{Tf}(a)$ oder $y \notin \mathrm{Tf}(b)$, und daher ist auch t zu a oder zu b nicht teilerfremd. Insbesondere ist t nicht teilerfremd zu $a \cdot b$, also ist sogar $t \in T$. So wird jedem $(x, y) \in E$ genau ein Element $t \in T$ zugewiesen, und dies definiert eine Abbildung β von E nach T. Wir zeigen, dass auch β injektiv ist!

Seien dazu $(x, y), (u, v) \in E$ und sei $(x, y)^\beta = t = (u, v)^\beta \in T$, also insbesondere

$$x \equiv t \equiv u \bmod a \quad \text{und} \quad y \equiv t \equiv v \bmod b.$$

Dann ist $x - u$ durch a teilbar und b ist ein Teiler von $y - v$. Da $x, u \in \{1, \ldots, a\}$ und $y, v \in \{1, \ldots, b\}$ sind, ist $|x - u| \in \{0, ..., a - 1\}$ und $|y - v| \in \{0, ..., b - 1\}$. Zusammen mit der Teilbarkeit durch a bzw. b folgt dann $x = u$ und $y = v$. Also ist β injektiv, $|E| \leq |T|$

und insgesamt folgt $|E| = a \cdot b - \varphi(a \cdot b)$. Gleichzeitig wissen wir $|E| = a \cdot b - \varphi(a) \cdot \varphi(b)$ und daher folgt schließlich $\varphi(a \cdot b) = \varphi(a) \cdot \varphi(b)$. $\qquad\square$

Eine Konsequenz ist nun:

Folgerung 7.18

Seien $n \in \mathbb{N}, r \in \mathbb{N}, a_1, ..., a_r \in \mathbb{N}$ *und* $p_1, ..., p_r$ *paarweise verschiedene Primzahlen. Ist* $n = p_1^{a_1} \cdots p_r^{a_r}$*, so gilt*

$$\varphi(n) = \prod_{i=1}^{r} p_i^{a_i - 1} \cdot (p_i - 1).$$

Satz 7.19 (Fermat-Euler)

Sei $n \in \mathbb{N}$*, und sei* $a \in \mathbb{Z}$ *teilerfremd zu* n*. Dann gilt:* $a^{\varphi(n)} \equiv 1 \bmod n$*.*

Beweis Wir argumentieren ähnlich wie beim Kleinen Satz von Fermat. Seien $k := \varphi(n)$ und $M = \{a_1, ..., a_k\}$ die Menge der zu n teilerfremden Zahlen in $\{1, ..., n\}$. Für jedes $i \in \{1, ..., k\}$ ist auch $a \cdot a_i$ teilerfremd zu n mit Lemma 3.25 (a). Daher gibt es für jedes $i \in \{1, ..., k\}$ ein $j \in \{1, ..., k\}$ so, dass $a \cdot a_i \equiv a_j \bmod n$ ist. Mit Lemma 7.9 stimmt also M modulo n mit der Menge $\{a \cdot a_1, ..., a \cdot a_k\}$ überein. Das liefert

$$a^k \cdot (a_1 \cdots a_k) = (a \cdot a_1) \cdots (a \cdot a_k) \equiv a_1 \cdots a_k \bmod n$$

und die Behauptung folgt aus Lemma 7.9, da $a_1 \cdots a_k$ und n teilerfremd sind. $\qquad\square$

Der Satz von Euler und die φ-Funktion spielen in der Kryptographie eine wichtige Rolle. Für mehr Details und Beispiele siehe etwa [36] oder [29].

Beispiel 7.20

(a) Wir zeigen, dass es keine ganzzahligen Lösungen x, y für die Gleichung

$$x^2 + y^2 = 1203$$

gibt. Angenommen $x, y \in \mathbb{Z}$ lösen die Gleichung. Dann rechnen wir modulo 4 und erhalten

$$x^2 + y^2 \equiv 3 \bmod 4.$$

Quadratzahlen sind aber immer kongruent zu 0 oder zu 1 modulo 4, daher ist $x^2 + y^2 \equiv 0, 1$ oder 2 mod 4. D. h. es gibt keine ganzzahlige Lösung von

$$x^2 + y^2 = 1203.$$

(b) Sei $n \in \mathbb{N}$ und seien $k \in \mathbb{N}_0$, $a_0, ..., a_k \in \{0, ..., 9\}$ so, dass $n = a_0 + a_1 \cdot 10 + \cdots + a_k \cdot 10^k$ die Dezimaldarstellung von n ist. Da $10 \equiv 1 \bmod 3$ ist, ist mit Lemma 7.8

$$n \equiv a_0 + \cdots + a_k \bmod 3.$$

Somit ist 3 genau dann ein Teiler von n, wenn 3 die Quersumme $a_0 + \cdots + a_k$ teilt. Da auch $10 \equiv 1 \bmod 9$ ist, gilt dies für 9 entsprechend. Ferner ist $10 \equiv -1 \bmod 11$, $100 \equiv 1 \bmod 11$, und damit lässt sich zeigen: 11 teilt n genau dann, wenn 11 die alternierende Quersumme $a_0 - a_1 + a_2 - a_3 + \cdots + (-1)^k a_k$ teilt.

(c) Es gibt offenbar zwei aufeinander folgende Zahlen, die durch eine Quadratzahl teilbar sind: zum Beispiel 8, 9. Es gibt auch drei aufeinander folgende: 48, 49, 50. Gibt es auch 100.000 aufeinander folgende? Wir betrachten dazu die ersten 100.000 Primzahlen $p_1, \ldots, p_{100.000}$. Nun finden wir mit dem Chinesischen Restsatz 7.16 ein $z \in \mathbb{Z}$, das für jedes $i \in \{1, \ldots, 100.000\}$ gleichzeitig die Kongruenz

$$z \equiv -i \bmod p_i^2$$

erfüllt. Die Zahlen

$$z + 1, z + 2, \ldots, z + 100.000$$

sind dann alle durch eine Quadratzahl teilbar.

Übungsaufgaben

7.1 Sei $p = 2 \cdot k + 1$ eine ungerade Primzahl. Zeige:

(a) $(k!)^2 \equiv (-1)^{k+1} \bmod p$.

(b) $2^2 \cdot 4^2 \cdots (p-3)^2 \cdot (p-1)^2 \equiv (-1)^{\frac{p+1}{2}} \bmod p$.

(c) $1^2 \cdot 3^2 \cdots (p-4)^2 \cdot (p-2)^2 \equiv (-1)^{\frac{p+1}{2}} \bmod p$.

Hinweis: Satz von Wilson!

7.2 Seien A und B disjunkte nicht-leere Mengen von Primzahlen. Seien weiter

$$a = \prod_{p \in A} p \quad \text{und} \quad b = \prod_{p \in B} p.$$

Zeige, dass $a + b$ durch eine Primzahl teilbar ist, die nicht in $A \cup B$ liegt. Insbesondere zeigt dies, dass es unendlich viele Primzahlen gibt. Kann man das gleiche Resultat auch mit $a - b$ erreichen?

7.3 Für alle $m, n \in \mathbb{N}$ setzen wir

$$B_{m,n} = m \cdot (n + 1) - (n! + 1)$$

und

$$f(m, n) = (\frac{n - 1}{2}) \cdot (|(B_{m,n}^2 - 1)| - (B_{m,n}^2 - 1)) + 2.$$

Zeige, dass $f(m, n)$ immer eine Primzahl ist, dass jede Primzahl vorkommt, und dass jede ungerade Primzahl genau einmal vorkommt.

7.4 Sei $p > 5$ eine Primzahl. Zeige, dass dann $p^4 - 1$ durch 240 teilbar ist.

7.5

(a) Welchen Rest hat 4^{100} bei Division durch 7?

(b) Welchen Rest haben jeweils 9! bei Division durch 10, 10! bei Division durch 11 bzw. 11! bei Division durch 12?

(c) Seien $n \in \mathbb{N}$ und $n + 1$ keine Primzahl. Was ist der Rest von $n!$ bei Division durch $n + 1$?

7.6 Ist die Eulersche φ-Funktion (als Abbildung von $\mathbb{N}$ nach $\mathbb{N}$) injektiv? Surjektiv? Monoton steigend?

7.7 Sei $n \in \mathbb{N}$ und $n \geq 3$. Zeige, dass dann $\varphi(n)$ gerade ist.

7.8 Sei $p \in \mathbb{N}$ eine Primzahl und sei $2 \cdot p + 1$ keine Primzahl. Zeige, dass es dann kein $x \in \mathbb{N}$ gibt, das die Gleichung $\varphi(x) = 2 \cdot p$ erfüllt.

7.9 Bestimme für alle $i \in \{0, 2, 3, 4\}$ jeweils das kleinste $x_i \in \mathbb{N}$, für das die Gleichung $\varphi(n) = x_i$ genau i Lösungen n hat[9].

7.10 Zeige: Die Gleichung $\varphi(n^2) = k^2$ hat nur eine Lösung, und zwar $\varphi(1) = 1$.

7.11 Brahmagupta (598–668) war ein bedeutender indischer Mathematiker und Astronom (siehe [4] ab S. 133). Ihm wird folgende Aufgabe zugeschrieben:

Eine alte Frau geht über den Marktplatz. Ein Pferd tritt auf ihre Tasche und zerbricht die gekauften Eier. Der Besitzer des Pferdes möchte für den Schaden aufkommen und fragt deshalb, wie viele Eier in der Tasche waren. Die Frau kennt aber die genaue Zahl nicht mehr, sie erinnert sich nur:

Wenn sie beim Auspacken immer zwei Eier rausnimmt, bleibt genau ein Ei übrig. Das Gleiche geschieht, wenn sie die Eier immer zu dritt, zu viert, zu fünft, zu sechst aus der Tasche nimmt. Nur, wenn sie die Eier zu siebt aus der Tasche nimmt, bleibt kein Ei übrig.

Welche ist die kleinste Zahl an Eiern, die in der Tasche gewesen sein können?

7.12 Sei $n \in \mathbb{N}$. Zeige, dass dann $n^7 - n$ ohne Rest durch 42 teilbar ist in $\mathbb{Z}$.

---

[9] Der Fall $i = 1$ ist offen. Die Vermutung ist, dass $\varphi(n) = x$ entweder keine oder mindestens zwei Lösungen hat.

Das quadratische Reziprozitätsgesetz 8

> 🎧 Das Legendre-Symbol (▶ sn.pub/Ilnmnt)

Ausgangspunkt ist hier folgende Frage:

Wenn $a, b \in \mathbb{Z}$ sind, wann ist dann die Gleichung $x^2 + a \cdot x + b = 0$ ganzzahlig lösbar? Klassische quadratische Ergänzung ergibt

$$x^2 + a \cdot x + \left(\frac{a}{2}\right)^2 = -b + \left(\frac{a}{2}\right)^2,$$

und nach Multiplikation mit 4 können wir daraus eine Kongruenz modulo einer Primzahl p machen: $(2 \cdot x + a)^2 \equiv -4 \cdot b + a^2$ modulo p. Setzen wir $z := -4 \cdot b + a^2$, so können wir nach Lösungen der quadratischen Kongruenz $y^2 \equiv z$ modulo p fragen. Für jede Lösung x_0 der ursprünglichen Gleichung ist $2 \cdot x_0 + a$ eine Lösung dieser Kongruenz.

Bei der quadratischen Kongruenz modulo p sind zwei Perspektiven möglich: Wir können p festhalten und dann nach den Zahlen z fragen, für die die Kongruenz lösbar ist, oder wir halten z fest und suchen nach Primzahlen p. Dabei ist der Fall $p = 2$ uninteressant, da jede ganze Zahl modulo 2 ein Quadrat ist.

© Der/die Autor(en), exklusiv lizenziert an Springer Nature Switzerland AG 2023   95
G. Stroth und R. Waldecker, *Elementare Algebra und Zahlentheorie*, Mathematik Kompakt,
https://doi.org/10.1007/978-3-031-39771-4_8

Definition (Quadratischer Rest, Legendre-Symbol[1])

Seien $p \in \mathbb{N}$ eine Primzahl und $a \in \mathbb{Z}$.

(a) Die Zahl a heißt **quadratischer Rest modulo** p genau dann, wenn es ein $x \in \mathbb{Z}$ gibt mit der Eigenschaft $x^2 \equiv a \bmod p$.

(b) Sei p ungerade. Wir definieren

$$\left(\frac{a}{p}\right) := \begin{cases} 0 & \text{genau dann, wenn } p \text{ ein Teiler ist von } a, \\ 1 & \text{genau dann, wenn } a \text{ nicht durch } p \text{ teilbar ist und} \\ & \text{ein quadratischer Rest ist modulo } p, \text{ und} \\ -1 & \text{genau dann, wenn } a \text{ kein quadratischer Rest ist modulo } p. \end{cases}$$

Das Symbol $(\frac{a}{p})$ heißt **Legendre-Symbol**, gesprochen „**a über p**". ◄

Lemma 8.1

Sei p eine ungerade Primzahl. Dann gibt es genau $\frac{p-1}{2}$ Elemente in der Menge

$$\left\{-\frac{p-1}{2}, \ldots, -1, 1, \ldots, \frac{p-1}{2}\right\},$$

die ein quadratischer Rest modulo p sind, und genau so viele, die kein quadratischer Rest sind modulo p.

Beweis Da p ungerade ist, ist $\frac{p-1}{2}$ eine natürliche Zahl. Sei $k := \frac{p-1}{2}$, und sei $S := \{-k, \ldots, -1, 1, \ldots, k\}$. Wir definieren eine Abbildung $\varphi : S \to S$ wie folgt:

Für alle $s \in S$ sei s^φ definiert als das Element in S, welches kongruent zu s^2 ist mod p.

Das Bild von φ enthält genau alle quadratischen Reste modulo p. Wir sehen außerdem, dass $s^\varphi = (-s)^\varphi$ ist für alle $s \in S$. Jeder quadratische Rest $a \in S$ besitzt also mindestens zwei Urbilder unter φ. Ist umgekehrt $u \in S$ ein Urbild von a unter φ, so ist u eine Lösung der Kongruenz $x^2 - a \equiv 0 \bmod p$.

Sei $K := \mathbb{Z}/p \cdot \mathbb{Z}$ und sei $\alpha : \mathbb{Z} \to K$ folgende Abbildung:

$$\text{Für alle } z \in \mathbb{Z} \text{ sei } z^\alpha := p \cdot \mathbb{Z} + z.$$

Dann ist u^α eine Lösung der Gleichung $x^2 - a^\alpha = 0_K$, also eine Nullstelle des Polynoms $x^2 - a^\alpha \in K[x]$. Dieses Polynom hat Grad 2, es hat im Körper K also höchstens zwei

---

[1] Adrien-Marie Legendre, *18.9.1752 Paris, †9.1.1833 Paris, an verschiedenen Positionen in Paris tätig, u. a. Ecole normale supérieure und Ecole polytechnique. Er schrieb ein einflussreiches Geometrie-Lehrbuch und arbeitete zur Zahlentheorie und Variationsrechnung, zu partiellen Differentialgleichungen und zu elliptischen Integralen. Wikipedia 2022.

Nullstellen. Daher hat die Kongruenz $x^2 - a \equiv 0 \bmod p$ höchstens zwei Lösungen modulo p und es folgt, dass a in S genau zwei Urbilder unter φ hat. Das bedeutet: Die Menge der quadratischen Reste in S hat genau $\frac{|S|}{2} = \frac{p-1}{2}$ Elemente, alle anderen Elemente von S (auch $\frac{p-1}{2}$ Stück) sind keine quadratischen Reste.   □

Eine erste Eigenschaft ist nun:

Lemma 8.2 (Euler-Identität)
Sei p eine ungerade Primzahl und $a \in \mathbb{Z}$. Dann gilt:

$$\left(\frac{a}{p}\right) \equiv a^{\frac{1}{2}(p-1)} \quad \bmod p.$$

Beweis Falls p ein Teiler von a ist, ist die Aussage klar. Sei also p kein Teiler von a. Dann ist $\left(\frac{a}{p}\right) \in \{1, -1\}$.

Sei $S := \{-\frac{p-1}{2}, \ldots, -1, 1, \ldots, \frac{p-1}{2}\}$ und sei $Q \subseteq S$ die Menge der quadratischen Reste modulo p.

1. Fall: Ist a kongruent zu einem Element von Q, so existiert ein $z \in \mathbb{Z}$ so, dass $a \equiv z^2 \bmod p$ ist, also haben wir $a^{\frac{1}{2}(p-1)} \equiv (z^2)^{\frac{1}{2}(p-1)} = z^{p-1} \equiv 1 \bmod p$ mit Fermats Kleinem Satz (Satz 7.13).

2. Fall: Ist a kongruent zu einem Element aus $S \setminus Q$, so setzen wir $k := \frac{1}{2}(p-1)$ und betrachten die Kongruenz $x^k \equiv 1 \bmod p$.

Seien $K := \mathbb{Z}/p \cdot \mathbb{Z}$ und $\alpha : \mathbb{Z} \to K$ eine Abbildung, für alle $z \in \mathbb{Z}$ sei $z^\alpha := p \cdot \mathbb{Z} + z$.

Für alle $u \in Q$ ist dann u^α eine Lösung der Gleichung $x^k - 1^\alpha = 0_K$, also eine Nullstelle des Polynoms $x^k - 1^\alpha \in K[x]$. Dieses Polynom hat Grad k, es hat also im Körper K höchstens k Nullstellen. Daher hat die Kongruenz $x^k \equiv 1 \bmod p$ höchstens k verschiedene Lösungen modulo p, und diese sind genau die Elemente aus Q. Wir wissen auch, dass $(a^k)^2 = (a^{\frac{1}{2}(p-1)})^2 = a^{p-1} \equiv 1 \bmod p$ ist, mit Fermats Kleinem Satz, denn p teilt nicht a. Also ist a^k eine Lösung der Kongruenz $x^2 \equiv 1 \bmod p$, aber $a^k \not\equiv 1 \bmod p$. Dann muss $a^k \equiv -1 \bmod p$ gelten (Lemma 7.10). Daraus folgt $a^{\frac{1}{2}(p-1)} \equiv -1 \bmod p$ wie behauptet.   □

Beispiel 8.3
Wir betrachten die Kongruenz $x^2 \equiv 7 \bmod 31$, berechnen also $\left(\frac{7}{31}\right)$ mit der Euler-Identität. Dazu brauchen wir $7^{(31-1)/2} = 7^{15}$. Also los:

$$
\begin{aligned}
7^2 &= 49 \equiv 18 &&\bmod 31, \\
7^4 &\equiv 18^2 = 324 \equiv 14 &&\bmod 31, \\
7^8 &\equiv 14^2 = 196 \equiv 10 &&\bmod 31 \text{ und} \\
7^{16} &\equiv 10^2 = 100 \equiv 7 &&\bmod 31.
\end{aligned}
$$

Somit ist $7^{15} \equiv 1 \bmod 31$ und die Kongruenz $x^2 \equiv 7 \bmod 31$ hat eine Lösung. Um konkrete Lösungen zu finden, addieren wir 31, bis ein Quadrat herauskommt:

$$x^2 \equiv 7 \equiv 38 \equiv 69 \equiv 100 = 10^2 \bmod 31.$$

Jetzt sind $x = 10$ und $x = 21$ die beiden Lösungen modulo 31.

Es ergibt sich die Frage, wie wir $(\frac{a}{p})$ effektiv berechnen können, und insbesondere, wie wir zu gegebenem $a \in \mathbb{Z}$ diejenigen Primzahlen p mit der Eigenschaft $(\frac{a}{p}) = 1$ bestimmen können. Wir beginnen mit ein paar Rechenregeln für das Legendre-Symbol.

Lemma 8.4

Seien p eine ungerade Primzahl und $a, b \in \mathbb{Z}$. Dann gilt

(a) *Ist $a \equiv b \bmod p$, so ist $(\frac{a}{p}) = (\frac{b}{p})$.*

(b) *Ist p kein Teiler von a, so ist $(\frac{a^2}{p}) = 1$.*

(c) *Es ist $(\frac{a \cdot b}{p}) = (\frac{a}{p}) \cdot (\frac{b}{p})$.*

Beweis (a) Ist p ein Teiler von a, so ist p auch ein Teiler von b. Damit ist $(\frac{a}{p}) = 0 = (\frac{b}{p})$. Seien jetzt a und b nicht durch p teilbar. Es hat $x^2 \equiv a \bmod p$ genau dann eine Lösung, wenn $x^2 \equiv b \bmod p$ eine hat, was $(\frac{a}{p}) = (\frac{b}{p})$ liefert.

(b) $x^2 \equiv a^2 \bmod p$ hat die Lösung $x = a$.

(c) Ist p ein Teiler von a oder b, so ist $(\frac{a}{p}) = 0$ oder $(\frac{b}{p}) = 0$ und daher

$$\left(\frac{a \cdot b}{p}\right) = 0 = \left(\frac{a}{p}\right) \cdot \left(\frac{b}{p}\right).$$

Sind a und b beide nicht durch p teilbar, so ist auch $a \cdot b$ nicht durch p teilbar, denn p ist eine Primzahl. Lemma 8.2 liefert

$$\left(\frac{a \cdot b}{p}\right) \equiv (a \cdot b)^{\frac{p-1}{2}} = a^{\frac{p-1}{2}} \cdot b^{\frac{p-1}{2}} \equiv \left(\frac{a}{p}\right) \cdot \left(\frac{b}{p}\right) \bmod p.$$

Da $(\frac{a}{b}) \cdot (\frac{b}{p}) \in \{1, -1\}$ und $(\frac{a \cdot b}{p}) \in \{1, -1\}$ ist, folgt aus der Kongruenz modulo p die Gleichheit. (Hier verwenden wir, dass p ungerade ist!)   □

🎧 Eigenschaften des Legendre-Symbols und das Reziprozitätsgesetz (▶ sn.pub/pmFueM)

Folgerung 8.5

Sei p eine ungerade Primzahl. Dann ist

$$\left(\frac{-1}{p}\right) = \begin{cases} 1 & \text{genau dann, wenn } p \equiv 1 \bmod 4 \text{ ist und} \\ -1 & \text{genau dann, wenn } p \equiv 3 \bmod 4 \text{ ist.} \end{cases}$$

Beweis Es ist $\left(\frac{-1}{p}\right) \equiv (-1)^{\frac{1}{2}(p-1)} \bmod p$ mit der Euler-Identität.

Da -1 nicht durch p teilbar ist, können nur die Werte 1 und -1 auftauchen, und da p ungerade ist, sind 1 und -1 nicht kongruent modulo p. Im Fall $p \equiv 1 \bmod 4$ ist $p-1$ durch 4 teilbar, also ist $\frac{p-1}{2}$ gerade und $(-1)^{\frac{p-1}{2}} = 1$. Im Fall $p \equiv 3 \bmod 4$ ist $p-1$ nur durch 2, nicht durch 4 teilbar, also ist $\frac{p-1}{2}$ ungerade und $(-1)^{\frac{p-1}{2}} = -1$. $\qquad\square$

Das folgende Lemma wird Gauß zugeschrieben und ist nicht nur für sich genommen interessant, sondern wird uns in seiner geometrischen Variante auch beim Beweis des Quadratischen Reziprozitätsgesetzes helfen. Dafür benötigen wir das Konzept eines kleinsten Restes.

Definition (negativer kleinster Rest)

Seien p eine ungerade Primzahl und $k := \frac{1}{2}(p-1)$. Dann besteht die Menge $T := \{-k, \ldots, -1, 0, 1, \ldots, k\}$ aus p paarweise nicht modulo p zueinander kongruenten Zahlen und daher wird durch diese Menge jede Restklasse modulo p genau einmal repräsentiert. Besonders daran ist, dass hier die Repräsentanten der Restklassen betragsmäßig so klein wie möglich sind.

Wir sagen, dass $z \in \mathbb{Z}$ einen **negativen kleinsten Rest** modulo p hat genau dann, wenn das eindeutig bestimmte zu z modulo p kongruente Element aus T negativ ist. ◄

Lemma 8.6

Sei p eine ungerade Primzahl, sei $a \in \mathbb{Z}$ und sei p kein Teiler von a. Sei n die Anzahl der Elemente in der Menge $\{a, 2 \cdot a, \ldots, \frac{1}{2}(p-1) \cdot a\}$, die negativen kleinsten Rest modulo p haben. Dann ist

$$\left(\frac{a}{p}\right) = (-1)^n.$$

Beweis Sei $k := \frac{1}{2}(p-1)$. Für alle $i \in \{1, \ldots, k\}$ seien $\varepsilon_i \in \{1, -1\}$ und $b_i \in \mathbb{Z}$ so, dass gilt:

$$1 \leq b_i \leq k \text{ und } i \cdot a \equiv \varepsilon_i \cdot b_i \bmod p.$$

D. h. es ist jeweils $\varepsilon_i \cdot b_i$ der kleinste Rest von $i \cdot a$ modulo p. Das geht, da die Zahlen $1 \cdot a, 2 \cdot a, \ldots, \frac{1}{2}(p-1) \cdot a$ nicht von p geteilt werden und alle von 0 verschiedenen Reste modulo p von $\{-k, \ldots, -1, 1, \ldots, k\}$ repräsentiert werden. (Die Anzahl n der negativen kleinsten Reste und die Anzahl der negativen Zahlen in der Menge $\{\varepsilon_i \mid i \in \{1, \ldots, k\}\}$).

(1) Sind $i, j \in \{1, \ldots, k\}$ verschieden, so gilt $b_i \neq b_j$.

Beweis Angenommen, $b_i = b_j$. Dann ist $i \cdot a \equiv j \cdot a \bmod p$ oder $i \cdot a \equiv -j \cdot a \bmod p$. Da a und p teilerfremd sind, folgt mit Lemma 7.9 schon $i \equiv j \bmod p$ oder $i \equiv -j \bmod p$.

Das bedeutet, dass p ein Teiler von $i - j$ oder von $i + j$ ist in $\mathbb{Z}$. Da aber i, j mindestens 1 und höchstens k sind, ist sowohl $|i + j|$ als auch $|i - j|$ höchstens $2 \cdot k = p - 1$. Also ist $i = j$. ∎

(2) $a^k \cdot k! \equiv (-1)^n \cdot k!$ modulo p.

Beweis Aus (1) folgt, dass die Zahlen $b_1, \ldots, b_k$ paarweise verschieden sind. Nach Wahl ist also $\{b_1, \ldots, b_k\} = \{1, 2, \ldots, k\}$. Das bedeutet $b_1 \cdots b_k = 1 \cdot 2 \cdots k = k!$. Wegen $a \equiv \varepsilon_1 \cdot b_1 \bmod p, \ldots, k \cdot a \equiv \varepsilon_k \cdot b_k \bmod p$ ist auch

$$a \cdot 2 \cdot a \cdot 3 \cdot a \cdots k \cdot a \equiv \varepsilon_1 \cdot b_1 \cdots \varepsilon_k \cdot b_k \bmod p.$$

Also sehen wir nach Umsortieren

$$a^k \cdot k! \equiv \varepsilon_1 \cdots \varepsilon_k \cdot b_1 \cdots b_k \equiv \varepsilon_1 \cdots \varepsilon_k \cdot k! \bmod p.$$

Unter den Elementen $\varepsilon_1, \ldots, \varepsilon_k$ haben wir n-mal die Zahl -1, sonst die Zahl 1, also ist $\varepsilon_1 \ldots \varepsilon_k = (-1)^n$ und insgesamt $a^k \cdot k! \equiv (-1)^n \cdot k! \bmod p$. ∎

Da p prim ist und keinen der Faktoren $1, 2, \ldots, k$ teilt, teilt p auch nicht ihr Produkt, und das ist genau $k!$. Das bedeutet, dass p und $k!$ teilerfremd sind und wir kürzen können, mit Lemma 7.9. Es folgt $a^k \equiv (-1)^n \bmod p$ und mit der Euler-Identität

$$(-1)^n \equiv a^k \equiv \left(\frac{a}{p}\right) \bmod p.$$

Da auf beiden Seiten nur -1 oder 1 stehen kann und p ungerade ist, folgt $(-1)^n = \left(\frac{a}{p}\right)$. □

Beispiel 8.7

Seien $p = 13$ und $a = 5$. Dann ist $\frac{p-1}{2} = 6$ und wir fassen zusammen:

i	1	2	3	4	5	6
$i \cdot 5$	5	10	15	20	25	30
Kleinster Rest modulo 13	5	-3	2	-6	-1	4

Es gibt drei negative kleinste Reste, also ist $(\frac{5}{13}) = (-1)^3 = (-1)$.

Lemma 8.8

Sei $p \in \mathbb{N}$ eine ungerade Primzahl. Dann gilt

$$\left(\frac{2}{p}\right) = \begin{cases} 1, \text{ falls } p \equiv 1 \text{ oder } -1 \bmod 8 \text{ ist und} \\ -1, \text{ falls } p \equiv 3 \text{ oder } -3 \bmod 8 \text{ ist.} \end{cases}$$

Beweis Wir verwenden Lemma 8.6 und bestimmen, wie viele der Zahlen

$$2 \cdot 1, 2 \cdot 2, \ldots, 2 \cdot \frac{p-1}{2}$$

einen negativen kleinsten Rest modulo p haben. Sei $b \in \mathbb{N}$ möglichst groß mit der Eigenschaft $2 \cdot b \leq \frac{p-1}{2}$. Für jedes $l \in \{1, \ldots, b\}$ ist dann

$$2 \leq 2 \cdot l \leq 2 \cdot b \leq \frac{p-1}{2},$$

und deshalb ist der kleinste Rest von $2 \cdot l$ modulo p genau $2 \cdot l$. Für jedes $l \in \{b+1, \ldots, \frac{p-1}{2}\}$ ist

$$\frac{p-1}{2} + 1 \leq 2 \cdot l \leq p - 1,$$

und daraus folgt $-\frac{p-1}{2} \leq 2 \cdot l - p \leq -1$.

In diesem Fall ist also der kleinste Rest von $2 \cdot l$ modulo p genau $2 \cdot l - p$, und diese Zahl ist negativ. Es gibt damit genau $n := \frac{p-1}{2} - b$ Elemente in der Menge $\{2 \cdot 1, 2 \cdot 2, \ldots, 2 \cdot \frac{p-1}{2}\}$, die einen negativen kleinsten Rest modulo p haben.

Wir betrachten nun den Fall $p \equiv 1 \bmod 8$ und lassen die restlichen Fälle als Übungsaufgabe, da sie ganz analog verlaufen. Seien $m \in \mathbb{N}$ und $p = 1 + 8 \cdot m$. Aus der Wahl von b folgt $b \leq \frac{1}{4} \cdot (p-1)$ und damit dann

$$\frac{1}{4} \cdot (p-1) = \frac{1}{4} \cdot (1 + 8 \cdot m - 1) = 2 \cdot m.$$

Also ist $b = 2 \cdot m$ und

$$n = \frac{p-1}{2} - b = 4 \cdot m - 2 \cdot m = 2 \cdot m.$$

Mit Lemma 8.6 ist $\left(\frac{2}{p}\right) = (-1)^n = (-1)^{2 \cdot m} = 1$. $\hspace{3cm}$ □

Wir bereiten nun den Hauptsatz dieses Kapitels vor. Er macht Aussagen über Legendre-Symbole, bei denen zwei verschiedene ungerade Primzahlen vorkommen.

Satz 8.9 (Quadratisches Reziprozitätsgesetz[2])

Seien p, q ungerade, verschiedene Primzahlen. Dann ist

$$\left(\frac{p}{q}\right) \cdot \left(\frac{q}{p}\right) = (-1)^{\frac{(p-1)\cdot(q-1)}{4}}.$$

Bevor wir Satz 8.9 beweisen, illustrieren wir den Nutzen mit einem Beispiel .

Beispiel 8.10
Hat die Kongruenz $x^2 \equiv 85 \bmod 97$ eine Lösung?

$$\left(\frac{85}{97}\right) = \left(\frac{17 \cdot 5}{97}\right) \underset{(8.4)}{=} \left(\frac{17}{97}\right) \cdot \left(\frac{5}{97}\right).$$

Da 4 sowohl $17 - 1$ als auch $97 - 1$ teilt, ist nach Satz 8.9

$$\left(\frac{17}{97}\right) = \left(\frac{97}{17}\right) \text{ und } \left(\frac{5}{97}\right) = \left(\frac{97}{5}\right).$$

Weiter ist

$$\left(\frac{97}{17}\right) \underset{(8.4)}{=} \left(\frac{12}{17}\right) = \left(\frac{4 \cdot 3}{17}\right) \underset{(8.4)}{=} \left(\frac{4}{17}\right) \cdot \left(\frac{3}{17}\right) \underset{(8.4)}{=} \left(\frac{3}{17}\right)$$

$$\underset{(8.9)}{=} \left(\frac{17}{3}\right) = \left(\frac{2}{3}\right) \underset{(8.8)}{=} -1 \text{ und}$$

$$\left(\frac{97}{5}\right) = \left(\frac{2}{5}\right) \underset{(8.8)}{=} -1.$$

Also ist $\left(\frac{85}{97}\right) = (-1) \cdot (-1) = 1$. Damit ist 85 ein quadratischer Rest modulo 97. Dieses Beispiel zeigt auch, warum Satz 8.9 „Reziprozitätsgesetz" genannt wird. Schneller wäre es wie folgt gegangen:

$$\left(\frac{85}{97}\right) = \left(\frac{-12}{97}\right) = \left(\frac{-1}{97}\right) \cdot \left(\frac{4}{97}\right) \cdot \left(\frac{3}{97}\right) = \left(\frac{-1}{97}\right) \cdot \left(\frac{3}{97}\right).$$

$$\left(\frac{3}{97}\right) = \left(\frac{97}{3}\right) = \left(\frac{1}{3}\right) = 1.$$

---

[2] Dies ist eins der wichtigsten Resultate der elementaren Zahlentheorie. Gauß hat es „theorema fundamentale" genannt und selbst acht wesentlich verschiedene Beweise angegeben. Inzwischen sind mehr als 150 bekannt. Siehe auch [28].

Also ist $\left(\frac{85}{97}\right) = \left(\frac{-1}{97}\right) = 1$ mit Folgerung 8.5.

🎧 Der Beweis des Gesetzes und das Jacobi-Symbol (▶ sn.pub/gdpIBe)

Wie angekündigt geben wir eine geometrische Version von Lemma 8.6 an.

Lemma 8.11

Seien $a \in \mathbb{N}$, p eine ungerade Primzahl, die a nicht teilt, und $k := \frac{p-1}{2}$. Seien

$$R = \left\{ (x, y) \in \mathbb{R} \times \mathbb{R} \mid 0 \le x \le \frac{p}{2}, 0 \le y \le \frac{a}{2} \right\}$$

und

$$A = \left\{ (b_1, b_2) \in R \mid (b_1, b_2) \in \mathbb{Z} \times \mathbb{Z} \text{ mit } \frac{-p}{2} < a \cdot b_1 - p \cdot b_2 < 0 \right\}.$$

Dann ist $|A|$ genau die Anzahl der Elemente in der Menge $\{1 \cdot a, 2 \cdot a, \ldots, k \cdot a\}$, die negativen kleinsten Rest modulo p haben.

Beweis Zur Veranschaulichung: Die Menge R beschreibt das Rechteck in $\mathbb{R}^2$, welches begrenzt wird von den Geraden $x = \frac{1}{2} \cdot p$ und $y = \frac{1}{2} \cdot a$, und A enthält genau die Menge aller Punkte in R mit ganzzahligen Koeffizienten, die **strikt** zwischen den Geraden $y = \frac{a}{p} \cdot x$ und $y = \frac{a}{p} \cdot x + \frac{1}{2}$ liegen.

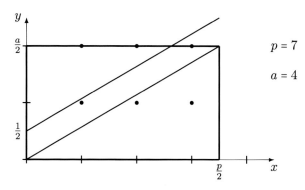

(1) Sei $l \in \{1, ..., k\}$ so, dass $l \cdot a$ einen negativen kleinsten Rest modulo p hat. Dann existiert ein $b \in \mathbb{Z}$ so, dass (l, b) ein Gitterpunkt in A ist.

Beweis Da $l \cdot a$ einen negativen kleinsten Rest modulo p hat, gibt es ein $z \in \mathbb{Z}$ so, dass $l \cdot a \equiv z$ modulo p ist und $-k \leq z \leq -1$. Sei $b \in \mathbb{Z}$ so, dass $l \cdot a = z + b \cdot p$ ist. Wir zeigen, dass $(l, b) \in A$ ist. Dafür müssen wir nachweisen:

$$0 \leq l \leq \frac{p}{2}, \ 0 \leq b \leq \frac{a}{2} \ \text{und} \ \frac{-p}{2} < a \cdot l - b \cdot p < 0.$$

Es ist $0 < l \leq k$ nach Voraussetzung, also $0 < l \leq \frac{(p-1)}{2} < \frac{p}{2}$, und das ist die erste Eigenschaft. Weiter ist $a \in \mathbb{N}$, also $l \cdot a \geq 0$. Da $0 > z = l \cdot a - b \cdot p$ ist, bedeutet das $b > 0$. Nun beachten wir:

$$b \cdot p = l \cdot a - z \leq k \cdot a + k = (a + 1) \cdot \frac{(p - 1)}{2} < (a + 1) \cdot \frac{p}{2},$$

und Kürzen mit p liefert $b < \frac{1}{2} \cdot (a + 1)$. Das bedeutet $b \leq \frac{a}{2}$, da $b \in \mathbb{Z}$ ist. Dies ist die zweite Eigenschaft. Die dritte ist klar, denn nach Wahl von z ist $-k \leq z$, also $\frac{-p}{2} < z = a \cdot l - b \cdot p < 0$. Somit ist $(l, b) \in A$ wie behauptet. ∎

(2) Sei $(l, y) \in A$ ein Gitterpunkt. Dann hat $l \cdot a$ einen negativen kleinsten Rest modulo p.

Beweis Da $(l, y) \in A$ ist, haben wir $0 \leq l \leq \frac{p}{2}, 0 \leq y \leq \frac{a}{2}$ und $\frac{-p}{2} < a \cdot l - p \cdot y < 0$. Angenommen, es sei $l = 0$. Dann ist $\frac{-p}{2} < -p \cdot y < 0$, also $\frac{1}{2} > y > 0$, und das geht nicht, da $y \in \mathbb{Z}$ ist. Also haben wir $1 \leq l \leq \frac{p}{2}$. Sei $z := l \cdot a - p \cdot y$. Dann ist $l \cdot a \equiv z$ modulo p und $\frac{-p}{2} < z < 0$ (siehe oben), also ist $-k \leq z$ und daher z ein kleinster Rest modulo p. Insbesondere hat $l \cdot a$ einen negativen kleinsten Rest modulo p. ∎

(3) Sind $(x, y_1), (x, y_2) \in A$ Gitterpunkte, so sind sie gleich.

Beweis Seien $x, y_1, y_2 \in \mathbb{Z}$ und $(x, y_1), (x, y_2) \in A$. Nach Definition von A ist dann

$$\frac{-p}{2} < a \cdot x - p \cdot y_1 < 0 \ \text{und} \ \frac{-p}{2} < a \cdot x - p \cdot y_2 < 0.$$

Daraus folgt, nach Multiplikation mit (-1), dass $\frac{p}{2} > p \cdot y_2 - a \cdot x > 0$ ist. Zusammen ergibt das

$$\frac{-p}{2} < a \cdot x - p \cdot y_1 + (p \cdot y_2 - a \cdot x) < \frac{p}{2}.$$

Insbesondere ist $\frac{-p}{2} < p \cdot (y_2 - y_1) < \frac{p}{2}$, also ist auch $\frac{-1}{2} < y_2 - y_1 < \frac{1}{2}$. Da y_1, y_2 ganze Zahlen sind, folgt daraus $y_1 = y_2$. ∎

(1) bis (3) sagen uns, dass die Anzahl der Elemente in der Menge $\{1 \cdot a, 2 \cdot a, \ldots, k \cdot a\}$ mit negativem kleinsten Rest modulo p genau die Anzahl der Elemente in A ist, wie behauptet. □

Beweis von Satz 8.9 [3] Sei

$$A := \left\{ (x, y) \in \mathbb{Z} \times \mathbb{Z} \,\middle|\, 0 \le x \le \frac{p}{2}, 0 \le y \le \frac{q}{2}, -\frac{p}{2} < q \cdot x - p \cdot y < 0 \right\}$$

und sei n die Anzahl der Gitterpunkte in A, also die Anzahl der Punkte mit ganzzahligen Koeffizienten. Analog sei

$$B := \left\{ (x, y) \in \mathbb{Z} \times \mathbb{Z} \,\middle|\, 0 \le x \le \frac{q}{2}, 0 \le y \le \frac{p}{2}, \frac{-q}{2} < p \cdot x - q \cdot y < 0 \right\}$$

und sei m die Anzahl der Gitterpunkte in B.

Wenn wir die Rollen von x und y in B vertauschen, ist m auch die Anzahl der Gitterpunkte in

$$B' := \left\{ (x, y) \in \mathbb{Z} \times \mathbb{Z} \,\middle|\, 0 \le y \le \frac{q}{2}, 0 \le x \le \frac{p}{2}, \frac{-q}{2} < p \cdot y - q \cdot x < 0 \right\}.$$

(Wir spiegeln sozusagen B an der Geraden durch $(0, 0)$ und $(1, 1)$.)

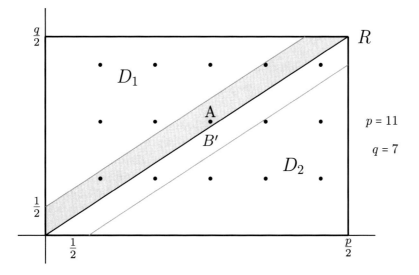

Es liegen A und B' im Rechteck $R := \{ (x, y) \in \mathbb{R} \times \mathbb{R} \mid 0 \le x \le \frac{p}{2}, 0 \le y \le \frac{q}{2} \}$.

Weiterhin sehen wir zwei Dreiecke in R, nämlich $D_1 := \{ (x, y) \in R \mid q \cdot x - p \cdot y \le \frac{-p}{2} \}$ und $D_2 := \{ (x, y) \in R \mid q \cdot x - p \cdot y \ge \frac{q}{2} \}$.

Dann ist die Menge der Gitterpunkte in R, die nicht auf den Achsen liegen, die disjunkte Vereinigung von A und B' mit der Menge der Gitterpunkte von D_1 und D_2 sowie der Geraden $q \cdot x - p \cdot y = 0$. Insbesondere können wir die Anzahl der Gitterpunkte in R ausrechnen:

Auf der Geraden $q \cdot x - p \cdot y = 0$ liegen (in R) keine Gitterpunkte, also addieren wir die Anzahlen der Gitterpunkte in A, B', D_1 und D_2.

---

[3] Diese Beweisidee stammt ursprünglich von Eisenstein, siehe [15].

Wir können die Gitterpunkte in R, die nicht auf den Achsen liegen, aber auch einfach zählen: Es sind genau $\frac{(p-1)}{2} \cdot \frac{(q-1)}{2}$ Stück. Die Bijektion, die jeweils $(x, y) \in D_1$ auf $(\frac{p+1}{2} - x, \frac{q+1}{2} - y) \in D_2$ wirft, bildet Gitterpunkte auf Gitterpunkte ab, also haben D_1 und D_2 gleich viele Gitterpunkte. Wir bezeichnen deren Anzahl mit d. Daraus folgt dann

$$\frac{(p-1)}{2} \cdot \frac{(q-1)}{2} = n + m + 2 \cdot d.$$

Jetzt wenden wir Lemma 8.11 an: $\left(\frac{q}{p}\right) = (-1)^n$ und $\left(\frac{p}{q}\right) = (-1)^m$, also ist

$$\left(\frac{p}{q}\right) \cdot \left(\frac{q}{p}\right) = (-1)^{m+n} = (-1)^{m+n+2 \cdot d} = (-1)^{\frac{(p-1)}{2} \cdot \frac{(q-1)}{2}}$$

wie behauptet.

▶ **Bemerkung 8.12** (a) Bei der praktischen Anwendung auf verschiedene, ungerade Primzahlen p und q sieht das Reziprozitätsgesetz häufig wie folgt aus:

Ist p oder q kongruent zu 1 modulo 4, so ist $\left(\frac{p}{q}\right) = \left(\frac{q}{p}\right)$.

Sind aber p und q **beide** kongruent zu 3 modulo 4, so ist $\left(\frac{p}{q}\right) = -\left(\frac{q}{p}\right)$.

Das leiten wir aus Satz 8.9 ab:

Ist p oder q zu 1 kongruent modulo 4, so ist $\frac{(p-1)}{2} \cdot \frac{(q-1)}{2}$ gerade und daher sind $\left(\frac{p}{q}\right)$ und $\left(\frac{q}{p}\right)$ gleich. Ist aber $p \equiv 3 \equiv q$ modulo 4, so ist $\frac{(p-1)}{2} \cdot \frac{(q-1)}{2}$ ungerade und daher ist $\left(\frac{p}{q}\right) = -\left(\frac{q}{p}\right)$.

(b) Sei q eine ungerade Primzahl. Für welche ungeraden Primzahlen p ist dann q ein quadratischer Rest modulo p? Es sieht so aus, als müssten wir zur Beantwortung dieser Frage alle ungeraden Primzahlen testen, also unendlich viele Zahlen. Das Reziprozitätsgesetz sagt jedoch, dass dem nicht so ist. Wir müssen nur umgekehrt klären, welche ungeraden Primzahlen p ein quadratischer Rest modulo q sind. Da es nur endlich viele Reste modulo q gibt, ist dies ein endliches Problem.

Die Anwendung des Reziprozitätsgesetzes hat einen Nachteil. Selbst wenn wir mit zwei Primzahlen p und q starten, erhalten wir unterwegs, durch Umformungen, Ausdrücke der Form $\left(\frac{n}{p}\right)$, bei denen n keine Primzahl ist. Um weiter fortfahren zu können, müssen wir dann erst n in Primfaktoren zerlegen, und das ist ein schwieriges Problem. Das sogenannte Jacobi-Symbol liefert eine elegante Lösung:

Definition (Jacobi-Symbol)

Sei $n \in \mathbb{N}$ ungerade, $n \geq 3$, seien $k \in \mathbb{N}$ und $p_1, \ldots, p_k \in \mathbb{N}$ Primzahlen so, dass $n = p_1 \cdots p_k$ ist. Wir definieren dann für jedes $a \in \mathbb{Z}$ das **Jacobi-Symbol**[4] $\left(\frac{a}{n}\right)$ durch

$$\left(\frac{a}{n}\right) = \left(\frac{a}{p_1}\right) \cdots \left(\frac{a}{p_k}\right),$$

wobei $\left(\frac{a}{p_i}\right)$ für jedes $i \in \{1, \ldots, k\}$ das Legendre-Symbol bezeichnet. ◄

Das folgende Lemma beweisen wir nicht – es lässt sich schnell aus den Rechenregeln für Legendre-Symbole herleiten.

Lemma 8.13
Für alle $a, b \in \mathbb{Z}$ und alle ungeraden natürlichen Zahlen n gilt:

(a) *Ist $a \equiv b \bmod n$, so ist $\left(\frac{a}{n}\right) = \left(\frac{b}{n}\right)$.*
(b) *$\left(\frac{1}{n}\right) = 1$, $\left(\frac{-1}{n}\right) = (-1)^{\frac{n-1}{2}}$.*
(c) *$\left(\frac{a \cdot b}{n}\right) = \left(\frac{a}{n}\right) \cdot \left(\frac{b}{n}\right)$.*
(d) *Ist a teilerfremd zu n, so ist $\left(\frac{a^2}{n}\right) = 1$.*
(e) *Sind $m, n \in \mathbb{N}$ ungerade und $m, n \geq 3$, so ist*

$$\left(\frac{m}{n}\right) = (-1)^{\left(\frac{m-1}{2}\right) \cdot \left(\frac{n-1}{2}\right)} \cdot \left(\frac{n}{m}\right).$$

Jedes Legendre-Symbol ist auch ein Jacobi-Symbol. Mit diesen Rechenregeln können daher Legendre-Symbole berechnet werden, ohne in jedem Schritt die unten stehende Zahl auf Primalität testen zu müssen.

Vorsicht! Die Eigenschaft aus Lemma 8.2 lässt sich nicht auf das Jacobi-Symbol verallgemeinern! Zum Beispiel ist

$$\left(\frac{7}{15}\right) = \left(\frac{7}{3}\right) \cdot \left(\frac{7}{5}\right) = \left(\frac{1}{3}\right) \cdot \left(\frac{2}{5}\right) = 1 \cdot (-1) = -1,$$

aber $7^{\left(\frac{15-1}{2}\right)} = 7^7 \equiv 4^3 \cdot 7 \equiv 4 \cdot 7 \equiv -2 \not\equiv -1$ modulo 15.

Auch zeigt das Jacobi-Symbol $\left(\frac{n}{m}\right)$ nicht an, ob n ein quadratischer Rest modulo m. Ist es gleich -1, so ist n kein quadratischer Rest modulo m. Allerdings ist

---

[4] Carl Gustav Jacob Jacobi, *10.12.1804 Potsdam, †18.2.1851 Berlin, war Professor in Königsberg und später Mitglied der Königlich Preußischen Akademie der Wissenschaften. Er arbeitete in der Analysis, der mathematischen Physik und in der Zahlentheorie. Als Erster wandte er elliptische Funktionen in der Zahlentheorie an. Es wurden nicht nur mehrere mathematische Begriffe nach ihm benannt, sondern auch ein Krater auf dem Mond und ein Asteroid. Wikipedia 2022.

$$\left(\frac{2}{15}\right) = \left(\frac{2}{5}\right) \cdot \left(\frac{2}{3}\right) = (-1) \cdot (-1) = 1,$$

obwohl 2 kein quadratischer Rest modulo 15 ist.

Übungsaufgaben

8.1 Seien $a, n \in \mathbb{N}$, $n > 1$ und $a^n - 1$ eine Primzahl. Zeige, dass dann $a = 2$ und n eine Primzahl ist. (Primzahlen der Gestalt $2^n - 1$ heißen **Mersenne–Primzahlen**.)

Ist für jede Primzahl $n \in \mathbb{N}$ bereits $2^n - 1$ eine Primzahl?

8.2 Fermat–Primzahlen sind Primzahlen der Gestalt $2^n + 1$ mit $n \in \mathbb{N}$.

Beweise: Wenn $2^n + 1$ eine Primzahl ist, so ist n eine Potenz von 2. Gilt die Umkehrung?

8.3 Beweise, dass es keine natürliche Zahl n gibt so, dass $3^n - 2 \cdot n + 1$ eine Quadratzahl ist.

8.4 Sei $a = 849$. Haben die folgenden Kongruenzen in $\mathbb{Z}$ eine Lösung?

(a) $x^2 \equiv a \bmod 9800$.
(b) $x^2 \equiv a \bmod 10.160$.

8.5 Berechne das Legendre Symbol $\left(\frac{2019}{44.021}\right)$.

8.6 Bestimme alle Primzahlen p, für die -5 ein quadratischer Rest ist.

8.7 Seien p eine ungerade Primzahl und $a, b \in \mathbb{Z}$ beide teilerfremd zu p.

Zeige: Es hat $a \cdot x^2 + b \cdot y^2 \equiv 0 \bmod p$ genau dann eine Lösung $x, y \in \mathbb{Z}$, beide teilerfremd zu p, wenn $\left(\frac{a}{p}\right) = \left(\frac{-b}{p}\right)$ ist.

8.8 Sei $p \neq 3$ eine ungerade Primzahl. Zeige, dass $\left(\frac{3}{p}\right) = 1$ ist für alle p, die modulo 12 zu 1 oder -1 kongruent sind und dass $\left(\frac{3}{p}\right) = -1$ ist für alle p, die modulo 12 zu 5 oder -5 kongruent sind.

8.9 Bestimme alle $a \in \mathbb{N}$ mit der Eigenschaft, dass für ein geeignetes $k \in \mathbb{Z}$ die Zahl $a + 29 \cdot k$ eine Quadratzahl ist.

8.10 Zeige, dass es unendlich viele Primzahlen p mit der Eigenschaft $p \equiv 1 \bmod 4$ gibt.

Hinweis Angenommen, es gebe nur endlich viele, bezeichnet mit $p_1, ..., p_m$. Betrachte $n := (2 \cdot p_1 \cdots p_m)^2 + 1$ und zeige, dass -1 ein Quadrat für jeden Primteiler p von n ist.

8.11   Sei $a \in \mathbb{Z}$. Zeige: $(\frac{a}{3}) \equiv a \bmod 3$.

8.12   Sei $p \in \mathbb{N}$ eine ungerade Primzahl und sei $a \in \mathbb{Z}$ so, dass $p \cdot \mathbb{Z} + a$ ein Erzeuger der multiplikativen Gruppe des Körpers $\mathbb{Z}/p \cdot \mathbb{Z}$ ist.

Zeige: a ist kein quadratischer Rest modulo p.

8.13   Behandle die Fälle $p \equiv -1 \bmod 8$, $p \equiv 3 \bmod 8$ und $p \equiv -3 \bmod 8$ aus Lemma 8.8.

Lösbarkeit von Gleichungen

9

🎧 Motivation und der Ring der Ganzen Gaußschen Zahlen (▶ sn.pub/Scff2q)

In diesem Kapitel wenden wir unsere Resultate über Ringe und quadratische Reste an, um die Lösbarkeit einiger Gleichungen zu untersuchen. Hier sind ein paar Fragen:

1. *Für welche natürlichen Zahlen n hat die Gleichung $x^2 + y^2 = n$ ganzzahlige Lösungen?*
2. *Welche ganzzahligen Lösungen hat die Gleichung $x^2 + y^2 = z^2$?*
3. *Seien $a, b, c \in \mathbb{Z}$ und $p \in \mathbb{N}$ prim. Wann gibt es ganzzahlige Lösungen für Gleichungen des Typs $a \cdot x + b \cdot y + c = 0$ oder $x^2 + p \cdot y + a = 0$?*

Betrachten wir zunächst eine Variante der ersten Gleichung, und zwar

$$n = x^2 - y^2.$$

Dann faktorisieren wir in $\mathbb{Z}$:

$$n = x^2 - y^2 = (x - y) \cdot (x + y).$$

Nun bekommen wir alle Lösungen, indem wir n als Produkt $a \cdot b$ schreiben und dann für alle möglichen $a, b \in \mathbb{Z}$ einfach x und y berechnen als $x = \frac{a+b}{2}$ und $y = \frac{b-a}{2}$. Beim Übergang von einer Summe in $\mathbb{Z}$ zu einem Produkt können wir uns die Primfaktorzerlegung in $\mathbb{Z}$ zunutze machen.

Bei der Originalgleichung $x^2 + y^2 = n$ kommen wir aber in $\mathbb{Z}$ nicht weiter, sondern müssen in einem größeren Ring arbeiten. In $\mathbb{Z}[i]$ haben wir die Faktorisierung

$$n = x^2 + y^2 = (x + yi) \cdot (x - yi).$$

© Der/die Autor(en), exklusiv lizenziert an Springer Nature Switzerland AG 2023
G. Stroth und R. Waldecker, *Elementare Algebra und Zahlentheorie*, Mathematik Kompakt,
https://doi.org/10.1007/978-3-031-39771-4_9

In Wirklichkeit fragen wir also, *welche natürlichen Zahlen als Norm einer ganzen Gauß-schen Zahl vorkommen!* (Vgl. Beispiel 2.9)

Um diese Frage zu beantworten, müssen wir uns den Ring $\mathbb{Z}[i]$ noch genauer anschauen. Das wird uns auch bei der Behandlung der zweiten Gleichung helfen. Zur Erinnerung: $\mathbb{Z}[i]$ ist euklidisch und insbesondere faktoriell. Wir klassifizieren nun die Einheiten und die irreduziblen Elemente in diesem Ring. Um die Formulierungen zu vereinfachen, schreiben wir hier für Zerlegungen in Einheiten und irreduzible Elemente nur „Primfaktorzerlegung".

Lemma 9.1

Seien $\alpha, \beta \in \mathbb{Z}[i]$.

(a) $N(\alpha \cdot \beta) = N(\alpha) \cdot N(\beta)$.

(b) $N(\alpha) = 1$ *genau dann, wenn α eine Einheit ist.*

(c) *Die Einheiten von $\mathbb{Z}[i]$ sind genau 1, -1, i und $-i$.*

(d) *Falls α irreduzibel ist in $\mathbb{Z}[i]$, dann ist auch α^* irreduzibel.*

(e) *Ist $k \in \mathbb{N}_0$, $\varepsilon \in \mathbb{Z}[i]$ eine Einheit und $\alpha = \varepsilon \cdot \gamma_1 \cdots \gamma_k$ eine Primfaktorzerlegung von α in $\mathbb{Z}[i]$, so ist $\alpha^* = \varepsilon^* \cdot \gamma_1^* \cdots \gamma_k^*$ eine Primfaktorzerlegung von α^* in $\mathbb{Z}[i]$.*

Beweis Für alle $\gamma \in \mathbb{C}$ ist $N(\gamma) = \gamma \cdot \gamma^*$. Also haben wir

$$N(\alpha \cdot \beta) = (\alpha \cdot \beta) \cdot (\alpha \cdot \beta)^* = \alpha \cdot \alpha^* \cdot \beta \cdot \beta^* = N(\alpha) \cdot N(\beta).$$

Für (b) setzen wir zuerst voraus, dass $N(\alpha) = 1$ ist. Ist $\alpha = a_1 + a_2 i$, so ist $1 = a_1^2 + a_2^2 = (a_1 + a_2 i) \cdot (a_1 - a_2 i)$. Wegen $a_1 - a_2 i \in \mathbb{Z}[i]$ ist α ein Teiler von 1 in $\mathbb{Z}[i]$, also invertierbar und damit eine Einheit.

Ist umgekehrt α eine Einheit, so hat α ein Inverses α^{-1} in $\mathbb{Z}[i]$ und es folgt $1 = N(1) = N(\alpha \cdot \alpha^{-1}) = N(\alpha) \cdot N(\alpha^{-1})$ mit (a). Aber der einzige Teiler von 1 in $\mathbb{N}_0$ ist 1, d. h. $N(\alpha) = 1$.

Jetzt wenden wir das an für (c):

Sei $\varepsilon = e_1 + e_2 i$ eine Einheit von $\mathbb{Z}[i]$. Dann ist $N(\varepsilon) = 1$ mit (b), also $1 = e_1^2 + e_2^2$. Da e_1^2 und e_2^2 ganze, nicht-negative Zahlen sind, gibt es nur die Möglichkeiten $e_1^2 = 1$ und $e_2^2 = 0$ oder $e_1^2 = 0$ und $e_2^2 = 1$. Das bedeutet $e_1 \in \{1, -1\}$ und $e_2 = 0$ oder $e_1 = 0$ und $e_2 \in \{1, -1\}$ und liefert die Möglichkeiten $\varepsilon \in \{1, -1, i, -i\}$.

Für (d) sei α irreduzibel in $\mathbb{Z}[i]$ und es seien $\gamma, \delta \in \mathbb{Z}[i]$ so, dass $\alpha^* = \gamma \cdot \delta$ ist. Zuerst halten wir fest, dass mit (c) die komplex Konjugierten von Einheiten selbst wieder Einheiten sind, daher ist α^* weder Null noch eine Einheit. Da komplexe Konjugation mit der Multiplikation in $\mathbb{Z}[i]$ verträglich ist, erhalten wir $\alpha = (\alpha^*)^* = \gamma^* \cdot \delta^*$, also sind γ^* und δ^* Einheiten oder zu α assoziiert. Wieder durch Anwendung von komplexer Konjugation folgt, dass dann γ und δ Einheiten oder zu α^* assoziiert sind. Jetzt folgt (e) aus (d) und (c), denn die Eigenschaften, eine Einheit oder irreduzibel zu sein, bleiben bei komplexer Konjugation erhalten. $\qquad\square$

Lemma 9.2

Sei $\alpha \in \mathbb{Z}[i]$. Ist $N(\alpha)$ eine Primzahl, so ist α irreduzibel in $\mathbb{Z}[i]$.

Beweis Sei $\alpha = \beta \cdot \gamma$ mit $\beta, \gamma \in \mathbb{Z}[i]$. Lemma 9.1 (a) liefert $N(\alpha) = N(\beta) \cdot N(\gamma)$. Da $N(\alpha)$ eine Primzahl ist, besitzt $N(\alpha)$ genau zwei natürliche Teiler, nämlich 1 und sich selbst. Das ergibt zwei Fälle: Falls $N(\beta) = 1$ ist und $N(\gamma) = N(\alpha)$, dann ist β eine Einheit und γ assoziiert zu α, mit Lemma 9.1 (b). Falls $N(\gamma) = 1$ ist und $N(\beta) = N(\alpha)$, so ist γ eine Einheit und β assoziiert zu α. □

Lemma 9.3

Sei $p \in \mathbb{N}$ eine Primzahl.
  Ist $p = 2$ oder $p \equiv 1$ modulo 4, so ist p nicht irreduzibel in $\mathbb{Z}[i]$.
  Ist dagegen $p \equiv 3$ modulo 4, so ist p irreduzibel in $\mathbb{Z}[i]$.

Beweis Wir wissen bereits, dass 2 weder 0 noch eine Einheit ist und dass $2 = (1+i) \cdot (1-i)$ ist. Diese beiden Faktoren sind keine Einheiten, also ist 2 nicht irreduzibel in $\mathbb{Z}[i]$.

Ist $p \equiv 1$ modulo 4, so gibt es ein $z \in \mathbb{Z}$ so, dass $z^2 + 1$ durch p teilbar ist in $\mathbb{Z}$ (Lemma 8.5). Es ist p daher ein Teiler von $z^2 + 1 = (z+i) \cdot (z-i)$ in $\mathbb{Z}[i]$. Wäre p irreduzibel in $\mathbb{Z}[i]$, so wäre p auch prim (nach Satz 3.21), d.h. p wäre ein Teiler von $z + i$ oder $z - i$ in $\mathbb{Z}[i]$. Sei $a + bi \in \mathbb{Z}[i]$ so, dass $z + i = p \cdot (a + bi)$ ist. Das bedeutet dann $p \cdot b = 1$, was aber in $\mathbb{Z}$ unmöglich ist. Aus dem gleichen Grund ist p auch kein Teiler von $z - i$. Daher ist p nicht irreduzibel in $\mathbb{Z}[i]$.

Sei jetzt $p \equiv 3$ modulo 4. Dann schreiben wir $p = \alpha \cdot \beta$ mit $\alpha, \beta \in \mathbb{Z}[i]$ und nehmen an, dass α und β nicht assoziiert sind zu p und auch keine Einheiten. Nun ist $p^2 = N(p) = N(\alpha) \cdot N(\beta)$. Wäre $N(\alpha) = 1$, so wäre α eine Einheit nach Lemma 9.1. Wäre $N(\alpha) = p^2$, so wäre $N(\beta) = 1$ und β eine Einheit. Beides ist nicht möglich, also folgt $N(\alpha) = N(\beta) = p$. Seien $x, y \in \mathbb{Z}$ und $\alpha = x + yi$. Dann ist $p = N(\alpha) = x^2 + y^2$. Da Quadratzahlen kongruent zu 0 oder 1 sind modulo 4 (siehe Beispiel 7.20), ist $x^2 + y^2$ kongruent zu 0, 1 oder 2 modulo 4. Dies widerspricht der Voraussetzung an p, also ist p irreduzibel in $\mathbb{Z}[i]$. □

Lemma 9.4

Sei $p \in \mathbb{N}$ eine Primzahl und sei $p \equiv 1$ modulo 4. Dann gibt es ein $\alpha \in \mathbb{Z}[i]$ mit folgenden Eigenschaften:

$$\alpha \ \ ist \ \ irreduzibel \ \ in \ \ \mathbb{Z}[i] \ und \ \alpha \cdot \alpha^* = p.$$

Beweis Wir wissen aus Lemma 9.3, dass p selbst nicht irreduzibel ist. Da p weder 0 noch eine Einheit ist, gibt es also $\alpha, \beta \in \mathbb{Z}[i]$, beide keine Einheiten, mit der Eigenschaft $p = \alpha \cdot \beta$. Mit Lemma 9.1 ist $N(\alpha) \neq 1 \neq N(\beta)$. Weiter ist $p^2 = N(p) = N(\alpha) \cdot N(\beta)$, also bleibt als einzige Möglichkeit $N(\alpha) = N(\beta) = p$. Nach Definition ist dann $p = N(\alpha) = \alpha \cdot \alpha^*$, und Lemma 9.2 liefert, dass α irreduzibel in $\mathbb{Z}[i]$ ist. $\qquad\square$

> **Satz 9.5 (Charakterisierung der irreduziblen Elemente von $\mathbb{Z}[i]$)**
> *Es ist $\alpha \in \mathbb{Z}[i]$ irreduzibel genau dann, wenn eine der folgenden Möglichkeiten auf α zutrifft:*
> (a) *α ist assoziiert zu $1 + i$.*
> (b) *α ist assoziiert zu einer Primzahl $p \in \mathbb{N}$ mit der Eigenschaft $p \equiv 3$ modulo 4.*
> (c) *Es gibt eine Primzahl $p \in \mathbb{N}$ so, dass $p \equiv 1$ modulo 4 ist teilbar ist und dass α assoziiert ist zu einem irreduziblen Teiler von p in $\mathbb{Z}[i]$.*

Beweis Zuerst zeigen wir, dass die Elemente aus (a), (b), (c) tatsächlich irreduzibel sind. $N(1 + i) = 1^2 + 1^2 = 2$ ist eine Primzahl, mit Lemma 9.2 ist daher $1 + i$ irreduzibel in $\mathbb{Z}[i]$. Assoziierte von Irreduziblen sind selbst irreduzibel. Die Elemente aus (b) und (c) sind irreduzibel mit Lemma 9.3 bzw. nach Voraussetzung.

Sei jetzt $\alpha \in \mathbb{Z}[i]$ ein beliebiges irreduzibles Element. Sei p eine Primzahl, die $N(\alpha)$ in $\mathbb{Z}$ teilt. Insbesondere ist p weder 0 noch eine Einheit in $\mathbb{Z}[i]$. Nun können wir, da $\mathbb{Z}[i]$ faktoriell ist, ein irreduzibles Element $\beta \in \mathbb{Z}[i]$ finden, das p in $\mathbb{Z}[i]$ teilt. Da $N(\alpha) = \alpha \cdot \alpha^*$ ist, ist jetzt β ein Teiler von $\alpha \cdot \alpha^*$ in $\mathbb{Z}[i]$. Aber β ist irreduzibel, mit Lemma 3.24 auch prim, d. h. β teilt α oder α^*, die beide ebenfalls irreduzibel sind. Nun muss β zu α oder zu α^* assoziiert sein.

1. Fall: $p = 2$. Dann ist β (und damit auch α) assoziiert zu $1 + i$ oder zu $1 - i = (1 + i) \cdot (-i)$, den einzigen irreduziblen Teilern von 2 (bis auf Assoziierte). Daraus folgt (a).

2. Fall: $p \equiv 3$ modulo 4. Dann ist p irreduzibel in $\mathbb{Z}[i]$ mit Lemma 9.3, also ist β zu p assoziiert und damit auch α, wie in (b).

3. Fall: $p \equiv 1$ modulo 4. Da $\mathbb{Z}[i]$ faktoriell ist, liefert Lemma 9.4 dann $\beta \cdot \beta^* = p$, es ist also α assoziiert zu einem irreduziblen Teiler von p in $\mathbb{Z}[i]$. Dies ist (c). $\qquad\square$

 Summen von Quadraten (▶ sn.pub/RkaU1w)

Der folgende Satz wird mit mehreren Personen verknüpft, u. a. Fermat und Euler, und hat daher unterschiedliche Bezeichnungen. Siehe auch [31] dazu.

> **Satz 9.6 (Summe von Quadraten)**
>
> *Sei $k \in \mathbb{N}$, und sei eine Primfaktorzerlegung von k in $\mathbb{Z}$ gegeben in folgender Form: Es seien $j, n, m, e_1, \ldots, e_n, l_1, \ldots, l_m \in \mathbb{N}_0$, es seien weiter $p_1, \ldots, p_n$, $q_1, \ldots, q_m \in \mathbb{N}$ paarweise verschiedene Primzahlen, wobei $p_1, \ldots, p_n$ kongruent zu 3 sind modulo 4 und $q_1, \ldots, q_m$ kongruent zu 1 sind modulo 4. Schließlich sei*
>
> $$k = 2^j \cdot p_1^{e_1} \cdots p_n^{e_n} \cdot q_1^{l_1} \cdots q_m^{l_m}.$$
>
> *Genau dann kann k als Summe zweier Quadrate geschrieben werden, wenn die Zahlen $e_1, \ldots, e_n$ alle gerade sind.*

Beweis Zuerst zeigen wir eine Hilfsbehauptung.

(∗) Falls sich $a, b \in \mathbb{N}$ als Summe zweier Quadrate schreiben lassen, dann auch $a \cdot b$.

Ist nämlich $a = x^2 + y^2$ mit $x, y \in \mathbb{N}$, so ist $a = N(x + yi)$. Genauso existieren $v, w \in \mathbb{N}$ mit $b = v^2 + w^2 = N(v + wi)$. Aber mit Lemma 9.1 (a) ist $a \cdot b = N(x + yi) \cdot N(v + wi) = N((x + yi) \cdot (v + wi))$, und das ist eine Summe zweier Quadrate. ∎

Wir wissen außerdem: Die Primzahlen $q_1, \ldots, q_m$ tauchen als Norm eines irreduziblen Elements in $\mathbb{Z}[i]$ auf (nach Lemma 9.4), d. h. sie sind Summe zweier Quadrate.

Für die erste Beweisrichtung setzen wir voraus, dass alle $e_1, \ldots, e_n$ gerade sind. Dann sind $p_1^{e_1}, \ldots, p_n^{e_n}$ jeweils Summen zweier Quadrate, denn für jedes $i \in \{1, \ldots, n\}$ ist $p_i^{e_i} = (p_i^{\frac{e_i}{2}})^2 + 0^2$. Weiter ist $2 = 1 + 1$ Summe zweier Quadrate, mit (∗) also auch jede Potenz von 2 und daher das Produkt $2^j \cdot p_1^{e_1} \cdots p_n^{e_n}$. Wieder mit (∗) sind $q_1^{l_1}, \ldots, q_m^{l_m}$ Summe zweier Quadrate, und dann auch das ganze Produkt.

Sei umgekehrt $k = x^2 + y^2$ mit $x, y \in \mathbb{N}$. Dann ist $k = (x + yi) \cdot (x - yi)$ in $\mathbb{Z}[i]$. Seien $i \in \{1, \ldots, n\}$ und $p := p_i, e := e_i$. Sei $r \in \mathbb{N}$ teilerfremd zu p in $\mathbb{Z}$ und so, dass $k = p^e \cdot r$ ist.

Angenommen, p sei ein Teiler von r in $\mathbb{Z}[i]$. Nach Lemma 9.1 (a) ist dann $N(p)$ ein Teiler von $N(r)$ in $\mathbb{Z}$, also ist p^2 ein Teiler von r^2. Aber p ist prim, es teilt dann also auch r in $\mathbb{Z}$. Widerspruch! Also sind p und r teilerfremd in $\mathbb{Z}[i]$, und mit Lemma 9.3 ist p irreduzibel in $\mathbb{Z}[i]$. Faktorisieren wir r und p^e jeweils in ein Produkt von irreduziblen Elementen in $\mathbb{Z}[i]$, so erhalten wir eine Zerlegung in Irreduzible von k. In dieser Zerlegung taucht p genau e-mal auf.

Andererseits erhalten wir eine Faktorisierung in Irreduzible von $k = (x + yi) \cdot (x - yi)$, indem wir $x + yi$ in Irreduzible zerlegen und dann, mit Lemma 9.1 (e), mit komplexer Konjugation daraus eine Zerlegung für $x - yi$ bekommen. Da $p = p^*$ ist, taucht p in $(x + yi)$ und $(x - yi)$ gleich oft auf. Also ist e gerade, wie behauptet. $\qquad\square$

Damit haben wir die erste eingangs erwähnte Gleichung vollständig behandelt. Insbesondere haben wir gesehen, dass jede Primzahl p mit der Eigenschaft $p \equiv 1 \mod 4$ eine Summe von zwei Quadraten ist. Es gilt aber sogar noch mehr:

> **Satz 9.7**
>
> *Sei $p \in \mathbb{N}$ eine Primzahl und $p \equiv 1 \mod 4$. Dann ist p bis auf die Reihenfolge der Summanden eindeutig als Summe zweier Quadrate darstellbar.*

Beweis Seien $a, b, x, y \in \mathbb{N}_0$ und $p = x^2 + y^2 = a^2 + b^2$. Da p eine Primzahl ist, sind $a, b, x, y \in \mathbb{N}$ und daraus folgt dann $x, y, a, b < \sqrt{p}$. Außerdem sind x und y teilerfremd in $\mathbb{Z}$, da jeder gemeinsame Teiler auch p teilt und dann nur $1, -1, p$ und $-p$ in Frage kommen.

Ferner ist p ungerade und daher können wir die Bezeichnungen so wählen, dass x, b ungerade sind und y, a gerade. Es gilt

$$x^2 \cdot a^2 - y^2 \cdot b^2 = (x^2 + y^2 - y^2) \cdot a^2 - y^2 \cdot b^2 = (x^2 + y^2) \cdot a^2 + (-y^2) \cdot (a^2 + b^2)$$
$$= (x^2 + y^2) \cdot a^2 + (-y^2) \cdot (x^2 + y^2) = (x^2 + y^2) \cdot (a^2 - y^2).$$

Jetzt folgt, dass $p = x^2 + y^2$ ein Teiler von $x^2 \cdot a^2 - y^2 \cdot b^2$ ist. Also ist p ein Teiler von $(x \cdot a - y \cdot b) \cdot (x \cdot a + y \cdot b)$, und das führt zu zwei Fällen.

1. Fall: p teilt $x \cdot a + y \cdot b$.

Die Zahl $x \cdot a + y \cdot b$ ist gerade und liegt echt zwischen 0 und $2p$, da $x, y, a, b < \sqrt{p}$ gilt. Da p ungerade ist, ist nun $x \cdot a + y \cdot b$ durch $2p$ teilbar, ist gleichzeitig echt kleiner als $2p$ und liegt in $\mathbb{N}$, und das ist nicht möglich.

2. Fall: p teilt $x \cdot a - y \cdot b$.

Ist $x \cdot a - y \cdot b \neq 0$, so erhalten wir wie eben, dass $x \cdot a - y \cdot b$ durch $2 \cdot p$ teilbar ist. Da $|x \cdot a - y \cdot b| < 2 \cdot p$ ist, ist das aber unmöglich. Somit folgt $x \cdot a - y \cdot b = 0$. Jetzt erinnern wir uns, dass x und y teilerfremd sind. Damit erhalten wir: x teilt $y \cdot b$ und damit b, und umgekehrt ist y ein Teiler von $x \cdot a$, also von a. Das geht nur, wenn $x = b$ ist und $y = a$. $\square$

Interessant ist, dass auch die Umkehrung gilt:

> **Satz 9.8**
>
> *Sei $n \in \mathbb{N}$, $n \equiv 1 \mod 4$ und $n \neq 1$. Seien $x, y \in \mathbb{N}_0$ so, dass $n = x^2 + y^2$ ist. Falls dies bis auf Reihenfolge der Summanden die einzige Möglichkeit ist, n als Summe zweier Quadrate zu schreiben, und falls zusätzlich x, y teilerfremd sind in $\mathbb{Z}$, dann ist n eine Primzahl.*

Beweis Angenommen, das sei falsch und es sei n keine Primzahl. Da wir n als Summe von zwei Quadraten schreiben können, ist Satz 9.6 anwendbar. Danach kommen alle Primteiler p von n mit der Eigenschaft $p \equiv 3 \mod 4$ mit geradem Exponenten in der Primfaktorzerlegung von n vor. Sei p ein Primteiler von n und sei p^2 ein Teiler von n in $\mathbb{Z}$, und sei $m \in \mathbb{N}$ so, dass $n = p^2 \cdot m$ ist. Wieder nach Satz 9.6 ist auch m als Summe zweier Quadrate darstellbar. Seien also $u, v \in \mathbb{N}_0$ so, dass $m = u^2 + v^2$ ist. Insgesamt ist dann $n = (p \cdot u)^2 + (p \cdot v)^2$, und wir haben damit eine laut Voraussetzung nicht erlaubte Darstellung von n gefunden. Dieser Widerspruch zeigt, dass n quadratfrei ist. Wir beachten noch, dass n laut Voraussetzung ungerade ist und sehen mit Satz 9.6, dass jetzt alle Primteiler von n kongruent zu 1 modulo 4 sind und nur mit dem Exponenten 1 vorkommen.

Nach Annahme ist n keine Primzahl, deshalb finden wir $n_1, n_2 \in \mathbb{N}$, $n_1, n_2 \geq 2$ und so, dass $n = n_1 \cdot n_2$ ist. Nach Satz 9.6 gibt es $a, b, c, d \in \mathbb{N}_0$ so, dass gilt:

$$n_1 = a^2 + b^2, n_2 = c^2 + d^2.$$

Also ist

$$n = (a^2 + b^2) \cdot (c^2 + d^2).$$

Dann erhalten wir auch

$$n = (a \cdot c + b \cdot d)^2 + (a \cdot d - b \cdot c)^2 \text{ und } n = (a \cdot d + b \cdot c)^2 + (a \cdot c - b \cdot d)^2.$$

Dies sind Summen mit teilerfremden Summanden, weil n quadratfrei ist. Nach Voraussetzung sind dann beide Darstellungen als Summen von Quadraten bis auf die Reihenfolge der Summanden gleich.

1. Fall: $a \cdot c + b \cdot d = a \cdot d + b \cdot c$.

Dann ist $(a - b) \cdot (c - d) = 0$, was $a = b$ oder $c = d$ liefert. Somit ist n_1 oder n_2 beide gerade und dann auch n. Das ist ein Widerspruch.

2. Fall: $a \cdot c + b \cdot d = a \cdot c - b \cdot d$ oder $a \cdot c + b \cdot d = -(a \cdot c - b \cdot d)$.

Dann erhalten wir, dass eine der Zahlen a, b, c, d gleich Null ist, und wieder ist n nicht quadratfrei. Dieser Widerspruch zeigt, dass n doch eine Primzahl ist. $\qquad\square$

▶ **Bemerkung 9.9** Die Zahl 125 hat zwei verschiedene Darstellungen als Summe von zwei Quadraten: $125 = 100 + 25 = 4 + 121$. Aber es gibt nur eine Darstellung, in der die Summanden teilerfremd sind.

Betrachten wir Summen von drei Quadraten, so sehen wir, dass sich zum Beispiel $14 = 3^2 + 2^2 + 1^2$ so darstellen lässt, 7 jedoch nicht. Tatsächlich ist es nicht schwierig, zu zeigen, dass für alle $a, b \in \mathbb{N}_0$ die Zahl $4^a \cdot (8 \cdot b + 7)$ nicht als Summe dreier Quadrate darstellbar ist. Überraschend ist daher, dass Lagrange 1770 beweisen konnte (siehe [22]):

Jede natürliche Zahl ist Summe von vier Quadraten.

🎧 Die Gleichung $x^2 + y^2 = z^2$ und lineare Kongruenzen (▶ sn.pub/Cn9gUF)

Bevor wir zur nächsten Gleichung kommen, $x^2 + y^2 = z^2$, beweisen wir einen Hilfssatz:

Satz 9.10
Sei R ein faktorieller Ring, in dem $0_R \neq 1_R$ gilt, und seien $a, b, c \in R \setminus \{0_R\}$ und $k \in \mathbb{N}_0$. Weiter seien a und b teilerfremd in R, und $a \cdot b$ sei assoziiert zu c^k. Dann sind a und b assoziiert zu k-ten Potenzen in R.

Beweis Sei $n \in \mathbb{N}_0$ die Anzahl der irreduziblen Faktoren in einer Zerlegung von c. Diese Anzahl ist wohldefiniert, da R faktoriell ist. Wir argumentieren mit Induktion über n. Ist $n = 0$, so ist c eine Einheit, also sind auch a und b Einheiten. Damit sind a und b zu $1_R = (1_R)^k$ assoziiert.

Sei jetzt $n \geq 1$ und sei der Satz richtig für Elemente von R, die in ihrer Zerlegung höchstens $n - 1$ irreduzible Faktoren haben. Sei dann $p \in R$ ein irreduzibler Teiler von c. Dann ist p^k ein Teiler von c^k, also auch von $a \cdot b$. Insbesondere ist p ein Teiler von $a \cdot b$ und aus Lemma 3.24 folgt, dass a oder b durch p teilbar ist.

Wir betrachten jetzt den Fall, dass p ein Teiler von a ist. Der Fall, dass b von p geteilt wird, verläuft entsprechend. Da a und b teilerfremd sind in R und p ein Teiler von a ist, ist p kein Teiler von b. Andererseits ist p^k ein Teiler von $a \cdot b$, es ist also p^k ein Teiler von a. Seien $a_0, c_0 \in R$ so, dass $a = a_0 \cdot p^k$ ist und $c = c_0 \cdot p$. Dann haben wir $c^k = c_0^k \cdot p^k$ und daher ist $a_0 \cdot b$ assoziiert zu c_0^k mit Lemma 2.6 (b). Nun hat c_0 einen irreduziblen Faktor weniger in der Zerlegung in irreduzible Faktoren als c, und daher sind per Induktionsvoraussetzung a_0 und b zu k-ten Potenzen in R assoziiert. Ist $d \in R$ so, dass a_0 assoziiert zu d^k ist in R, so ist $a = a_0 \cdot p^k$ assoziiert zu $d^k \cdot p^k = (d \cdot p)^k$. Folglich ist auch a zu einer k-ten Potenz assoziiert. □

▶ **Bemerkung 9.11** Der Satz wird **falsch,** wenn „assoziiert" durch „gleich" ersetzt wird. In $\mathbb{Z}$ ist zum Beispiel $6^2 = 36 = (-4) \cdot (-9)$. Die Zahlen -4 und -9 sind teilerfremd und assoziiert zu Quadraten, aber keine Quadrate.

Satz 9.12 (Euklid[1])

Die Gleichung $x^2 + y^2 = z^2$ hat unendlich viele ganzzahlige Lösungen. Genauer: Sind $x, y, z \in \mathbb{Z}$, so ist das Tripel (x, y, z) eine Lösung der Gleichung genau dann, wenn es $a, b, d \in \mathbb{Z}$ gibt wie folgt:

$$\{x, y\} = \{(a^2 - b^2) \cdot d, 2 \cdot a \cdot b \cdot d\} \text{ und } z \in \{(a^2 + b^2) \cdot d, -(a^2 + b^2) \cdot d\}.$$

Beweis Sind $a, b, d \in \mathbb{Z}$ und

$$\{x, y\} = \{(a^2 - b^2) \cdot d, 2 \cdot a \cdot b \cdot d\}$$

sowie

$$z \in \{(a^2 + b^2) \cdot d, -(a^2 + b^2) \cdot d\},$$

so zeigt eine kleine Rechnung, dass $x^2 + y^2 = z^2$ ist.

$$\text{Umgekehrt seien jetzt } x, y, z \in \mathbb{Z} \text{ so, dass } x^2 + y^2 = z^2 \text{ gilt.} \tag{$*$}$$

Wir zeigen, dass es dann $a, b, d \in \mathbb{Z}$ mit den im Satz angegebenen Möglichkeiten gibt. Falls $x = 0$ ist, dann ist $y \in \{z, -z\}$, und das entspricht dem Fall $d = y$, $b = 0$ und $a = 1$. Im anderen Fall, $y = 0$, läuft es genau so.

Ab jetzt seien also x, y, z von 0 verschieden.

Bevor es losgeht, sei d ein ggT von x und y in $\mathbb{Z}$. Falls d eine Einheit ist, seien $x_0 := x$ und $y_0 := y$. Andernfalls seien $x_0, y_0 \in \mathbb{Z}$ so, dass $x = x_0 d$ ist und $y = y_0 d$. Jetzt ist d^2 ein Teiler von x^2 und y^2, also auch von z^2, und indem wir eine Primfaktorzerlegung von d betrachten, können wir schlussfolgern, dass d ein Teiler von z ist. Sei dann $z_0 \in \mathbb{Z}$ so, dass $z_0 d = z$ ist. Dann sehen wir sofort:

$$x_0 \text{ und } y_0 \text{ sind teilerfremd in } \mathbb{Z}. \text{ Insbesondere ist } x_0 \text{ oder } y_0 \text{ ungerade.}$$

$$\text{Weiter ist auch } (x_0, y_0, z_0) \text{ eine Lösung der Gleichung } (*). \tag{$**$}$$

Wegen $(**)$ können wir jetzt annehmen

(1) x und y sind teilerfremd in $\mathbb{Z}$, insbesondere sind x oder y ungerade.

Wir werden zeigen, dass (x, y, z) die Behauptung mit $d = 1$ erfüllt.

Jetzt geht es weiter:

---

[1] Siehe [16, 10. Buch, 29. Satz, Erster Lehrsatz, S. 189].

(2) z ist ungerade.

Beweis Mit (1) sei etwa x ungerade. Dann ist x kongruent zu 1 oder 3 modulo 4, also ist $x^2 \equiv 1$ modulo 4. Wäre z gerade, so wäre $z^2 \equiv 0$ modulo 4, also müsste $y^2 \equiv 3$ modulo 4 sein. Das ist unmöglich, weil Quadrate modulo 4 zu 0 oder zu 1 kongruent sind. $\blacksquare$

(3) $x + y$ und $x - yi$ sind teilerfremd in $\mathbb{Z}[i]$.

Beweis Sei δ ein gemeinsamer Teiler von $x + yi$ und $x - yi$ in $\mathbb{Z}[i]$. Dann ist δ auch ein Teiler ihrer Summe und ihrer Differenz, also ist δ ein Teiler von $2 \cdot x$ und $2 \cdot y$ in $\mathbb{Z}[i]$. Aber i ist eine Einheit in $\mathbb{Z}[i]$, also teilt δ auch $2 \cdot y$. Da mit (1) x und y teilerfremd sind in $\mathbb{Z}$, existieren mit Satz 3.19 Zahlen $s, t \in \mathbb{Z}$ mit der Eigenschaft $s \cdot x + t \cdot y = 1$. Daraus folgt $2 \cdot s \cdot x + 2 \cdot t \cdot y = 2$, und δ teilt die linke Seite, also teilt δ auch 2. Damit ist $N(\delta)$ ein natürlicher Teiler von $N(2) = 4$ in $\mathbb{Z}$, mit Lemma 9.1(a). Die einzigen Möglichkeiten dafür sind 1, 2 und 4, also ist $N(\delta)$ eine dieser Zahlen. Andererseits ist $N(\delta)$ ein Teiler von $N(x + yi) = x^2 + y^2 = z^2$ (wieder mit (1)), und z^2 ist ungerade (siehe (2)). Also ist $N(\delta)$ ungerade, d. h. $N(\delta) = 1$ und damit ist δ eine Einheit in $\mathbb{Z}[i]$ (siehe Lemma 9.1 (b)). $\blacksquare$

(4) Es existiert ein $\alpha \in \mathbb{Z}[i]$ so, dass $x + yi = \alpha^2$ oder $x + yi = i \cdot \alpha^2$ ist.

Beweis Mit (3) und Satz 9.10 ist $x + yi$ assoziiert zu einem Quadrat in $\mathbb{Z}[i]$. Mit Lemma 9.1 (c) kennen wir die Einheiten von $\mathbb{Z}[i]$ und finden daher $\beta \in \mathbb{Z}[i]$ und $\varepsilon \in \{1, -1, i, -i\}$ so, dass gilt: $x + yi = \varepsilon \cdot \beta^2$. Ist $\varepsilon = 1$, so setzen wir $\alpha := \beta$. Ist $\varepsilon = -1$, so setzen wir $\alpha := \beta \cdot i$. Ist $\varepsilon = i$, so setzen wir $\alpha := \beta$, und ist $\varepsilon = -i$, so setzen wir $\alpha := \beta \cdot i$. $\blacksquare$

Sei $\alpha \in \mathbb{Z}[i]$ wie in (4).

1. Fall: $x + yi = \alpha^2$.

Seien dann $a, b \in \mathbb{Z}$ so, dass $\alpha = a + bi$ ist. Dann haben wir

$$x + yi = (a + bi)^2 = a^2 + 2 \cdot a \cdot b \cdot i - b^2.$$

Also ist $x = a^2 - b^2$, $y = 2 \cdot a \cdot b$, und es folgt $z = a^2 + b^2$ oder $z_0 = -(a^2 + b^2)$.

2. Fall: $x + yi = i \cdot \alpha^2$.

Dann seien $a, b \in \mathbb{Z}$ so, dass $\alpha = -a + bi$ ist. Daraus folgt

$$x + yi = i \cdot (-a + bi)^2 = i \cdot a^2 - i \cdot 2 \cdot a \cdot b \cdot i - i \cdot b^2 = 2 \cdot a \cdot b + (a^2 - b^2) \cdot i.$$

Also ist $x = 2 \cdot a \cdot b$, $y = a^2 - b^2$ und wieder $z = a^2 + b^2$ oder $z_0 = -(a^2 + b^2)$. Damit ist der Satz bewiesen. $\square$

Jetzt haben wir mehrmals das sehr effektive Verfahren benutzt, den Zahlbereich zu erweitern, um ausgehend von einer Summe eine multiplikative Darstellung zu bekommen. Das kann man noch bei einigen weiteren Gleichungen anwenden.

Betrachten wir etwa die Fermat-Gleichung

$$x^p + y^p = z^p$$

mit einer Primzahl $p > 2$. Sei weiterhin $\varepsilon \in \mathbb{C}$, $\varepsilon \neq 1$ und $\varepsilon^p = 1$. Dann ist

$$z^p = x^p + y^p = (x + y) \cdot (x + \varepsilon \cdot y) \cdot (x + \varepsilon^2 \cdot y) \cdots (x + \varepsilon^{p-1} \cdot y).$$

Dies ist eine Zerlegung von z^p im Teilring

$$\mathbb{Z}[\varepsilon] = \{a_0 + a_1 \cdot \varepsilon + \ldots + a_{p-2} \cdot \varepsilon^{p-2} \mid a_i \in \mathbb{Z}\}$$

von $\mathbb{C}$. Dies ist ein Ring, da $\varepsilon^{p-1} = -(1 + \varepsilon + \ldots + \varepsilon^{p-2})$ ist. Wenn dieser Ring faktoriell ist (etwa im Fall $p = 3$), kann die Idee aus Satz 9.12 verwendet werden. Das Ziel ist dann, die Voraussetzungen von Satz 9.10 nachzuprüfen und zu zeigen, dass die Faktoren auf der rechten Seite assoziiert zu p-ten Potenzen sind in $\mathbb{Z}[\varepsilon]$. Das heißt auch, dass die Einheiten des Ringes bekannt sein müssen. Problematisch ist allerdings, dass die Faktoren auf der rechten Seite nicht unbedingt teilerfremd sind, und das sorgt für Komplikationen. Grundsätzlich funktioniert die Strategie aber für einige Typen von diophantischen Gleichungen, und für den Fermatschen Satz mit $p = 3$ hat L. Euler 1770 diese Methode erfolgreich angewandt[2].

Leider ist der Ring $\mathbb{Z}[\varepsilon]$ nicht immer faktoriell, aber für einige Primzahlen hilft dann die sogenannte Klassenkörpertheorie weiter. E. Kummer[3] gilt als Wegbereiter der algebraischen Zahlentheorie und hat den Satz von Fermat für alle regulären Primzahlexponenten unter 100 (d. h. alle außer 37, 59 und 67) bewiesen. Er führte hierzu die *idealen Zahlen* ein (siehe [20]). Hierauf aufbauend haben dann R. Dedekind und L. Kronecker die Idealtheorie entwickelt. Als Quelle zum Weiterlesen eignet sich zum Beispiel [17] ab S. 349.

> 🎧 Die Gleichungen $a \cdot x + b \cdot y + c = 0$ und $x^2 + p \cdot y + a = 0$ (▶ sn.pub/moakqZ)

Wir befassen uns jetzt mit der dritten eingangs gestellten Frage.

---

[2] Siehe Kap. 15 in [19].

[3] Ernst Eduard Kummer, *29.1.1810 Sorau, †14.5.1893 Berlin, zuerst Gymnasiallehrer, später Professor an der Schlesischen Friedrich-Wilhelms-Universität und an der Friedrich-Wilhelms-Universität Berlin, als Nachfolger von Dirichlet. Hauptarbeitsgebiete waren algebraische Geometrie und Zahlentheorie. Bekannt ist die Kummersche Fläche. Wikipedia 2022.

Lemma 9.13

Sei n eine natürliche Zahl und seien $a, b \in \mathbb{Z}$.

Die Kongruenz

$$a \cdot x \equiv b \quad \mod n$$

ist genau dann in $\mathbb{Z}$ lösbar, falls jeder ggT von a und n auch b teilt. Ist $x_0 \in \mathbb{Z}$ eine Lösung der Kongruenz, ist $d \in \mathbb{Z}$ ein ggT von a und n und ist $k \in \mathbb{Z}$ so, dass $d \cdot k = n$ ist, so ist die Menge $k \cdot \mathbb{Z} + x_0$ genau die vollständige Lösungsmenge der Kongruenz in $\mathbb{Z}$.

Beweis Sei d ein ggT von a und n in $\mathbb{Z}$. Ist d ein Teiler von b, so sei $e \in \mathbb{Z}$ mit der Eigenschaft $d \cdot e = b$. Da $\mathbb{Z}$ ein Hauptidealring ist, gibt es mit Satz 3.19 Elemente $r, m \in \mathbb{Z}$ so, dass $d = r \cdot a + m \cdot n$ ist. Daraus folgt

$$b = d \cdot e = (r \cdot a + m \cdot n) \cdot e = r \cdot a \cdot e + m \cdot n \cdot e \equiv r \cdot a \cdot e \quad \mod n,$$

also ist $e \cdot r$ eine Lösung der Kongruenz. Sei umgekehrt y eine Lösung, sei also $a \cdot y \equiv b$ mod n mit $y \in \mathbb{Z}$. Dann ist $a \cdot y - b$ durch n teilbar, also durch d. Da außerdem d ein Teiler von $a \cdot y$ ist, ist d auch ein Teiler von b, wie behauptet.

Für die zweite Aussage sei x_0 eine Lösung der Kongruenz und sei $k \in \mathbb{Z}$ wie angegeben. Es ist d ein Teiler von a in $\mathbb{Z}$, also sei $c \in \mathbb{Z}$ so, dass $c \cdot d = a$ ist. Sei $w \in k \cdot \mathbb{Z} + x_0$ und sei $e \in \mathbb{Z}$ so, dass $w = x_0 + k \cdot e$ ist. Damit folgt

$$a \cdot w = a \cdot (x_0 + k \cdot e) = a \cdot x_0 + a \cdot k \cdot e = a \cdot x_0 + c \cdot d \cdot k \cdot e = a \cdot x_0 + c \cdot n \cdot e \equiv b \quad \mod n.$$

Insbesondere sind alle Elemente von $k \cdot \mathbb{Z} + x_0$ Lösungen der Kongruenz. Sei umgekehrt $y \in \mathbb{Z}$ eine Lösung der Kongruenz. Sei $a = c \cdot d$ wie oben. Wir zeigen, dass $y \equiv x_0 \mod k$ ist in $\mathbb{Z}$.

Nach Wahl von x_0 und y ist $a \cdot x_0 \equiv b \mod n$ und $a \cdot y \equiv b \mod n$, also gilt auch $a \cdot x_0 \equiv a \cdot y \mod n$. Sei $z \in \mathbb{Z}$ so, dass $z \cdot n = a \cdot x_0 - a \cdot y = a \cdot (x_0 - y)$ ist. Es ist $z \cdot n = z \cdot d \cdot k$ und $a = c \cdot d$, also $z \cdot d \cdot k = c \cdot d \cdot (x_0 - y)$. Da $\mathbb{Z}$ nullteilerfrei ist, dürfen wir kürzen (Lemma 2.6 (b)) und erhalten

$$z \cdot k = c \cdot (x_0 - y).$$

Es ist d ein ggT von a und n, und deshalb sind c und k teilerfremd in $\mathbb{Z}$. Da aber k ein Teiler von $c \cdot (x_0 - y)$ ist, folgt nun, dass k ein Teiler von $x_0 - y$ ist in $\mathbb{Z}$. Nun haben wir also, dass

$$x_0 \equiv y \quad \mod k$$

ist in $\mathbb{Z}$, wie gewünscht. $\square$

Lemma 9.14

Sei n eine natürliche Zahl und seien a, b ∈ ℤ. Sind a und n teilerfremd in ℤ, so gibt es modulo n genau eine Lösung der Kongruenz a · x ≡ b   mod n. Insbesondere besitzt dann a ein multiplikatives Inverses modulo n.

Beweis Mit Lemma 9.13 besitzt die Kongruenz $a \cdot x \equiv b$ mod n eine Lösung $x_0 \in \mathbb{Z}$ und die Lösungsmenge ist genau $n \cdot \mathbb{Z} + x_0$, weil hier a und n teilerfremd sind. Der Spezialfall $b = 1$ liefert die Kongruenz $a \cdot x \equiv 1$ mod n. Diese hat eine Lösung. Insbesondere ist a modulo n multiplikativ invertierbar.   □

Beispiel 9.15
Wir betrachten die Gleichung $6 \cdot x + 10 \cdot y + 15 = 0$. Diese ist genau dann ganzzahlig lösbar, wenn die Kongruenz $6 \cdot x \equiv -15$ modulo 10 lösbar ist. Es ist 2 ein ggT von 6 und 10 in $\mathbb{Z}$ und dies ist kein Teiler von 15, also ist die Kongruenz nach Lemma 9.13 nicht lösbar. Somit ist auch die ursprüngliche Gleichung nicht lösbar.

Zum Schluss kommt noch ein spezieller Gleichungstyp.

Lemma 9.16

Seien a ∈ ℤ und p ∈ ℕ prim.
  Falls p = 2 ist, ist die Gleichung $x^2 + p \cdot y + a = 0$ ganzzahlig lösbar.
  Falls p ungerade ist, ist die Gleichung $x^2 + p \cdot y + a = 0$ ganzzahlig lösbar genau dann, wenn −a ein quadratischer Rest modulo p ist.

Beweis Dies ist Übungsaufgabe 9.8.   □

Wir illustrieren Lemma 9.16 noch an einem Beispiel und schließen dann das Kapitel ab.

Beispiel 9.17
Gibt es ganze Zahlen x und y, die die Gleichung $x^2 + 11 \cdot y + 14 = 0$ erfüllen?
Mit Lemma 9.16 gibt es sie genau dann, wenn -14 ein quadratischer Rest modulo 11 ist. Wir berechnen also das Legendre-Symbol:

$$\left(\frac{-14}{11}\right) = \left(\frac{-1}{11}\right) \cdot \left(\frac{2}{11}\right) \cdot \left(\frac{7}{11}\right) \underset{(8.5),\ (8.8)}{=} (-1) \cdot (-1) \cdot \left(-\left(\frac{11}{7}\right)\right) = -\left(\frac{4}{7}\right) = -1.$$

Da -14 kein quadratischer Rest ist modulo 11, hat die Gleichung $x^2 + 11 \cdot y + 14 = 0$ keine ganzzahligen Lösungen.

Wir verlassen jetzt vorerst den Bereich der Zahlentheorie und kommen später mit dem Thema „Primzahltests" wieder darauf zurück.

Übungsaufgaben

9.1 Sei $\alpha \in \mathbb{Z}[i]$ irreduzibel. Zeige, dass $N(\alpha)$ entweder eine Primzahl oder das Quadrat einer Primzahl ist.

9.2 Wiederhole den euklidischen Algorithmus und untersuche mit dessen Hilfe die diophantischen Gleichungen $a \cdot x + b \cdot y = c$ für beliebige, fest gewählte ganze Zahlen $c \in \mathbb{Z}$ und

(a) $a = 1002$, $b = 105$ bzw.
(b) $a = 105.493$, $b = 97.867$

auf Lösbarkeit. Gib im Fall der Lösbarkeit die Lösungen konkret an.

9.3 Sei $n \in \mathbb{Z}$ und $n \equiv 7 \mod 8$. Zeige, dass n nicht als Summe dreier ganzzahliger Quadrate darstellbar ist.

9.4 Bestimme die Lösungsmenge für die Kongruenz $x^2 + 12 \cdot x + 11 \equiv 0 \mod 23$.

9.5 Zeige, dass die Gleichung $y^2 = 41 \cdot x + 3$ keine ganzzahlige Lösung besitzt.

9.6 Haben folgende lineare Kongruenzen eine Lösung in $\mathbb{Z}$? Falls ja, dann bestimme die vollständige Lösungsmenge.

(a) $14 \cdot x \equiv -2$ modulo 8.
(b) $12 \cdot x \equiv 13$ modulo 15.
(c) $18 \cdot x \equiv -8$ modulo 4.

9.7 Für welche Zahlen $a \in \{-3, -2, -1, 0, 1, 2, 3\}$ ist die Gleichung $13 \cdot y = x^2 + a$ ganzzahlig lösbar, für welche nicht?

9.8 Seien $a \in \mathbb{Z}$ und $p \in \mathbb{N}$ prim. Zeige:
Falls $p = 2$ ist, ist die Gleichung $x^2 + p \cdot y + a = 0$ ganzzahlig lösbar.
Falls p ungerade ist, ist die Gleichung $x^2 + p \cdot y + a = 0$ ganzzahlig lösbar genau dann, wenn $-a$ ein quadratischer Rest modulo p ist.

9.9 Sei $x \in \mathbb{N}_0$. Zeige:

(a) Ist x gerade, so sind $x + i$ und $x - i$ teilerfremd in $\mathbb{Z}[i]$.
(b) Ist x ungerade, so ist $1 + i$ ein ggT von $x + i$ und $x - i$.

9.10 Seien $x, y \in \mathbb{Z}$ so, dass $y^3 = x^2 + 1$ ist. Zeige, dass die einzigen Möglichkeiten $x = 0$ und $y = 1$ sind.

9.11 (a) Zeige, dass $1 + i$ und $1 - i$ Teiler von $5 + i$ sind in $\mathbb{Z}[i]$.
(b) Zeige, dass 2 kein Teiler von $5 + i$ ist in $\mathbb{Z}[i]$.
(c) Nach Lemma 9.2 sind $1 + i$ und $1 - i$ irreduzibel in $\mathbb{Z}[i]$, und $2 = (1 + i) \cdot (1 - i)$. Wie passen (a) und (b) zusammen? Widerspricht das der eindeutigen Primfaktorzerlegung in $\mathbb{Z}[i]$?

9.12 Seien $a, b \in \mathbb{N}_0$. Zeige, dass dann $4^a \cdot (8 \cdot b + 7)$ nicht als Summe von drei Quadratzahlen darstellbar ist.

Gruppen 10

🎧 Produkte von Gruppen und der Satz von Lagrange (▶ sn.pub/2lzl68)

In diesem Kapitel beschäftigen wir uns mit einem weiteren zentralen Gegenstand der Algebra: den Gruppen. Wir setzen nur das voraus, was wir bereits zu Beginn des Kap. 1 aufgelistet haben. Weiter sei hier stets $(G, \cdot)$ eine Gruppe. Zuerst verallgemeinern wir die in Kap. 1 gegebene Definition von Nebenklassen von Normalteilern auf beliebige Untergruppen einer Gruppe.

Definition (Nebenklassen)

Seien M, H Teilmengen von G. Dann ist

$$M \cdot H := \{m \cdot h \mid m \in M, h \in H\}.$$

Im Falle $H = \{x\}$ schreiben wir

$$M \cdot x := \{m \cdot x \mid m \in M\}.$$

Aus (G2) folgt, dass für diese Verknüpfung von Mengen das Assoziativgesetz gilt. Ist $M \leq G$ und $x \in G$, so nennen wir $M \cdot x$ eine **(Rechts-)Nebenklasse von M in G**. Mit G/M bezeichnen wir die Menge aller (Rechts-)Nebenklassen von M in G. ◄

Analog können Linksnebenklassen definiert werden. Eins unserer Ziele ist, zu zeigen, dass es „gleich viele" Rechts- bzw. Linksnebenklassen einer Untergruppe U von G in G gibt. (Was das genau bedeutet, werden wir später ausführen.) Mit dieser Notation können wir nun eine kompakte Beschreibung von Normalteilern formulieren und im Folgenden damit

© Der/die Autor(en), exklusiv lizenziert an Springer Nature Switzerland AG 2023
G. Stroth und R. Waldecker, *Elementare Algebra und Zahlentheorie*, Mathematik Kompakt,
https://doi.org/10.1007/978-3-031-39771-4_10

arbeiten: Eine Untergruppe N von G ist ein Normalteiler genau dann, wenn für alle $g \in G$ gilt:

$$N \cdot g = g \cdot N.$$

Den Beweis lassen wir als Übungsaufgabe 10.4.

Hier kommt eine naheliegende Frage: Wann ist das Produkt zweier Untergruppen von G wieder eine Untergruppe von G?

Beispiel 10.1

Sei $G := \mathcal{S}_3$ und seien $a := (2\,3)$ und $b := (1\,2)$. Weiter seien $A := \{\mathrm{id}, a\}$, $B := \{\mathrm{id}, b\}$. Dann sind A und B Untergruppen von G. Es ist $A \cdot B = \{\mathrm{id}, a, b, a \cdot b\}$.

Dabei ist $a \cdot b = (1\,2\,3)$ und das Inverse dazu in G ist $(1\,3\,2)$. Allerdings ist $(1\,3\,2) \notin A \cdot B$ und deshalb ist $A \cdot B$ keine Untergruppe von G.

Das nächste Lemma gibt uns ein Kriterium dafür, wann genau das Produkt von Untergruppen wieder eine Untergruppe ist.

Lemma 10.2

Seien A, B Untergruppen von G. Genau dann ist $A \cdot B$ eine Untergruppe von G, wenn $A \cdot B = B \cdot A$ ist.

Beweis Für alle $U \subseteq G$ schreiben wir $U^{-1} := \{u^{-1} \mid u \in U\}$. Da A, B Untergruppen von G sind, ist $A = A^{-1}$ und $B = B^{-1}$. Sei $A \cdot B$ eine Untergruppe. Dann ist $A \cdot B = (A \cdot B)^{-1} = \{(a \cdot b)^{-1} \mid a \in A, b \in B\}$, also ist mit Lemma 1.1 (e) schon

$$A \cdot B = \{(a \cdot b)^{-1} \mid a \in A, b \in B\} = \{b^{-1} \cdot a^{-1} \mid a \in A, b \in B\} = B^{-1} \cdot A^{-1} = B \cdot A.$$

Ist umgekehrt $A \cdot B = B \cdot A$, so beachten wir zuerst, dass $1_G \in A \cap B$ ist und darum $1_G = 1_G \cdot 1_G \in A \cdot B$. Für alle $a, x \in A, b, y \in B$ ist

$$(a \cdot b) \cdot (x \cdot y)^{-1} = (a \cdot b) \cdot y^{-1} \cdot x^{-1} = a \cdot ((b \cdot y^{-1}) \cdot x^{-1}) \in A \cdot (B \cdot A) = A \cdot (A \cdot B) = A \cdot B.$$

Hier haben wir $1_G = 1_A \cdot 1_B$ benutzt. Nun liefert das Untergruppenkriterium (Lemma 1.1 (f)), dass $A \cdot B \leq G$ ist. $\qquad\square$

Auch wenn $A \cdot B$ keine Untergruppe ist, können wir dennoch die Anzahl der Elemente in $A \cdot B$ bestimmen, was häufig sehr nützlich ist.

Lemma 10.3

Seien A, B endliche Untergruppen von G. Dann ist

$$|A \cdot B| = \frac{|A| \cdot |B|}{|A \cap B|},$$

wobei $|A \cdot B|$ die Anzahl der Elemente in $A \cdot B$ bezeichnet.

Beweis Auf dem kartesischen Produkt $A \times B := \{(a, b) \mid a \in A, b \in B\}$ definieren wir eine Relation $\sim$, und zwar sei für alle $a_1, a_2 \in A$ und $b_1, b_2 \in B$ definiert:

$$(a_1, b_1) \sim (a_2, b_2) \text{ genau dann, wenn } a_1 \cdot b_1 = a_2 \cdot b_2 \text{ ist.}$$

Dann ist $\sim$ eine Äquivalenzrelation, und die Anzahl der Elemente in $A \cdot B$ ist genau die Anzahl der Äquivalenzklassen von $A \times B$ bezüglich $\sim$. Wegen $|A \times B| = |A| \cdot |B|$ müssen wir uns noch überlegen, wie viele Elemente jede $\sim$-Äquivalenzklasse hat.

Seien dazu $a_1 \in A$, $b_1 \in B$. Für alle $(a, b) \in A \times B$ gilt dann: $(a_1, b_1) \sim (a, b)$ genau dann, wenn $a_1 \cdot b_1 = a \cdot b$ ist, und das ist genau dann der Fall, wenn $a^{-1} \cdot a_1 = b \cdot b_1^{-1}$ ist. Wir beachten, dass dann $a^{-1} \cdot a_1 = b \cdot b_1^{-1} \in A \cap B$ ist. Die Äquivalenzklasse, die (a_1, b_1) enthält, hat also **höchstens** $|A \cap B|$ Elemente.

Umgekehrt gilt für alle $x \in A \cap B$: $(a_1, b_1) \sim (a_1 \cdot x, x^{-1} \cdot b_1)$, denn $a_1 \cdot b_1 = a_1 \cdot x \cdot x^{-1} \cdot b_1$ und $a_1 \cdot x \in A$, $x^{-1} \cdot b_1 \in B$. Die Äquivalenzklasse von (a_1, b_1) hat also auch **mindestens** $|A \cap B|$ Elemente. Insbesondere sind hier alle Äquivalenzklassen gleich groß, und daraus folgt:

$$|A \cdot B| = \frac{|A \times B|}{|A \cap B|} = \frac{|A| \cdot |B|}{|A \cap B|}.$$

$\square$

Lemma 10.4

Sei $U \leq G$. Dann ist G die disjunkte Vereinigung der paarweise verschiedenen Rechtsnebenklassen von U in G, und alle Nebenklassen von U in G sind gleichmächtig. Entsprechende Aussagen gelten auch für Linksnebenklassen.

Beweis Wir beweisen die Aussagen nur für Rechtsnebenklassen. Sei $g \in G$. Wegen $1_G \in U$ ist dann $g = 1_G \cdot g \in U \cdot g$, also ist G die Vereinigung aller Rechtsnebenklassen von U.

Seien jetzt $g, h \in G$ und sei $U \cdot g \cap U \cdot h \neq \varnothing$. Dann gibt es $x, y \in U$ so, dass $x \cdot g = y \cdot h$ ist und daher $y^{-1} \cdot x \cdot g = h$. Sei nun $u \cdot h \in U \cdot h$ beliebig. Dann ist $u \cdot h = (u \cdot y^{-1} \cdot x) \cdot g$. Da $u \cdot y^{-1} \cdot x \in U$ ist, folgt $u \cdot h \in U \cdot g$. Das liefert $U \cdot h \subseteq U \cdot g$. Analog erhält man

$U \cdot g \subseteq U \cdot h$, und damit folgt $U \cdot g = U \cdot h$. Je zwei verschiedene Rechtsnebenklassen von U in G sind also disjunkt.

Für jedes feste $x \in G$ ist die Abbildung, die jedes $g \in G$ auf $g \cdot x$ abbildet, eine Bijektion. Insbesondere ist die Einschränkung dieser Abbildung von U nach $U \cdot x$ eine Bijektion, also sind U und $U \cdot x$ gleichmächtig. Da dies für alle $x \in G$ richtig ist, sind alle Rechtsnebenklassen von U in G gleichmächtig zu U.   □

Folgerung 10.5
Sei $U \leq G$. Dann ist G/U gleichmächtig zur Menge aller Linksnebenklassen von U in G.

Beweis Die Abbildung, die jedes Element von G auf sein Inverses abbildet, ist bijektiv, lässt die Untergruppe U als Menge invariant und bildet daher für jedes $g \in G$ die Rechtsnebenklasse $U \cdot g$ auf die Linksnebenklasse $g^{-1} \cdot U$ ab. Dabei verwenden wir Lemma 1.1 (e). So können wir eine Bijektion von G/U auf die Menge der Linksnebenklassen von U in G definieren.   □

Definition (Index)

Seien G eine Gruppe und $U \leq G$. Falls die Menge G/U endlich ist, dann bezeichnen wir mit $|G : U|$ die Anzahl der Elemente in G/U. Wir nennen $|G : U|$ den **Index von U in G**. Ist die Menge G/U unendlich, so sagen wir, dass der Index von U in G unendlich ist. ◄

Wie wir jetzt wissen, hätten wir auch die Anzahl der Linksnebenklassen für die Definition nehmen können!

Satz 10.6 (Satz von Lagrange)
Sei G endlich und sei $U \leq G$. Dann ist

$$|G| = |U| \cdot |G : U|.$$

Insbesondere sind Ordnungen und Indizes von Untergruppen von G stets Teiler von $|G|$.

Beweis Nach Lemma 10.4 ist G die disjunkte Vereinigung der paarweise verschiedenen Rechtsnebenklassen von U in G, und diese sind alle gleichmächtig zu U. Mit der Notation für den Index $|G : U|$ erhalten wir $|G| = |U| \cdot |G : U|$. Die Teilbarkeitsaussage ergibt sich daraus.   □

Das Analogon zum Gradsatz für Körpererweiterungen ist

Satz 10.7 (1. Kürzungssatz)

Seien G eine endliche Gruppe und U eine Untergruppe von G. Ist weiter V eine Untergruppe von U, so gilt

$$|G : V| = |G : U| \cdot |U : V|.$$

Beweis Es ist $|G : V| = \frac{|G|}{|V|}$, $|G : U| = \frac{|G|}{|U|}$ und $|U : V| = \frac{|U|}{|V|}$ nach Satz 10.6. □

Im Zusammenhang mit dem Index halten wir noch fest:

Satz 10.8

Seien G eine endliche Gruppe und $N \trianglelefteq G$. Dann ist

$$|G/N| = |G : N| = \frac{|G|}{|N|}.$$

Beweis Dies folgt aus der Definition von G/N und dem Satz von Lagrange. □

🎧 Normalteiler, Erzeugnisse und Homomorphismen (▶ sn.pub/1Hn1f7)

Die Menge der Normalteiler ist, anders als die Menge der Untergruppen, auch unter der Verknüpfung in der Gruppe abgeschlossen:

Satz 10.9

Sei G eine Gruppe. Dann gilt:

(a) *Für jede Indexmenge I und jede Familie $N_i, i \in I$, von Normalteilern von G ist auch $\bigcap_{i \in I} N_i$ ein Normalteiler von G.*

(b) *Ist $N \trianglelefteq G$ und $U \leq G$, so ist $N \cap U \trianglelefteq U$ und $N \cdot U$ ist eine Untergruppe von G.*

(c) *Sind $N_1, N_2 \trianglelefteq G$, so ist auch $N_1 \cdot N_2 \trianglelefteq G$.*

Beweis

(a) Dass der Durchschnitt eine Untergruppe von G ist, wissen wir bereits aus Lemma 1.1(g).
    Seien $n \in \bigcap_{i \in I} N_i$ und $g \in G$. Dann haben wir $g^{-1} \cdot n \cdot g \in N_i$ für alle $i \in I$. Dies liefert

$$g^{-1} \cdot n \cdot g \in \bigcap_{i \in I} N_i,$$

und damit ist $\bigcap_{i \in I} N_i$ ein Normalteiler.

(b) Sei $u \in U$ und sei $n \in U \cap N$. Es ist $N \cdot u = u \cdot N$, also finden wir ein geeignetes
    $n' \in N$ so, dass $n \cdot u = u \cdot n'$ ist. Außerdem ist $u^{-1} \cdot n \cdot u \in U$, weil u, u^{-1} und n
    jeweils aus U kommen. Einsetzen liefert $u^{-1} \cdot n \cdot u = u^{-1} \cdot u \cdot n' = n' \in N$, also ist
    $u^{-1} \cdot n \cdot u \in N \cap U$ und daher $N \cap U \trianglelefteq U$.
    Da $u \cdot N = N \cdot u$ ist für alle $u \in U$, gilt $U \cdot N = N \cdot U$. Damit ist nach Lemma 10.2
    $U \cdot N$ eine Untergruppe von G.

(c) Nach (b) ist $N_1 \cdot N_2$ eine Untergruppe von G. Sei $g \in G$. Dann ist

$$g \cdot (N_1 \cdot N_2) = (N_1 \cdot g) \cdot N_2 = (N_1 \cdot N_2) \cdot g,$$

also ist $N_1 \cdot N_2$ ein Normalteiler.

□

Definition (Erzeugnis)

Sei M eine Teilmenge von G. Das **Erzeugnis** von M, bezeichnet mit $\langle M \rangle$, ist definiert
durch

$$\langle M \rangle := \bigcap_{M \subseteq H \leq G} H.$$

Ist M endlich, sind etwa $n \in \mathbb{N}$ und $M = \{x_1, \dots, x_n\} \subseteq G$, so schreiben wir für das
Erzeugnis auch $\langle x_1, \dots, x_n \rangle$. ◀

Lemma 10.10

*Sei $M \subseteq G$. Dann ist $\langle M \rangle$ eine Untergruppe von G. Jede Untergruppe von G, die M
als Teilmenge enthält, enthält auch $\langle M \rangle$.*

Beweis Da $\langle M \rangle$ ein Durchschnitt von Untergruppen ist, ist es mit Lemma 1.1 (g) eine
Untergruppe von G. Sei jetzt $M \subseteq H \leq G$. Dann kommt H bei der Erzeugnisbildung
(siehe Definition) vor, also ist $\langle M \rangle$ in H enthalten.   □

In diesem Sinne ist $\langle M \rangle$ die kleinste Untergruppe von G, die M als Teilmenge enthält.

Beispiel 10.11
(a) $\langle \varnothing \rangle = \{1_G\}$.
(b) Ist $U \leq G$, so ist $\langle U \rangle = U$.
(c) In $(\mathbb{Z}, +)$ ist $\langle 2 \rangle$ die Menge aller geraden Zahlen, $\langle 3 \rangle$ die Menge aller durch 3 teilbaren Zahlen etc.

Definition (zyklisch, endlich erzeugt)

Sei $U \leq G$. Dann heißt U **zyklisch** genau dann, wenn es ein $x \in U$ gibt mit der Eigenschaft $U = \langle x \rangle$. Es heißt U **endlich erzeugt** genau dann, wenn es eine endliche Teilmenge M von U gibt, für die $\langle M \rangle = U$ gilt. Insbesondere ist $\langle \varnothing \rangle$ endlich erzeugt. ◄

Beispiel 10.12
(a) Die Menge $\{1, -1\}$ mit der Multiplikation ganzer Zahlen ist eine Gruppe mit zwei Elementen, also endlich, insbesondere endlich erzeugt. Sie wird von -1 erzeugt, ist also sogar zyklisch.
(b) Die symmetrische Gruppe $\mathcal{S}_3$ ist endlich, also endlich erzeugt, aber sie ist nicht zyklisch.
(c) Die Untergruppe $(2 \cdot \mathbb{Z}, +)$ von $(\mathbb{Z}, +)$ ist unendlich und zyklisch (insbesondere endlich erzeugt), denn $2 \cdot \mathbb{Z} = \langle 2 \rangle$ wie im Beispiel oben. Wir zeigen jetzt, dass sogar alle Untergruppen von $(\mathbb{Z}, +)$ zyklisch sind:
Sei dazu $(U, +)$ eine Untergruppe von $(\mathbb{Z}, +)$. Falls $U = \{0\}$ ist, ist nichts zu zeigen. Andernfalls wählen wir $u \in U$ so, dass $u > 0$ und $|u|$ minimal ist. Das geht, weil Beträge ganzer Zahlen nach unten durch 0 beschränkt sind und weil mit u auch $-u$ in U liegt. Sei jetzt $h \in U$, $h \geq 0$. Wir teilen h durch u mit Rest und schreiben $h = a \cdot u + b$ mit geeigneten Elementen $a, b \in \mathbb{Z}$, $b \in \{0, ..., u - 1\}$. Wir beachten, dass $a \cdot u \in \langle u \rangle \leq U$ ist. Folglich liegt $b = h - a \cdot u \in U$ und $|b| < |u|$, so dass mit der Wahl von u nun $b = 0$ sein muss. Insbesondere liegt h in der von u erzeugten Untergruppe von $\mathbb{Z}$. Das bedeutet, dass $U = \langle u \rangle$ zyklisch ist.

Definition (Ordnung)

Sei $x \in G$. Ist $\langle x \rangle$ eine endliche Untergruppe von G, so heißt $|\langle x \rangle|$ die **Ordnung von x**. Wir schreiben dafür $o(x)$. Andernfalls hat x **unendliche Ordnung**. ◄

Lemma 10.13

Sei $x \in G$ und $o(x)$ endlich. Dann ist $o(x)$ die kleinste natürliche Zahl d mit der Eigenschaft $x^d = 1_G$.

Beweis Sei $l := o(x)$. Dann ist $l \in \mathbb{N}$ und $\langle x \rangle$ enthält genau l Elemente nach Voraussetzung. Betrachten wir also die $l + 1$ Elemente $1_G, x, x^2, \ldots, x^l$, so können diese nicht paarweise verschieden sein, da sie alle in $\langle x \rangle$ liegen. Also gibt es $i, j \in \{0, ..., l\}$, die verschieden sind und für die $x^i = x^j$ ist. Wir dürfen $i > j$ annehmen, setzen $d := i - j$ und sehen dann

$1_G = x^i \cdot (x^j)^{-1} = x^{i-j} = x^d$. Insbesondere gibt es eine natürliche Zahl $d \in \{1, ..., l\}$ mit der Eigenschaft $x^d = 1_G$, und die wählen wir jetzt so klein wie möglich. Die Menge

$$U := \{1_G, x, ..., x^{d-1}\}$$

enthält dann genau d Elemente. Ist $m \in \mathbb{N}$, so schreiben wir $m = n \cdot d + r$, wobei $n, r \in \mathbb{N}_0$ sind und $0 \le r < d$, und dann ist $x^m = (x^d)^n \cdot x^r = 1_G^n \cdot x^r \in \{1_G, x, ..., x^{d-1}\}$. Es ist also U unter der Verknüpfung in G abgeschlossen.

Ist $i \in \{1, ..., d-1\}$ und $j := d - i$, so ist auch $j \in \{1, ..., d-1\}$ und wir sehen $x^i \cdot x^j = x^{i+j} = x^d = 1_G$, so dass also das Inverse von x^i in G bereits in U liegt. Damit greift das Untergruppenkriterium (siehe Lemma 1.1(f)), also ist $U \le G$ und daher $\langle x \rangle \le U$. Daraus folgt $l = o(x) \le |U| = d \le l$ und schließlich $o(x) = d$.   □

Beispiel 10.14

(a) In der Gruppe $(\{-1, 1\}, \cdot)$, aus Beispiel 10.12(a), hat 1 die Ordnung 1 und -1 die Ordnung 2.

(b) In der Symmetrischen Gruppe $\mathcal{S}_3$ gibt es Elemente der Ordnung 1, 2 und 3.

(c) In $(\mathbb{Z}, +)$ übersetzt sich die Ordnung in eine additive Schreibweise. Damit ein $x \in \mathbb{Z}$ endliche Ordnung hat, muss es ein $n \in \mathbb{N}$ geben mit der Eigenschaft $\underbrace{x + x + \cdots + x}_{n} = 0$. Das geht nur, falls $x = 0$ ist. Alle anderen Elemente haben unendliche Ordnung.

Als Konsequenz aus dem Satz von Lagrange bekommen wir:

Lemma 10.15
Ist G eine endliche Gruppe und $x \in G$, so ist $o(x)$ ein Teiler von $|G|$.

Beweis Seien G endlich und $x \in G$. Dann ist $\langle x \rangle$ eine Untergruppe von G der Ordnung $o(x)$. Satz 10.6, angewandt auf $U := \langle x \rangle$, liefert dann die Behauptung.   □

Wir halten also fest: Ist G eine endliche Gruppe, so sind die Ordnungen von Untergruppen und von Elementen von G stets Teiler von $|G|$. Die Umkehrung dieser Aussage ist falsch! Wenn es zu jedem Teiler von $|G|$ ein Element dieser Ordnung gäbe, dann wäre G sofort zyklisch. Auch für Untergruppen geht es schief:

Beispiel 10.16
Die alternierende Gruppe $G := \mathcal{A}_4$ hat zwölf Elemente und 6 ist ein Teiler von 12. Allerdings hat G keine Untergruppe der Ordnung 6. Um das zu zeigen, nehmen wir an, dass es doch eine Untergruppe H von G der Ordnung 6 gebe. Wir kennen die Elemente von G: Es gibt außer der identischen Abbildung nur 3-Zyklen und (insgesamt drei) Doppeltranspositionen. Insbesondere gibt es in G nur vier Elemente, die keine 3-Zyklen sind.

Da $|H| = 6$ ist, muss es also in H einen 3-Zyklus h geben. Gleichzeitig ist $H \neq \langle h \rangle$. Falls es in H einen 3-Zyklus h_1 gibt, der nicht in $\langle h \rangle$ liegt, dann ist $|\langle h \rangle \cup \langle h_1 \rangle| = 5$. Aber sowohl $h \cdot h_1$ als auch $h \cdot h_1^2$ liegen nicht in dieser Vereinigung und sind verschieden. Das ergibt mindestens sieben Elemente in H und damit zu viele. Also enthält H außer h und h^2 keine weiteren 3-Zyklen und muss daher alle Doppeltranspositionen enthalten. Diese bilden zusammen mit 1_G eine Untergruppe der Ordnung 4. Mit dem Satz von Lagrange (Satz 10.6) ist dann 4 ein Teiler von $|H| = 6$, und das ist falsch.

Eines unserer Ziele wird jetzt sein, zu verstehen, für welche Teiler der Gruppenordnung wir garantiert Elemente oder Untergruppen mit dieser Ordnung finden! Dazu erarbeiten wir uns Werkzeuge.

Lemma 10.17

Seien G, H Gruppen und $\alpha : G \to H$ ein Homomorphismus.

(a) *Es ist* Kern (α) *ein Normalteiler von G.*

(b) *α ist genau dann ein Monomorphismus, wenn* Kern $(\alpha) = \{1_G\}$ *ist.*

Beweis (a) Da $1_G^\alpha = 1_H$ ist, ist Kern $(\alpha) \neq \varnothing$. Sind $a, b \in$ Kern (α), so ist

$$(a \cdot b^{-1})^\alpha = a^\alpha \cdot (b^{-1})^\alpha = a^\alpha \cdot (b^\alpha)^{-1} = 1_H.$$

Also ist $a \cdot b^{-1} \in$ Kern (α) und damit ist Kern (α) eine Untergruppe von G (Untergruppenkriterium, Lemma 1.1(f)). Seien nun $a \in$ Kern (α) und $g \in G$. Dann ist

$$(g^{-1} \cdot a \cdot g)^\alpha = (g^{-1})^\alpha \cdot a^\alpha \cdot g^\alpha = (g^{-1})^\alpha \cdot g^\alpha = (g^{-1} \cdot g)^\alpha = 1_H.$$

Das liefert $g^{-1} \cdot a \cdot g \in$ Kern (α) und somit ist Kern $(\alpha) \trianglelefteq G$.

(b) Ist α ein Monomorphismus, so hat $1_H \in H$ nur $1_G \in G$ als Urbild, also erhalten wir Kern $(\alpha) = \{1_G\}$. Sei umgekehrt Kern $(\alpha) = \{1_G\}$. Seien dann $a, b \in G$ so, dass $a^\alpha = b^\alpha$ gilt. Dann ist

$$(a \cdot b^{-1})^\alpha = a^\alpha \cdot (b^{-1})^\alpha = a^\alpha \cdot (b^\alpha)^{-1} = 1_H,$$

und damit ist $a \cdot b^{-1} \in$ Kern (α). Das bedeutet $a \cdot b^{-1} = 1_G$, d. h. $a = b$. $\square$

In Kap. 1 haben wir uns Faktorgruppen angeschaut. Zur Erinnerung: Für die Faktorgruppe G/N verknüpfen wir $N \cdot x, N \cdot y \in G/N$ durch $(N \cdot x) \cdot (N \cdot y) := N \cdot (x \cdot y)$, und das ist wohldefiniert. Damit wird $(G/N, \cdot)$ selbst eine Gruppe.

Satz 10.18 (Homomorphiesatz)

Seien $(G, \cdot)$ und $(H, \cdot)$ Gruppen, sei $\varphi : G \to H$ ein Gruppenhomomorphismus und sei $K := \mathrm{Kern}\,(\varphi)$. Dann ist $G/K \cong \mathrm{Bild}(\varphi)$.

Beweis Sei $\sigma : G/K \to \mathrm{Bild}(\varphi)$ definiert wie folgt: Für alle $g \in G$ sei $(K \cdot g)^\sigma := g^\varphi$. Wir überlegen uns zuerst, dass σ wirklich eine Abbildung ist. Seien dazu $a, b \in G$ und $K \cdot a = K \cdot b$. Dann ist $(K \cdot a)^\sigma = a^\varphi$ und $(K \cdot b)^\sigma = b^\varphi$. Nun beachten wir, dass $K \cdot a = K \cdot b$ ist, also $a = 1_G \cdot a \in K \cdot b$, daher existiert ein $x \in K$ mit der Eigenschaft $a = x \cdot b$. Das bedeutet, dass $a^\varphi = (x \cdot b)^\varphi = x^\varphi \cdot b^\varphi = 1_H \cdot b^\varphi = b^\varphi$ ist, denn $x \in K = \mathrm{Kern}\,(\varphi)$ und daher $x^\varphi = 1_H$. Jetzt sehen wir, dass $a^\varphi = b^\varphi$ ist, also $(K \cdot a)^\sigma = (K \cdot b)^\sigma$ wie gewünscht.

Sind $a, b \in G$, so haben wir

$$((K \cdot a) \cdot (K \cdot b))^\sigma = (K \cdot (a \cdot b))^\sigma = (a \cdot b)^\varphi = a^\varphi \cdot b^\varphi = (K \cdot a)^\sigma \cdot (K \cdot b)^\sigma,$$

also ist σ ein Gruppenhomomorphismus.

Zum Schluss kommt die Bijektivität. Seien zuerst $a, b \in G$ und sei $(K \cdot a)^\sigma = (K \cdot b)^\sigma$. Dann ist $a^\varphi = b^\varphi$, also $1_H = b^\varphi \cdot (b^{-1})^\varphi = a^\varphi \cdot (b^{-1})^\varphi = (a \cdot b^{-1})^\varphi$ und daraus folgt $x := a \cdot b^{-1} \in \mathrm{Kern}\,(\varphi) = K$. Dann ist $a = a \cdot (b^{-1} \cdot b) = x \cdot b$, also ist $K \cdot a = K \cdot (x \cdot b) = K \cdot b$. Das bedeutet, dass σ injektiv ist. Die Surjektivität folgt daraus, dass $\mathrm{Bild}(\sigma) = \mathrm{Bild}(\varphi)$ ist. $\qquad\qquad\square$

 Anwendungen des Hom.satzes und Gruppenoperationen (▶ sn.pub/Ngj05B)

Es folgen zwei Anwendungen des Homomorphiesatzes:

Satz 10.19

(a) *Seien G eine Gruppe, U eine Untergruppe von G und N ein Normalteiler von G. Dann ist*

$$U/(U \cap N) \cong U \cdot N/N.$$

(b) *(2. Kürzungssatz) Seien G eine Gruppe und M und N Normalteiler von G mit der Eigenschaft $N \leq M$. Dann ist*

$$(G/N)\big/(M/N) \cong G/M.$$

Beweis Die Idee in beiden Teilen ist gleich: Wir definieren einen Homomorphismus und wenden den Homomorphiesatz an.

(a) Sei $\psi : U \to U \cdot N/N$ eine Abbildung, für alle $u \in U$ sei $u^\psi := N \cdot u$. Wir zeigen, dass ψ ein Gruppenepimorphismus ist und dass Kern $(\psi) = U \cap N$ ist.

Seien dazu $x, y \in U$. Dann ist

$$x^\psi \cdot y^\psi = (N \cdot x) \cdot (N \cdot y) = N \cdot (x \cdot y) = (x \cdot y)^\psi,$$

also ist ψ ein Gruppenhomomorphismus. Ist $N \cdot u \in U \cdot N/N$, so ist jedes $x \in N \cdot u$ ein mögliches Urbild, also ist ψ surjektiv. Weiter:

$$\text{Kern } (\psi) = \{u \in U \mid u^\psi = N\} = \{u \in U \mid N \cdot u = N\} = U \cap N.$$

Eine Anwendung des Homomorphiesatzes liefert den Rest der Aussage.

(b) Sei $\alpha : G/N \to G/M$ wie folgt definiert: Für alle $g \in G$ sei $(N \cdot g)^\alpha := M \cdot g$. Wir zeigen, dass α wohldefiniert und ein Gruppenepimorphismus ist, und weiterhin zeigen wir Kern $(\alpha) = M/N$.

Für die Wohldefiniertheit seien $g, h \in G$ und $N \cdot g = N \cdot h$. Dann ist $g \cdot h^{-1} \in N$, also $g \cdot h^{-1} \in M$ und daher $M \cdot g = M \cdot h$, also $(N \cdot g)^\alpha = (N \cdot h)^\alpha$. Genau wie in Teil (a) folgt, dass α ein Homomorphismus und surjektiv ist. Ferner gilt

$$\text{Kern } (\alpha) = \{N \cdot g \in G/N \mid (N \cdot g)^\alpha = M\} = \{N \cdot g \in G/N \mid g \in M\} = M/N.$$

Der Rest folgt nun wieder mit dem Homomorphiesatz. $\qquad\square$

▶ **Bemerkung 10.20**

(a) Sei U eine Untergruppe von G mit der Eigenschaft $|G : U| = 2$ und sei $g \in G \setminus U$. Dann ist $G = U \cup (U \cdot g)$. Da mit Lemma 10.4 auch $(U \cdot g) \cap U = \varnothing$ ist, erhalten wir $U \cdot g = G \setminus U$. Genau so ist $G = U \cup (g \cdot U)$, also auch $g \cdot U = G \setminus U$. Das bedeutet $U \cdot g = g \cdot U$ für alle $g \in G$, also $U \trianglelefteq G$.

(b) Wir werden jetzt sehen, dass „Normalteiler sein" nicht transitiv ist. Dies bedeutet, dass aus $N_1 \trianglelefteq N_2 \trianglelefteq G$ nicht unbedingt folgt, dass $N_1 \trianglelefteq G$ ist!

Dazu betrachten wir ein konkretes Beispiel. Wir bestimmen zunächst die Gruppe G der Symmetrien des Quadrates, mit der Hintereinanderausführung $*$ von Abbildungen als Verknüpfung.

Drehungen $d:$ $1 \to 2 \to 3 \to 4 \to 1$
              $d^2:$ $1 \to 3 \to 1, 2 \to 4 \to 2$
              $d^3:$ $1 \to 4 \to 3 \to 2 \to 1$
              $d^4 = \mathrm{id}: 1 \to 1, 2 \to 2, 3 \to 3, 4 \to 4$
Spiegelungen $s:$ $1 \to 1, 3 \to 3, 2 \to 4 \to 2$
              $d * s:$ $1 \to 4 \to 1, 3 \to 2 \to 3$
              $d^2 * s:$ $1 \to 3 \to 1, 2 \to 2, 4 \to 4$
              $d^3 * s:$ $1 \to 2 \to 1, 3 \to 4 \to 3$

Dies sind alle Symmetrien. (Warum eigentlich?)

Jetzt ist $U := \{\mathrm{id}, s, d^2, s * d^2\}$ eine Untergruppe von G vom Index 2. Mit Teil (a) folgt $U \trianglelefteq G$. Weiterhin ist U abelsch, also ist $V := \{\mathrm{id}, s\} \trianglelefteq U$. Aber $d * V = \{d, d * s\} \neq V * d = \{d, s * d\}$, da $s * d = d^3 * s \neq d * s$ ist. Somit ist V nicht normal in G.

Wir sind mit dem Homomorphiesatz in der Lage, alle zyklischen Gruppen zu charakterisieren.

Satz 10.21

Sei G zyklisch.

(a) *Ist G unendlich, so ist $(G, \cdot) \cong (\mathbb{Z}, +)$.*

(b) *Ist G endlich der Ordnung $n \in \mathbb{N}$, so ist $(G, \cdot) \cong (\mathbb{Z}/n \cdot \mathbb{Z}, +)$.*

Insbesondere ist jede Untergruppe von G auch zyklisch.

Beweis Sei $g \in G$ so, dass $G = \langle g \rangle$ ist. Das geht, weil G zyklisch ist. Wir definieren die Abbildung $\alpha : \mathbb{Z} \to G$ wie folgt: Für alle $z \in \mathbb{Z}$ sei $z^\alpha := g^z$. Dann ist α ein Gruppenhomomorphismus. Ferner ist $g = g^1 = 1^\alpha \in \mathrm{Bild}(\alpha)$. Da $\mathrm{Bild}(\alpha)$ eine Untergruppe von G ist, ist nach Definition von $\langle g \rangle$ dann $G = \mathrm{Bild}(\alpha)$.

Sei zuerst G unendlich und seien $x, y \in \mathbb{Z}$ verschieden, $x < y$. Falls $x^\alpha = y^\alpha$ ist, dann folgt daraus $g^x = g^y$, also $g^{y-x} = 1_G$. Dann hat g endliche Ordnung, was unmöglich ist. Also ist α injektiv, d.h. $\mathbb{Z}$ und G sind als Gruppen isomorph, und das zeigt (a).

Sei jetzt G endlich der Ordnung $n \in \mathbb{N}$. Dann ist $o(g) = n$ und daraus folgt, dass der Kern von α genau $n \cdot \mathbb{Z}$ ist. Mit dem Homomorphiesatz ist $\mathbb{Z}/n \cdot \mathbb{Z}$ als Gruppe isomorph zu G. Das ist (b).

Die letzte Aussage folgt dann für unendliche Gruppen daraus, dass alle Untergruppen von $\mathbb{Z}$ zyklisch sind, siehe Beispiel 10.12. Ist G eine endliche zyklische Gruppe der Ordnung $n \in \mathbb{N}$ und $U \leq G$, so ist $G \cong \mathbb{Z}/n \cdot \mathbb{Z}$ und daher gibt es einen Isomorphismus von U auf eine Untergruppe von $\mathbb{Z}/n \cdot \mathbb{Z}$. Das volle Urbild von U unter α ist dann eine Untergruppe von $\mathbb{Z}$ und wird daher von einem geeigneten $z \in \mathbb{Z}$ erzeugt. Dann ist $U = \langle n \cdot \mathbb{Z} + z \rangle$ ebenfalls zyklisch. $\qquad\square$

Mit diesem Satz kann man auch sehen, dass jede Faktorgruppe einer zyklischen Gruppe zyklisch ist. Die Vorgehensweise ist typisch für einige Bereiche der Gruppentheorie. Wir haben eine Eigenschaft, hier „zyklisch", und wir klassifizieren alle Gruppen, die diese Eigenschaft haben, in Form einer Liste. Danach können wir Fragen über zyklische Gruppen beantworten, indem wir die Gruppen auf der Liste untersuchen.

Auf den nächsten Seiten beschäftigen wir uns mit der Wirkung von Gruppen auf Mengen. Dieser Blickwinkel ist für viele Argumente ein wichtiges Hilfsmittel.

Definition (Gruppenoperation)

Sei Ω eine Menge.

G operiert auf Ω (oder **wirkt auf Ω**) genau dann, wenn jedes $g \in G$ eine Permutation σ_g auf Ω bewirkt, und zwar so, dass für alle $\omega \in \Omega$ und alle $g, h \in G$ gilt:

(Op 1) $\omega^{\sigma_{1_G}} = \omega$ und

(Op 2) $(\omega^{\sigma_g})^{\sigma_h} = \omega^{\sigma_{g \cdot h}}$.

Jetzt bezeichne $\mathcal{S}_\Omega$ die Gruppe aller Permutationen auf Ω und $\sigma : G \to \mathcal{S}_\Omega$ diejenige Abbildung, welche jedes $g \in G$ auf die Permutation σ_g von Ω abbildet. Dann ist (Op 2) gleichbedeutend damit, dass σ ein Gruppenhomomorphismus ist. Wir vereinfachen die Schreibweise und schreiben für alle $g \in G$ und alle $\omega \in \Omega$: $\omega^g := \omega^{\sigma_g}$.

(Op 2) sagt dann einfach, dass für alle $h \in G$ schon $(\omega^g)^h = \omega^{g \cdot h}$ ist.

Die Operation von G auf Ω heißt **treu** genau dann, wenn 1_G das einzige Element von G ist, das alle $\omega \in \Omega$ fixiert. Anders ausgedrückt wirkt G treu genau dann, wenn der Kern der gerade beschriebenen Abbildung σ nur aus 1_G besteht, wenn die Abbildung also injektiv ist. ◄

Beispiel 10.22

(a) Sei $U \leq G$. Dann operiert G auf G/U, und zwar durch Multiplikation von rechts. Für alle $g \in G$ sei σ_g diejenige Abbildung, die jedes $U \cdot x \in G/U$ auf $(U \cdot x)^{\sigma_g} := U \cdot x \cdot g$ abbildet. Ist $U \cdot x$ eine Nebenklasse, so ist $(U \cdot (x \cdot g^{-1}))^{\sigma_g} = U \cdot x$, und daher ist σ_g surjektiv. Sind $x, y \in G$ und $(U \cdot x)^{\sigma_g} = (U \cdot y)^{\sigma_g}$, so haben wir $U \cdot x \cdot g = U \cdot y \cdot g$ und somit $x \cdot g \cdot g^{-1} \cdot y^{-1} \in U$. Das bedeutet $x \cdot y^{-1} \in U$ und $U \cdot x = U \cdot y$. Jetzt ist σ_g auch injektiv, so dass also jedes $g \in G$ eine Permutation auf G/U bewirkt.

(b) Seien $n \in \mathbb{N}$, K ein Körper und V ein n-dimensionaler K-Vektorraum. Sei $B := \{b_1, \ldots, b_n\}$ eine K-Basis von V. Dann operiert $\mathcal{S}_n$ auf B durch Permutation der Indices, und durch K-lineare Fortsetzung wird daraus sogar eine Operation auf ganz V. Jedes Element von $\mathcal{S}_n$ bewirkt dann einen Automorphismus von V.

> 🎧 Der Satz von Cayley und Permutationsgruppen (▶ sn.pub/uLiyqF)

Satz 10.23 (Satz von Cayley[1])
Sei $U \leq G$, und für jedes $g \in G$ sei $U^g := \{g^{-1} \cdot u \cdot g \mid u \in U\}$. Weiter seien $n := |G : U| \in \mathbb{N}$ und $D := \bigcap_{g \in G} U^g$. Dann ist G/D isomorph zu einer Untergruppe von $\mathcal{S}_n$.

Beweis Wir verwenden, dass G auf $\Omega := G/U$ operiert, wie gerade im Beispiel gesehen. Dabei definiert die Operation von G auf Ω durch Multiplikation von rechts einen Homomorphismus in $\mathcal{S}_n$, weil $|\Omega| = n$ ist. Es liegt $x \in G$ im Kern dieser Operation genau dann, wenn $U \cdot g \cdot x = U \cdot g$ ist für alle $g \in G$. Sei also $g \in G, U \cdot g \in \Omega$. Dann sehen wir:

Aus $U \cdot g \cdot x = U \cdot g$ folgt $g \cdot x \in U \cdot g$, daraus folgt $g \cdot x \cdot g^{-1} \in U$ und daraus wiederum $x \in U^g$ für alle $g \in G$. Die umgekehrten Implikationen gelten auch, und deshalb ist $U \cdot g \cdot x = U \cdot g$ für alle $g \in G$ genau dann, wenn $x \in D$ ist. Der Homomorphiesatz liefert, dass G/D isomorph zum Bild der Operation ist, einer Untergruppe von $\mathcal{S}_n$. □

Definition (Permutationsgruppe[2])

Sei Ω eine endliche Menge. Ist G eine Gruppe, die treu auf Ω operiert, so heißt G eine **Permutationsgruppe** auf Ω. ◄

Beispiel 10.24
$\mathcal{S}_n$ ist eine Permutationsgruppe auf $\{1, \ldots, n\}$ für alle $n \in \mathbb{N}$ (das Standardbeispiel).

---

[1] Arthur Cayley, *16.8.1821 in Richmond upon Thames, Surrey; †26.1.1895 in Cambridge. Schon während seiner Arbeit als Notar verfasste Cayley ca. 250 mathematische Arbeiten auf den Gebieten der Analysis, Algebra, Geometrie, Astronomie und Mechanik. Er erhielt 1863 einen Ruf auf einen Lehrstuhl für Mathematik in Cambridge. Cayley ist einer der Begründer der Invariantentheorie und führte den Begriff einer abstrakten Gruppe ein, u. a. mit Multiplikationstabellen (Gruppentafeln). Er hat knapp 1000 Arbeiten verfasst, wurde vielfach ausgezeichnet und erhielt zahlreiche Ehrendoktorwürden. Es wurden ein Asteroid und ein Mondkrater nach ihm benannt. Wikipedia 2022.

[2] Bis zu den Arbeiten von Cayley wurden Gruppen stets als Permutationsgruppen betrachtet. Das Axiomensystem für die Gruppe, so wie wir es heute kennen, wurde in einem Algebra-Lehrbuch zuerst von Weber [37] angegeben.

Lemma 10.25

Es operiere G auf der Menge Ω, und es sei $\sim$ definiert auf $\Omega \times \Omega$ wie folgt: Für alle $\alpha, \beta \in \Omega$ sei $\alpha \sim \beta$ genau dann, wenn ein $g \in G$ existiert mit der Eigenschaft $\alpha^g = \beta$.

  Dann ist $\sim$ eine Äquivalenzrelation.

Beweis Sei $\alpha \in \Omega$. Dann ist $\alpha^{1_G} = \alpha$, also $\alpha \sim \alpha$. Sind jetzt $\beta \in \Omega$, $\alpha \sim \beta$ und $g \in G$ so, dass $\alpha^g = \beta$ gilt. Dann ist $\beta^{g^{-1}} = (\alpha^g)^{g^{-1}} = \alpha$, also auch $\beta \sim \alpha$. Sind $\gamma \in \Omega$ und $h \in G$ so, dass $\beta^h = \gamma$ ist (also $\alpha \sim \beta$ und $\beta \sim \gamma$), so folgt $\alpha^{g \cdot h} = (\alpha^g)^h = \beta^h = \gamma$, d. h. $\alpha \sim \gamma$. Die Relation $\sim$ ist also reflexiv, symmetrisch und transitiv. $\qquad\square$

Definition (Bahn, transitive Operation)

Operiert G auf einer Menge Ω und ist $\Delta \subseteq \Omega$, so heißt Δ eine **Bahn** oder ein **Orbit** von Ω unter G genau dann, wenn Δ eine Äquivalenzklasse bezüglich der Relation aus Lemma 10.25 ist. Falls die Anzahl der Elemente in Δ endlich ist, dann nennen wir diese Anzahl die **Länge** der Bahn Δ („Bahnenlänge"). Ist die Anzahl unendlich, so heißt die Bahnenlänge von Δ unendlich.

Die Operation von G auf Ω heißt **transitiv** genau dann, wenn es nur eine einzige Bahn gibt, wenn es also für alle $\alpha, \beta \in \Omega$ ein $g \in G$ gibt mit der Eigenschaft $\alpha^g = \beta$. Ist $\alpha \in \Omega$, so bezeichnen wir mit α^G die Bahn, die α enthält, und wir schreiben die Bahnenlänge als $|\alpha^G|$ (mit der Konvention $|\alpha^G| = \infty$, falls die Bahnenlänge unendlich ist). ◀

Beispiel 10.26

Wir betrachten die Operation von $\mathcal{S}_7$ auf $\{1, 2, \ldots, 7\}$.
Sei $H \leq \mathcal{S}_7$ gegeben durch $H := \langle (12), (13), (5\,6\,7) \rangle$. Dann operiert auch H auf $\{1, 2, \ldots, 7\}$, und zur Bestimmung der Bahnen verwenden wir die Notation $\sim$ wie in Lemma 10.25. Wir sehen $1 \sim 2$, $1 \sim 3$, und die Zahlen 1, 2 und 3 werden von H auf keine der Zahlen 4, 5, 6 und 7 abgebildet. Also ist $\{1, 2, 3\}$ eine Bahn. Es wird 4 von H gar nicht bewegt, also ist auch $\{4\}$ eine Bahn. Schließlich haben wir noch $5 \sim 6$ und $6 \sim 7$, also ist $\{5, 6, 7\}$ die letzte Bahn unter H. Die **Bahnenlängen** unter H sind 1 und 3, und H ist nicht transitiv.
Dagegen operiert $\mathcal{S}_7$ transitiv auf $\{1, \ldots, 7\}$, denn für je zwei verschiedene Zahlen i und j aus $\{1, \ldots, 7\}$ gibt es in $\mathcal{S}_7$ immer die Transposition $(i\,j)$.

Definition (Stabilisator, Fixpunkt)

Es operiere G auf der Menge Ω, und es sei $\alpha \in \Omega$. Mit G_α bezeichnen wir den **Stabilisator von α in G**, das heißt

$$G_\alpha := \{g \in G \mid \alpha^g = \alpha\}.$$

Umgekehrt sagen wir für jedes $g \in G$, dass die von g festgehaltenen Elemente in Ω die **Fixpunkte** von g sind. ◀

Beispiel 10.27

Ist $G = \mathcal{S}_3$ und $\Omega = \{1, 2, 3\}$ und etwa $\alpha = 1$, so ist $(23) \in G_\alpha$, denn 1 wird von (23) nicht bewegt. Es ist also 1 ein Fixpunkt von (23).

Lemma 10.28

Es operiere G auf Ω, und es seien $\alpha \in \Omega$ und $g \in G$. Dann ist G_α eine Untergruppe von G und $G_{\alpha^g} = g^{-1} \cdot G_\alpha \cdot g$.

Beweis Es ist $1_G \in G_\alpha$ mit (Op 1). Sind $g, h \in G_\alpha$, so haben wir $\alpha^h = \alpha$ und dann $\alpha^{h^{-1}} = (\alpha^h)^{h^{-1}} = \alpha^{1_G} = \alpha$ mit (Op 2). Daher folgt $\alpha^{g \cdot h^{-1}} = (\alpha^g)^{h^{-1}} = \alpha^{h^{-1}} = \alpha$ und wir erhalten $g \cdot h^{-1} \in G_\alpha$. Nun ist $G_\alpha \leq G$ mit dem Untergruppenkriterium (Lemma 1.1 (f)). Sei weiter $h \in G_{\alpha^g}$. Dann haben wir $(\alpha^g)^h = \alpha^g$, und daraus folgt $g \cdot h \cdot g^{-1} \in G_\alpha$. Also ist $h \in g^{-1} \cdot G_\alpha \cdot g$.

Ist umgekehrt $h \in g^{-1} \cdot G_\alpha \cdot g$, so nehmen wir ein $x \in G_\alpha$ her mit der Eigenschaft $h = g^{-1} \cdot x \cdot g$. Dann ist $(\alpha^g)^h = \alpha^{g \cdot g^{-1} \cdot x \cdot g} = \alpha^{x \cdot g} = \alpha^g$, also ist $h \in G_{\alpha^g}$. $\qquad\square$

Lemma 10.29 (Bahnenlänge gleich Stabilisatorindex)

Es operiere G auf Ω, und es sei $\alpha \in \Omega$. Dann sind G/G_α und α^G gleichmächtig.

Beweis Seien $g, h \in G$ so, dass $\alpha^g = \alpha^h$ ist. Dann sehen wir sofort $\alpha^{g \cdot h^{-1}} = \alpha$, also ist $g \cdot h^{-1} \in G_\alpha$. Das bedeutet $G_\alpha \cdot g = G_\alpha \cdot h$. Wenn also α unter g und h gleich abgebildet wird, dann repräsentieren g und h auch die gleiche Nebenklasse von G_α in G. Nun können wir eine Abbildung definieren:

Sei $\gamma : \alpha^G \to G/G_\alpha$ eine Abbildung, für alle $g \in G$ sei $(\alpha^g)^\gamma := G_\alpha \cdot g$.

γ ist bijektiv: Die Surjektivität sehen wir sofort. Für die Injektivität nehmen wir zwei Elemente aus α^G her, die das gleiche Bild haben. Seien also $g, h \in G$ und $(\alpha^g)^\gamma = (\alpha^h)^\gamma$. Das bedeutet dann $G_\alpha \cdot h = G_\alpha \cdot g$ nach Definition von γ, also ist $g \cdot h^{-1} \in G_\alpha$ und damit $\alpha^g = \alpha^h$. $\qquad\square$

 p-Gruppen und Konjugation (▶ sn.pub/TtjUUb)

Die nächsten Resultate beziehen sich auf spezielle Typen von Gruppen.

Definition (*p*-Gruppe)

Sei p eine Primzahl. Eine endliche Gruppe G heißt *p*-**Gruppe** genau dann, wenn $|G|$ eine p-Potenz ist. ◄

Folgerung 10.30

Seien p eine Primzahl und G eine p-Gruppe, die auf einer Menge Ω operiert. Dann gilt für jede Bahn Δ von Ω unter G, dass $|\Delta|$ eine p-Potenz ist.

Insbesondere hat jede Bahn mit mehr als einem Element eine durch p teilbare Länge.

Beweis Seien Δ eine Bahn von Ω unter G und $\alpha \in \Omega$ so, dass $\Delta = \alpha^G$ ist. Mit Lemma 10.29 und dem Satz von Lagrange wissen wir dann, dass $|\Delta| = |\alpha^G|$ ein Teiler von $|G|$ ist, also eine p-Potenz ist. Ist nun $\alpha^G \neq \{\alpha\}$, so gibt es ein Element in G, das α bewegt. Also ist $G_\alpha \neq G$ und daher $|\alpha^G| \neq 1$, und somit hat Δ eine durch p teilbare Länge. □

Lemma 10.31 (*p*-Fixpunkt-Lemma)

Sei G eine p-Gruppe, die auf einer endlichen Menge Ω operiert. Sei Δ die Teilmenge aller Punkte aus Ω, die von jedem Element aus G fixiert werden. Dann ist $|\Omega| - |\Delta|$ durch p teilbar.

Beweis Falls $\Delta = \Omega$ ist, dann sind wir fertig, denn p teilt 0.

Andernfalls existiert ein $\omega \in \Omega \setminus \Delta$. Da ω nicht von jedem Element aus G fixiert wird, ist $G_\omega < G$. Der Index $|G : G_\omega|$ ist mit dem Satz von Lagrange ein Teiler von $|G|$, also eine p-Potenz. Aus Folgerung 10.30 wissen wir dann, dass die Bahnenlänge $|\omega^G|$ eine von 1 verschiedene p-Potenz ist (also durch p teilbar). Es ist $\Omega \setminus \Delta$ die disjunkte Vereinigung aller Bahnen (unter G) der Länge > 1, und wie wir gerade gesehen haben, hat jede dieser Bahnen eine durch p teilbare Länge. Also ist $|\Omega \setminus \Delta| = |\Omega| - |\Delta|$ durch p teilbar. □

Jetzt befassen wir uns mit einer speziellen Wirkung einer Gruppe auf sich selbst.

Lemma 10.32

Seien $x \in G$ und $c_x : G \rightarrow G$ definiert durch $g^{c_x} := x^{-1} \cdot g \cdot x$ für alle $g \in G$. Dann ist c_x ein Gruppenautomorphismus von G.

Beweis Seien $a, b \in G$. Dann ist

$$(a \cdot b)^{c_x} = x^{-1} \cdot (a \cdot b) \cdot x = (x^{-1} \cdot a \cdot x) \cdot (x^{-1} \cdot b \cdot x) = a^{c_x} \cdot b^{c_x},$$

also ist c_x ein Gruppenhomomorphismus von G in sich selbst.

Ist $a^{c_x} = b^{c_x}$, also $x^{-1} \cdot a \cdot x = x^{-1} \cdot b \cdot x$, so liefern die Kürzungsregeln (Lemma 1.1 (d)) sofort $a = b$. Also ist c_x injektiv.

Sei $a \in G$ beliebig und $b := x \cdot a \cdot x^{-1}$. Dann ist $b \in G$ und $b^{c_x} = x^{-1} \cdot b \cdot x = a$, also ist b ein Urbild von a unter c_x und daher c_x surjektiv. Es folgt, dass c_x ein Automorphismus von G ist. $\square$

Definition (Konjugation)

Für jedes $x \in G$ wird der Automorphismus c_x aus Lemma 10.32 als **Konjugation mit** x bezeichnet, und wir kürzen das Bild g^{c_x} ab durch g^x, d. h. $g^x := x^{-1} \cdot g \cdot x$.

Zwei Elemente $a, b \in G$ heißen **konjugiert in G** genau dann, wenn es ein $x \in G$ gibt so, dass $b = a^x$ ist.

Ist $U \leq G$ und $g \in G$, so definieren wir $U^g := \{u^g \mid u \in U\}$.

Zwei Untergruppen A und B von G heißen **konjugiert in G** genau dann, wenn es ein $g \in G$ gibt mit der Eigenschaft $B = A^g$. ◄

Beispiel 10.33

Die Elemente (12) und (25) aus der Symmetrischen Gruppe $G := S_5$ sind konjugiert in G, denn mit dem Element $x := (1\,2\,5)$ aus G gilt:

$$(12)^x = x^{-1} \cdot (12) \cdot x = (1\,5\,2) \cdot (12) \cdot (1\,2\,5) = (25).$$

Die Konjugationsabbildung führt zu vielen interessanten Untergruppen von G:

Definition (Zentralisator)

Für jedes $x \in G$ ist der **Zentralisator von x in G** definiert durch

$$C_G(x) := \{g \in G \mid g \cdot x = x \cdot g\}.$$

Wir sagen, dass x von $g \in G$ **zentralisiert** wird genau dann, wenn $g \in C_G(x)$ ist. Ist $U \leq G$, so definieren wir

$$C_G(U) := \{g \in G \mid \text{Für alle } u \in U \text{ ist } g \cdot u = u \cdot g\},$$

den **Zentralisator von U in G**. ◄

▶ **Bemerkung 10.34** Da jedes Gruppenelement mit sich selbst kommutiert, haben wir stets $x \in C_G(x)$ und sogar $\langle x \rangle \leq C_G(x)$. Für jede Untergruppe U von G ist

$$C_G(U) = \bigcap_{u \in U} C_G(u).$$

Beispiel 10.35

Seien $G := S_4$, $x := (1\,2)$ und $U := \langle(1\,2\,3)\rangle$. Da x und $(3\,4)$ elementfremd sind, kommutieren sie, also gilt $(3\,4) \in C_G(x)$. Aber es ist zum Beispiel $(2\,3) \notin C_G(x)$.

Weiterhin ist $C_G(U) = U$:

Zuerst sehen wir, dass U abelsch ist, dass also $U \leq C_G(U)$ ist. Weiter muss jedes Element in $C_G(U)$ den einzigen Fixpunkt von U stabilisieren, muss also 4 festlassen. Von den Elementen in $G \setminus U$ tun das nur die Transpositionen $(1\,2)$, $(1\,3)$ und $(2\,3)$, und die liegen alle nicht in $C_G(U)$.

Definition (Zentrum)

Wir definieren

$$Z(G) := \{g \in G \mid \text{Für alle } x \in G \text{ ist } x \cdot g = g \cdot x\},$$

das **Zentrum von G**. Für jede Untergruppe U von G ist die Menge

$$N_G(U) := \{g \in G \mid U^g = U\}$$

der **Normalisator von U in G**. Ist $g \in N_G(U)$, so sagen wir, dass **U von g normalisiert wird.** Im Spezialfall $N_G(U) = G$ gilt für alle $g \in G$, dass $U \cdot g = g \cdot U$ ist, dass also U ein Normalteiler von G ist. ◄

Lemma 10.36

Sei $c : G \to \mathrm{Aut}(G)$ die Abbildung, die jedes $g \in G$ auf die Konjugationsabbildung c_g abbildet. Dann ist c ein Gruppenhomomorphismus und

$$\mathrm{Kern}\,(c) = Z(G) = \bigcap_{x \in G} C_G(x).$$

Insbesondere ist $Z(G) \trianglelefteq G$. Für jedes $x \in G$ ist $C_G(x) \leq G$, und für jede Untergruppe U von G sind auch $C_G(U)$ und $N_G(U)$ Untergruppen von G.

Beweis Seien $a, b, g \in G$. Dann ist $g^{c_a * c_b} = (g^a)^b = g^{ab} = g^{c_{a \cdot b}}$, also ist $c_a * c_b = c_{a \cdot b}$. Damit ist c ein Gruppenhomomorphismus.

Weiter sehen wir

$$\text{Kern}\,(c) = \{x \in G \mid c_x = 1_{\text{Aut}(G)}\} = \{x \in G \mid c_x = \text{id}_G\}$$
$$= \{x \in G \mid \text{Für alle } g \in G \text{ ist } g^x = g\}$$
$$= \{x \in G \mid \text{Für alle } g \in G \text{ ist } g \cdot x = x \cdot g\}$$
$$= Z(G).$$

Insbesondere ist $Z(G) \trianglelefteq G$ und $Z(G) = \bigcap_{x \in G} C_G(x)$. Mit der Operation von G auf sich selbst per Konjugation haben wir $C_G(x) = G_x$, und daher ist $C_G(x) \leq G$ mit Lemma 10.28.

Jetzt sei $U \leq G$. Dann ist sofort $C_G(U) = \bigcap_{u \in U} C_G(u)$ eine Untergruppe von G. Wir sehen außerdem, dass $1_G \in N_G(U)$ ist. Sind $g, h \in N_G(U)$, so haben wir $U^h = U$, also auch $U^{h^{-1}} = U$ und daher $U^{g \cdot h^{-1}} = (U^g)^{h^{-1}} = U$. Das Untergruppenkriterium (Lemma 1.1(f)) liefert schließlich $N_G(U) \leq G$. $\square$

Beispiel 10.37

(a) Ist G abelsch, so ist $G = Z(G)$, und alle Untergruppen sind Normalteiler.

(b) Für jede Untergruppe U von G ist $U \leq N_G(U)$ und $C_G(U) \leq N_G(U)$. Es gilt darüber hinaus sogar $C_G(U) \trianglelefteq N_G(U)$ (Übungsaufgabe 10.5).

(c) Seien $G := S_4$ und $x := (1\,2)$, weiter $U := \langle (1\,2\,3) \rangle$. Natürlich ist $U \leq N_G(U)$. Für das Element $x = (1\,2)$ haben wir $(1\,2\,3)^x = (1\,2) \cdot (1\,2\,3) \cdot (1\,2) = (2\,1\,3) = (1\,3\,2) = (1\,2\,3)^{-1} \in U$. Also ist $x \in N_G(U)$, aber $x \notin C_G(U)$, denn $(1\,3\,2) \neq (1\,2\,3)$.

Definition (Konjugiertenklasse)

Für die Operation „Konjugation" von G auf sich selbst haben wir gesehen, dass für alle $x \in G$ schon $G_x = C_G(x)$ ist. Die Bahnen (Orbits) von G bei dieser Operation heißen **Konjugiertenklassen**. Insbesondere ist für jedes $x \in G$ dann $x^G = \{x^g \mid g \in G\}$ die Bahn von x unter dieser Operation. Sie heißt **Konjugiertenklasse von x in G**. ◀

Folgerung 10.38 (Konjugiertenklassenlänge gleich Zentralisatorindex)

Seien G endlich und $x \in G$. Dann gilt:

$$|G : C_G(x)| = |x^G|.$$

Beweis Das folgt sofort aus Lemma 10.29, angewandt auf die Operation von G auf sich selbst durch Konjugation. Dann ist für alle $x \in G$ nämlich $G_x = C_G(x)$ und wir erhalten $x^G = \{y \in G \mid \text{Es existiert } g \in G \text{ so, dass } y = x^g \text{ ist}\}$. $\square$

Lemma 10.39 (Klassengleichung)

Sei G eine endliche Gruppe. Seien $n \in \mathbb{N}_0$ und $x_1, \ldots, x_n \in G$ Vertreter aller paarweise verschiedenen Konjugiertenklassen von G, die mindestens zwei Elemente besitzen. Dann gilt:

$$|G| = |Z(G)| + \sum_{i=1}^{n} |G : C_G(x_i)|.$$

Beweis Wir zeigen, dass jedes $y \in G$ entweder im Zentrum oder in **genau** einer der Konjugiertenklassen $x_1^G, \ldots, x_n^G$ liegt. Sei dazu $y \in G$ beliebig. Ist $y \in Z(G)$, so sind wir fertig. Andernfalls existiert ein $g \in G$ so, dass $y \cdot g \neq g \cdot y$ ist. Das bedeutet $g^{-1} \cdot y \cdot g = y^g \neq y$, und daher hat die Konjugiertenklasse y^G mindestens zwei Elemente. Es gibt also ein $i \in \{1, \ldots, n\}$ so, dass $y \in x_i^G$ ist. Da „konjugiert sein" eine Äquivalenzrelation auf G definiert, deren Äquivalenzklassen genau die Konjugiertenklassen sind, sind verschiedene Konjugiertenklassen disjunkt. Zusammen mit der Gleichung $|x_i^G| = |G : C_G(x_i)|$ aus Folgerung 10.38 kommt die Behauptung heraus. $\qquad\square$

Bevor wir die nächsten größeren Sätze beweisen, wenden wir die bisherigen Resultate zur Konjugation auf p-Gruppen an.

Lemma 10.40

Sei G eine p-Gruppe und $\{1_G\} \neq N \trianglelefteq G$. Dann ist $N \cap Z(G) \neq \{1_G\}$ und insbesondere $Z(G) \neq \{1_G\}$.

Beweis Es operiert G auf N durch Konjugation, und die Menge der Fixpunkte von ganz G unter dieser Operation ist genau $Z(G) \cap N$. Seien also $\Omega := N$ und $\Delta := Z(G) \cap N$. Dann ist $|\Omega|$ eine p-Potenz (mindestens p), und da laut p-Fixpunkt-Lemma (10.31) $|\Omega| - |\Delta|$ durch p teilbar ist und $1_G \in \Delta$ ist, folgt $|\Delta| \neq 1$. $\qquad\square$

Die folgenden beiden Sätze sind fundamental für die Theorie endlicher Gruppen.

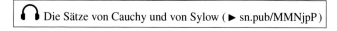

Die Sätze von Cauchy und von Sylow (▶ sn.pub/MMNjpP)

Satz 10.41 (Cauchy[3])

Sei G eine endliche Gruppe und sei p eine Primzahl, die $|G|$ teilt. Dann besitzt G ein Element der Ordnung p.

Beweis (nach einer Idee von John McKay[4])

Wir möchten das p-Fixpunkt-Lemma (10.31) anwenden und definieren

$$\Omega := \{(g_1, \ldots, g_p) \mid g_1, \ldots, g_p \in G, g_1 \cdot g_2 \cdots g_p = 1_G\}.$$

Da $|G|$ durch eine Primzahl teilbar ist, hat G mindestens zwei verschiedene Elemente. Daher ist auch $|\Omega| \geq 2$. Um $|\Omega|$ zu berechnen, überlegen wir uns:

Für g_1 gibt es $|G|$ Möglichkeiten, genau so für $g_2, \ldots$, bis hin zu g_{p-1}, aber dann muss g_p das eindeutig bestimmte Inverse von $g_1 \cdots g_{p-1}$ in G sein. Also ist $|\Omega| = |G|^{p-1}$. Weiter geht es mit einer geeigneten Operation:

Ist $(g_1, \ldots, g_p) \in \Omega$, so ist $g_2 \cdots g_p = g_1^{-1}$ und daher auch

$$g_2 \cdots g_p \cdot g_1 = 1_G, \ldots, g_p \cdot g_1 \cdots g_{p-1} = 1_G.$$

Sei $\mathcal{S}$ die Gruppe aller Permutationen auf Ω bzgl. Hintereinanderausführung. Sei x eine Abbildung, welche in jedem $\omega \in \Omega$ die Einträge in einem p-Zyklus vertauscht. Ist also $\omega_1 := (g_1, \ldots, g_p) \in \Omega$ fest, so ist

$$\omega_1^x = (g_2, \ldots, g_p, g_1), \quad \omega_1^{(x^2)} = (g_3, \ldots, g_p, g_1, g_2) \text{ etc.}$$

All diese Elemente liegen in Ω, daher bildet x von Ω nach Ω ab. Es ist sogar x bijektiv, also liegt x in $\mathcal{S}$. Wenn wir x^p anwenden, wird jedes ω aus Ω auf sich selbst abgebildet, daher ist $\langle x \rangle$ eine zyklische Untergruppe der Ordnung 1 oder p der Gruppe $\mathcal{S}$. Sei $\Delta := \{\alpha \in \Omega \mid \alpha^x = \alpha\}$. Wir wenden das p-Fixpunkt-Lemma (10.31) auf die Gruppe $\langle x \rangle$ an und erhalten: $|\Omega| - |\Delta|$ ist durch p teilbar.

Wir wissen, dass $|\Omega| = |G|^{p-1}$ durch p teilbar ist und dass $\Delta \neq \varnothing$ ist, denn $(1_G, \ldots, 1_G) \in \Delta$ und x stabilisiert $(1_G, \ldots, 1_G)$. Daher ist $|\Delta|$ eine von 0 verschiedene Zahl, die durch p teilbar ist. Insbesondere ist $|\Delta| \geq p \geq 2$, d.h. es gibt ein Element $\alpha = (a_1, a_2, \ldots, a_p) \in \Delta$ mit der Eigenschaft $\alpha \neq (1_G, \ldots, 1_G)$. Da x einerseits α stabilisiert und andererseits die Einträge $a_1, \ldots, a_p$ in einem p-Zyklus vertauscht, folgt

---

[3] Augustin-Louis Cauchy, *21.8.1789 Paris, †23.5.1857 Sceaux. Ingenieur zur Zeit Napoleons, Professor an der Ecole Polytechnique in Paris. Ab 1830 war der berufliche Weg stark von der politischen Situation geprägt (1831 Turin, ab 1833 Hauslehrer des Enkels von Karl X. in Prag, ab 1849 Professor an der Sorbonne). Er hat fundamentale Arbeiten zur Algebra, Infinitesimalrechnung und mathematischen Physik verfasst. Mit knapp 800 Arbeiten ist sein Werk außergewöhnlich umfangreich. Wikipedia 2022.

[4] Siehe [26].

$a_1 = a_2 = \ldots = a_p$. Weiterhin ist $a_1 \neq 1_G$, denn $\alpha \neq (1_G, \ldots, 1_G)$. Wegen $\alpha \in \Omega$ muss $a_1 \cdots a_p = a_1^p = 1_G$ sein, d. h. $a_1 \in G$ ist ein Element der Ordnung p wie gewünscht. $\square$

Der folgende Satz ist nach Sylow[5] benannt und wurde unabhängig von ihm auch von Capelli bewiesen (siehe [9]).

Satz 10.42 (Satz von Sylow)
Seien G eine endliche Gruppe, p eine Primzahl und $a \in \mathbb{N}_0$ so, dass p^a die größte Potenz von p ist, die $|G|$ teilt. Dann gilt
(a) *Es gibt eine Untergruppe von G der Ordnung p^a.*
(b) *Alle Untergruppen von G der Ordnung p^a sind in G konjugiert.*
(c) *Ist U eine p-Untergruppe von G, so gibt es eine Untergruppe P von G der Ordnung p^a, in der U enthalten ist.*
(d) *Die Anzahl der Untergruppen U von G der Ordnung p^a ist genau $|G : N_G(U)|$, und die Anzahl ist kongruent zu 1 modulo p.*

Beweis Dieser Beweis folgt der Darstellung von M. Aschbacher in [5] auf S. 19. Sei dazu $\mathcal{P}$ die Menge aller p-Untergruppen von G und $\mathcal{M}$ die Menge der maximalen Elemente in $\mathcal{P}$ bezüglich Inklusion. Es ist $\{1_G\}$ eine p-Untergruppe von G (der Ordnung p^0), und daher ist $\mathcal{P} \neq \emptyset$. Insbesondere ist $\mathcal{M} \neq \emptyset$. Da Konjugation ein Gruppenautomorphismus ist und somit die Ordnung von Untergruppen erhält, operiert G auf $\mathcal{P}$ durch Konjugation. Wir überzeugen uns davon, dass $\mathcal{M}$ bezüglich dieser Operation invariant ist:

Angenommen es seien $U \in \mathcal{M}$, $g \in G$ und $U^g \notin \mathcal{M}$. Dann gibt es eine p-Untergruppe V von G, die U^g als echte Untergruppe enthält. Umgekehrt ist dann U echt enthalten in $g \cdot V \cdot g^{-1}$, aber das ist unmöglich.

Seien $U, V \in \mathcal{M}$, $U \neq V$. Da beide maximal sind, ist $U \neq U \cap V \neq V$. Wäre $V \leq N_G(U)$, so wäre nach Satz 10.9 $U \cdot V$ eine Untergruppe von G, und ihre Ordnung wäre

$$|U \cdot V| = \frac{|U| \cdot |V|}{|U \cap V|}$$

mit Lemma 10.3. Dies ist eine p-Potenz, die größer als $|U|$ ist. Aber das ist ein Widerspruch. Also ist $V \not\leq N_G(U)$. Daraus folgt nun sofort

(∗)   Für alle $M \in \mathcal{M}$ ist M der einzige Fixpunkt bei der Wirkung von M auf $\mathcal{M}$ per Konjugation.

---

[5] Peter Ludwig Mejdell Sylow, *12.12.1832 Christiana, †7.9.1918 ebenda (heute Oslo). Wirkte als Lehrer bis 1898, erhielt 1898 eine Professur an der Königlichen Friedrichs-Universität (heute Universität Oslo). Wichtigstes Arbeitsgebiet war Gruppentheorie, daneben auch die Theorie der elliptischen Funktionen. Wikipedia 2022.

Denn angenommen, es wäre $U \in \mathcal{M}$ ein weiterer Fixpunkt von M unter dieser Wirkung. Dann wäre $U^m = U$ für alle $m \in M$, also $M \leq N_G(U)$. Aber $M \neq U$, im Widerspruch zum letzten Absatz.

Sei jetzt $\mathcal{N}$ eine unter Konjugation in G invariante Teilmenge von $\mathcal{M}$. Für alle $H \in \mathcal{N}$ und $g \in G$ sei also $H^g \in \mathcal{N}$. Ist $H \in \mathcal{N}$ fest, so operiert H auch per Konjugation auf $\mathcal{M} \setminus \mathcal{N}$ und hat wegen (∗) dort keinen Fixpunkt. Da H eine p-Gruppe ist, ist mit Lemma 10.31 p ein Teiler von $|\mathcal{M} \setminus \mathcal{N}|$. Ist aber $M \in \mathcal{M} \setminus \mathcal{N}$, so ist mit (∗) schon M der einzige Fixpunkt von M auf $\mathcal{M} \setminus \mathcal{N}$ unter Konjugation, und deshalb ist p auch ein Teiler von $|\mathcal{M} \setminus \mathcal{N}| - 1$. Das ist aber nicht möglich.

Somit schlussfolgern wir, dass $\mathcal{M}$ die einzige G-invariante Teilmenge von $\mathcal{M}$ ist. Insbesondere sind alle Elemente in $\mathcal{M}$ konjugiert in G und haben daher die gleiche Ordnung. Weiter ist für jedes $U \in \mathcal{M}$ nun U der einzige Fixpunkt von U in $\mathcal{M}$, und deshalb ist $|\mathcal{M}| \equiv 1 \mod p$. Nach Lemma 10.29 ist $|\mathcal{M}| = |G : N_G(U)|$. Da $|\mathcal{M}|$ nicht durch p teilbar ist, folgt mit dem Satz von Lagrange, dass p^a ein Teiler von $|N_G(U)|$ ist.

Jetzt betrachten wir noch $|N_G(U)/U|$ und nehmen an, dass diese Zahl durch p teilbar sei. Dann hat $N_G(U)/U$ eine Untergruppe der Ordnung p, nach dem Satz von Cauchy (Satz 10.41). Das volle Urbild dieser Untergruppe in $N_G(U)$ (unter dem natürlichen Homomorphismus) ist eine p-Gruppe, die U echt enthält, im Widerspruch zur Maximalität von U. Daher ist $|N_G(U)/U|$ nicht durch p teilbar. Schließlich liefert der Satz von Lagrange (Satz 10.6), dass p^a ein Teiler von $|U|$ ist und dass daher $|U| = p^a$ ist.   □

Definition (Sylowuntergruppen)

Seien G eine endliche Gruppe, p eine Primzahl und $a \in \mathbb{N}_0$ so, dass die Zahl p^a die größte p-Potenz ist, die $|G|$ teilt. Eine Untergruppe P von G heißt p-**Sylowuntergruppe von G** genau dann, wenn $|P| = p^a$ ist. Die Menge aller p-Sylowuntergruppen von G bezeichnen wir mit $\mathrm{Syl}_p(G)$. ◄

Der Satz von Sylow zeigt, dass für jede Primzahl p die Menge der p-Sylowuntergruppen von G nicht leer ist. Hier kommen einige typische Anwendungen.

Beispiele 10.43

(a) Seien G eine Gruppe der Ordnung 20 und $S \in \mathrm{Syl}_5(G)$. Mit dem Satz von Sylow ist die Zahl $|G : N_G(S)|$ ein Teiler von $|G : S| = 4$ und gleichzeitig ist $|G : N_G(S)| \equiv 1 \mod 5$. Also ist $|G : N_G(S)| = 1$ und damit $S \trianglelefteq G$.

(b) Sei G eine Gruppe der Ordnung $380 = 4 \cdot 5 \cdot 19$ und sei $P \in \mathrm{Syl}_{19}(G)$. Dann ist mit dem Satz von Sylow $|G : N_G(P)|$ ein Teiler von $|G : P| = 20$ und gleichzeitig $|G : N_G(P)| \equiv 1$ modulo 19. Es gibt also genau eine 19-Sylowuntergruppe in G oder 20.

Ist $Q \in \mathrm{Syl}_5(G)$, so erhalten wir genau so, dass $|G : N_G(Q)|$ ein Teiler von $|G : Q| = 4 \cdot 19 = 76$ ist und $|G : N_G(Q)| \equiv 1$ modulo 5. Es gibt also genau eine 5-Sylowuntergruppe oder 76.

Nehmen wir an, dass es jeweils mehrere 19- und 5-Sylowuntergruppen gibt. Da Q und P Primzahlordnung haben, schneiden sich zwei verschiedene Konjugierte von P trivial und je zwei verschiedene Konjugierte von Q auch. In den insgesamt 20 verschiedenen 19-Sylowuntergruppen liegen $20 \cdot (19 - 1)$ nichttriviale Elemente, also insgesamt 360 Elemente. Weiter gibt es in den 76 verschiedenen 5-Sylowuntergruppen insgesamt $76 \cdot (5 - 1) = 304$ Elemente. Da G insgesamt nur 380 Elemente hat, ist das unmöglich.

Nehmen wir jetzt an, dass $|\mathrm{Syl}_{19}(G)| = 20$ ist. Dann ist Q die einzige 5-Sylowuntergruppe von G. Insbesondere wird Q von P normalisiert, mit Folgerung 10.30 also zentralisiert. Das heißt, dass umgekehrt $Q \leq C_G(P) \leq N_G(P)$ ist und dass daher $|N_G(P)|$ durch $19 \cdot 5$ teilbar ist. Daraus folgt mit dem Satz von Lagrange, dass $|G : N_G(P)| \leq 4$ ist, und das ist ein Widerspruch zur vorherigen Aussage $|G : N_G(P)| = 20$.

Es ist deshalb P die einzige 19-Sylowuntergruppe von G und insbesondere gilt $P \trianglelefteq G$. Wir argumentieren wieder mit Folgerung 10.30, denn Q operiert per Konjugation auf P und hat dort Bahnen der Länge 1 oder 5. Dann muss es mindestens vier Bahnen der Länge 1 geben, denn $19 \equiv 4$ modulo 5. Insbesondere gibt es ein Element $a \in P$ der Ordnung 19, das von Q zentralisiert wird. Nun ist $P \leq N_G(Q)$ und daher $|N_G(Q)|$ durch $19 \cdot 5$ teilbar. Mit dem Satz von Lagrange folgt daraus $|G : N_G(Q)| \leq 4$, und somit ist Q die einzige 5-Sylowuntergruppe von G.

Insgesamt haben wir – nur ausgehend von der Gruppenordnung und mit dem Satz von Sylow – gezeigt, dass die Gruppe G einen Normalteiler der Ordnung 19 und einen der Ordnung 5 hat.

(c) Sei $|G| = 36 = 2^2 \cdot 3^2$. Das Ziel ist hier auch wieder, zu zeigen, dass G einen Normalteiler hat, der weder $\{1_G\}$ noch G ist. Sei $S \in \mathrm{Syl}_3(G)$. Falls $S \trianglelefteq G$, sind wir fertig.

Angenommen, es sei $S \ntrianglelefteq G$. Dann ist S nicht die einzige 3-Sylowuntergruppe von G, und mit dem Satz von Sylow folgt dann (mit Argumenten wie in (a) und (b)), dass $|G : N_G(S)| = 4$ ist. Die Gruppe G operiert per Konjugation auf der Menge $\Omega := \mathrm{Syl}_3(G)$, die genau vier Elemente hat. Also gibt es einen Gruppenhomomorphismus φ von G in die Gruppe $\mathcal{S}_4$. Da S kein Normalteiler von G ist, gibt es ein $g \in G$, das nichttrivial auf Ω wirkt. Insbesondere ist $\mathrm{Kern}\,(\varphi) \neq G$. Mit dem Homomorphiesatz für Gruppen (Satz 10.18) ist $G/\mathrm{Kern}\,(\varphi)$ isomorph zu einer Untergruppe von $\mathcal{S}_4$, hat also höchstens Ordnung 24. Es ist $|G| = 36$, daher muss $\mathrm{Kern}\,(\varphi) \neq \{1_G\}$ sein. Also gibt es auch in diesem Fall einen echten Normalteiler von G.

Auflösbarkeit (▶ sn.pub/DXh1qb)

Definition (auflösbar)

Eine Gruppe G heißt **auflösbar** genau dann, wenn es ein $k \in \mathbb{N}$ und Untergruppen $N_0, ..., N_k \leq G$ gibt so, dass gilt:

$$\{1_G\} = N_0 \trianglelefteq N_1, \ N_1 \trianglelefteq N_2, \ ..., \ N_{k-1} \trianglelefteq N_k = G$$

und für alle $i \in \{1, ..., k\}$ ist die Faktorgruppe N_i / N_{i-1} abelsch. ◀

Beispiel 10.44

$\mathcal{S}_4$ ist auflösbar, denn $\mathcal{A}_4 \trianglelefteq \mathcal{S}_4$, $V := \langle (12)(34), (13)(24) \rangle$ ist normal in $\mathcal{A}_4$ und die Gruppen $\mathcal{S}_4/\mathcal{A}_4$, $\mathcal{A}_4/V$ und V sind jeweils abelsch.

Auflösbarkeit ist eine Eigenschaft, mit der sich gut bei Induktionsargumenten arbeiten lässt, da sie sich z. B. auf Untergruppen und Faktorgruppen vererbt:

Satz 10.45

Seien G eine Gruppe, U eine Untergruppe und N ein Normalteiler von G.
(a) *Sind G auflösbar, H eine Gruppe und $\alpha : G \to H$ ein Gruppenhomomorphismus, so ist auch G^α auflösbar.*
(b) *Ist G auflösbar, so ist es auch G/N.*
(c) *Ist G auflösbar, so ist es auch U.*
(d) *Sind N und G/N auflösbar, so ist es auch G.*

Beweis Seien $k \in \mathbb{N}$ und $N_0, ..., N_k \leq G$, $\{1_G\} = N_0 \trianglelefteq N_1 \trianglelefteq \cdots \trianglelefteq N_k = G$ und sei für alle $i \in \{1, ..., k\}$ schon N_i/N_{i-1} abelsch. Für (a), (b) und (c) sei außerdem G auflösbar.

(a) Für alle $i \in \{1, ..., k\}$ sei $L_i := N_i^\alpha$. Dann ist $\{1_H\} = L_0 \trianglelefteq L_1 \trianglelefteq \cdots \trianglelefteq L_k = G^\alpha$, und für alle $i \in \{1, ..., k\}$ ist L_i/L_{i-1} abelsch. Damit ist G^α auflösbar.

(b) folgt aus (a), wenn wir $H := G/N$ setzen und für α den natürlichen Homomorphismus wählen.

Für (c) seien $U_0 := \{1_G\}$, $U_1 := N_1 \cap U, ..., U_k := N_k \cap U$. Mit Satz 10.19 (a) haben wir für jedes $i \in \{1, ..., k\}$ dann

$$U_i/U_{i-1} = (N_i \cap U)/(N_{i-1} \cap U) \cong (N_i \cap U) \cdot N_{i-1}/N_{i-1},$$

insbesondere ist U_i/U_{i-1} abelsch. Somit ist U auflösbar.

(d) Seien $m, l \in \mathbb{N}$ und $L_0, ..., L_m \leq N$, $\{1_G\} = L_0 \trianglelefteq L_1 \trianglelefteq \cdots \trianglelefteq L_m = N$, weiterhin $M_0, ..., M_l \leq G$, $N = M_0 \leq \cdots \leq M_l = G$ so, dass $M_1/N \trianglelefteq \cdots \trianglelefteq M_{l-1}/N \trianglelefteq G/N$ ist, für alle $i \in \{1, ..., m\}$ sei L_i/L_{i-1} abelsch, und für alle $i \in \{1, ..., l\}$ sei $(M_i/N)/(M_{i-1}/N)$ abelsch. Mit Satz 10.19 (b) ist für jedes $i \in \{1, ..., l\}$ die Faktorgruppe $M_i/M_{i-1} \cong (M_i/N)/(M_{i-1}/N)$ abelsch, so dass insgesamt alle Faktoren in der Kette $\{1_G\} = L_0 \trianglelefteq L_1 \trianglelefteq \cdots \trianglelefteq L_m = N = M_0 \trianglelefteq \cdots \trianglelefteq M_l = G$ abelsch sind. Also ist G auflösbar. $\qquad\square$

Eine interessante Eigenschaft auflösbarer Gruppen ist die folgende:

Lemma 10.46

Sei G eine endliche auflösbare Gruppe der Ordnung mindestens 2. Dann gibt es einen Normalteiler N von G, dessen Index in G eine Primzahl ist.

Beweis Zuerst zeigen wir die Aussage für abelsche Gruppen. Ist G abelsch, so sei N eine maximale Untergruppe von G. Es ist $N \trianglelefteq G$ und G/N hat keine echten nicht-trivialen Untergruppen, nach Wahl von N. Aber $|G/N| \neq 1$, also gibt es eine Primzahl p, die $|G/N|$ teilt. Mit dem Satz von Cauchy (10.41) gibt es in G/N ein Element $N \cdot g$ der Ordnung p, also folgt $\langle N \cdot g \rangle = G/N$. Damit ist $|G/N| = p$ wie gewünscht.

Jetzt sei G endlich und auflösbar wie vorausgesetzt und $G \neq \{1_G\}$. Da G auflösbar ist, gibt es einen Normalteiler M von G, für den gilt: $M \neq G$ und G/M ist abelsch. Aus dem, was wir bereits gezeigt haben, folgt jetzt, dass G/M einen Normalteiler von Primzahlindex hat. Ist $M \leq N \leq G$ so, dass $N/M \trianglelefteq G/M$ ist und der Index von N/M in G/M eine Primzahl q ist, so liefert Satz 10.19 (b) schon $|G : N| = |G/N| = |(G/M)/(N/M)| = q$. $\square$

Die nächsten zwei Sätze zeigen, dass Auflösbarkeit tatsächlich eine besondere Eigenschaft ist und dass es Gruppen gibt, die nicht auflösbar sind.

Satz 10.47

Ist $n \geq 5$ und $1 \neq N \trianglelefteq \mathcal{A}_n$, so ist $N = \mathcal{A}_n$.

Beweis Wir beginnen mit einigen Rechnungen. Dazu seien $i, j \in \{2, \ldots, n\}$ verschieden. Dann gilt $(i\,j) = (1\,i) \cdot (1\,j) \cdot (1\,i)$ und $(1\,i) \cdot (1\,j) = (1\,i\,j)$.

Falls $i, j \geq 3$ sind, haben wir zusätzlich $(1\,i\,j) = (1\,2\,j) \cdot (1\,2\,i) \cdot (1\,2\,j)^{-1}$. Mit Lemma 1.2 wissen wir

$$\mathcal{S}_n = \langle (i\,j) \mid 1 \leq i < j \leq n \rangle,$$

also auch

$$\mathcal{S}_n = \langle (1\,i) \mid 1 < i \leq n \rangle.$$

Für die alternierende Gruppe sehen wir

$$\mathcal{A}_n = \langle (1\,i\,j) \mid i, j \in \{2, \ldots, n\}, i \neq j \rangle$$

und mit den Rechnungen oben sogar

$$\mathcal{A}_n = \langle (1\,2\,k) \mid 3 \leq k \leq n \rangle.$$

Wir beginnen jetzt mit dem Fall, dass $(1\,2\,3) \in N$ ist. Für jedes $k \in \{4, \ldots, n\}$ gilt $(3\,2\,k)^{-1} \cdot (1\,2\,3) \cdot (3\,2\,k) = (1\,k\,2)$. Da N ein Normalteiler ist, liegen alle Konjugierten von $(1\,2\,3)$ in N, und so folgt $(1\,k\,2) \in N$ und dann $(1\,k\,2)^2 = (1\,2\,k) \in N$. Somit ist $N = \mathcal{A}_n$.

Wir nehmen nun an, dass $(1\,2\,3) \notin N$ ist, und führen das zum Widerspruch. Zuerst sehen wir, dass im Falle $(1\,2\,3) \notin N$ schon N gar keinen 3-Zyklus enthält.

Seien $x \in N$, und a ein Zyklus, der in der Zyklenzerlegung von x vorkommt. Angenommen, die Länge von a sei mindestens 4, d. h. es gibt $m \in \mathbb{N}$, $m \geq 4$ und paarweise verschiedene Zahlen $a_1, ..., a_m \in \{1, ..., n\}$ so, dass $a = (a_1, ..., a_m)$ ist.

Jetzt sei $t = (a_1, a_2, a_3)$. Dann ist $z := t^{-1} \cdot x \cdot t \in N$, da $N \trianglelefteq \mathcal{A}_n$ ist, also liegt auch $z \cdot x^{-1}$ in N. Weiterhin gilt für jeden von a verschiedenen Zyklus b aus der Zyklenzerlegung von x, dass b elementfremd zu a ist und daher auch zu t. Daraus folgt nun aber

$$z \cdot x^{-1} = t^{-1} \cdot a \cdot t \cdot a^{-1} = (a_1, a_3, a_m),$$

und das ist nicht möglich, weil N keinen 3-Zyklus enthält.

Also kommen in der Zyklenzerlegung von x nur 2-Zyklen und 3-Zyklen vor. Da dies für alle Elemente aus N gilt, folgt, dass $|N|$ nur durch die Primzahlen 2 und 3 teilbar ist, nicht durch größere Primzahlen. Wir gehen die noch möglichen Fälle durch:

1. Fall: x enthält zwei 3-Zyklen.

Etwa sei $x = (1\,2\,3) \cdot (4\,5\,6) \cdot y$, wobei y elementfremd zu $(1\,2\,3)$ und $(4\,5\,6)$ ist. Setzen wir $t := (2\,3\,4)$, so ist

$$(1\,2\,4\,3\,6) = t^{-1} \cdot x \cdot t \cdot x^{-1} \in N,$$

da $N \trianglelefteq \mathcal{A}_n$ ist. Aber das ist nicht möglich, da $|N|$ nicht durch 5 teilbar ist.

2. Fall: x enthält genau einen 3-Zyklus und ansonsten nur Transpositionen.

Sei dann $x = (1\,2\,3) \cdot s$ die Zyklenzerlegung von x, wobei s ein Produkt paarweise elementfremder Transpositionen ist. Insbesondere ist $s^2 = \mathrm{id}$ und somit

$$x^2 = (1\,2\,3)^2 = (1\,3\,2) \in N,$$

ein Widerspruch.

3. Fall: In der Zyklenzerlegung von x kommen nur Transpositionen vor.

Wir dürfen annehmen, dass $(12)(34)$ in x vorkommt, und dann erhalten wir mit $t := (2\,3\,4)$, dass

$$(14)(23) = t^{-1} \cdot x \cdot t \cdot x^{-1} \in N$$

ist. Jetzt verwenden wir, dass $n \geq 5$ ist: $u := (1\,4\,5) \in \mathcal{A}_n$ und

$$(15)(23) = u \cdot (14)(23) \cdot u^{-1} \in N.$$

Daraus erhalten wir

$$(1\,4\,5) = (14)(23) \cdot (15)(23) \in N,$$

was unmöglich ist. $\qquad\square$

Definition (einfach)

Eine Gruppe G, die genau zwei verschiedene Normalteiler hat, nämlich $\{1_G\}$ und G, heißt **einfach**. ◄

Nach Satz 10.47 ist $\mathcal{A}_n$ einfach, sobald $n \geq 5$ ist. Eine der großen Leistungen der Mathematik des letzten Jahrhunderts war die Klassifikation aller endlichen einfachen Gruppen. Wir stellen im nächsten Satz den Zusammenhang zur Auflösbarkeit her:

Satz 10.48

Ist $n \in \mathbb{N}$ und $n \geq 5$, so ist $\mathcal{S}_n$ nicht auflösbar.

Beweis Es ist $\mathcal{A}_n \trianglelefteq \mathcal{S}_n$. Da $\mathcal{A}_n$ nicht abelsch und einfach ist (siehe Satz 10.47), ist $\mathcal{A}_n$ nicht auflösbar. Nun folgt die Behauptung mit Satz 10.45 (c). □

▶ **Bemerkung 10.49** Ist $n \in \mathbb{N}$ und $n \leq 4$, so ist $\mathcal{S}_n$ auflösbar. Für $\mathcal{S}_4$ haben wir das bereits in einem Beispiel gesehen.

🎧 Gruppen und Nullstellen von Polynomen (▶ sn.pub/ZdCwUL)

Wir skizzieren nun das Zusammenspiel zwischen Körpern und Gruppen. Dazu betrachten wir ein irreduzibles normiertes Polynom $P \in \mathbb{Q}[x]$ vom Grad $n \in \mathbb{N}$. Dann hat P in $\mathbb{C}$ genau n paarweise verschiedene Nullstellen (Übungsaufgabe 5.5). Nach Satz 5.1 gibt es also Elemente $a_1, \ldots, a_n \in \mathbb{C}$, die paarweise verschieden sind und so, dass in $\mathbb{C}[x]$ gilt:

$$P = (x - a_1) \cdots (x - a_n).$$

Wenden wir nun irgendeine Permutation auf die Nullstellen an, so ändert sich das Polynom P nicht. Das ist nicht besonders spannend. Sei jetzt $L \leq \mathbb{C}$ ein Zerfällungskörper von P über $\mathbb{Q}$ (siehe Definition in Kap. 6) und G die Gruppe aller Körperautomorphismen von L, die $\mathbb{Q}$ elementweise festlassen. Dann fixiert jede Abbildung $\sigma \in G$ die Koeffizienten von P, und man kann nachrechnen, dass σ die Nullstellen von P permutiert. Falls dabei alle Nullstellen fixiert werden, dann wird L von σ elementweise fixiert. Also wirkt G treu auf der Menge der Nullstellen von P und ist daher isomorph zu einer Untergruppe der Symmetrischen Gruppe auf $\{a_1, \ldots, a_n\}$. Dies führt zu folgender Definition:

Definition (Galoisgruppe)

Seien $P \in \mathbb{Q}[x]$ und $L \leq \mathbb{C}$ ein Zerfällungskörper von P über $\mathbb{Q}$. Sei $\mathrm{Aut}(L)$ die Menge aller Körperautomorphismen von L. Dann bezeichnet $G_P := \{\sigma \in \mathrm{Aut}(L) \mid \sigma_{|\mathbb{Q}} = \mathrm{id}_\mathbb{Q}\}$ die **Galoisgruppe von P**. ◀

▶ **Bemerkung 10.50** In Übungsaufgabe 6.11 wurde gezeigt, dass jeder Körperautomorphismus eines jeden Teilkörpers von $\mathbb{C}$ auf $\mathbb{Q}$ die identische Abbildung bewirkt. Das bedeutet in der Definition oben, dass $G_P = \mathrm{Aut}(L)$ ist.

Satz 10.51

Seien $P \in \mathbb{Q}[x]$ irreduzibel und $L \le \mathbb{C}$ ein Zerfällungskörper von P über $\mathbb{Q}$. Dann operiert G_P transitiv auf der Menge der Nullstellen von P in L.

Beweis Seien a_1, a_2 Nullstellen von P. Wir wenden Lemma 6.15 an, wobei $K_1 = \mathbb{Q} = K_2$ ist, $P_1 = P$ und φ die identische Abbildung. Dann gibt es einen $\mathbb{Q}$-Isomorphismus σ von $\mathbb{Q}(a_1)$ auf $\mathbb{Q}(a_2)$ mit $a_1^\sigma = a_2$. Mit Satz 6.16 lässt dieser sich zu einem Element von G_P fortsetzen. $\square$

Folgerung 10.52

Seien $P \in \mathbb{Q}[x]$ ein irreduzibles Polynom und $\mathrm{Grad}(P) = n \in \mathbb{N}$. Dann ist G_P zu einer transitiven Untergruppe von $\mathcal{S}_n$ isomorph.

Hier sehen wir nun eine Verbindung zwischen Gruppentheorie und Körpertheorie. Aber was haben wir davon?

Galois beschäftigte sich mit der Frage nach der Auflösbarkeit von Polynomen durch sogenannte Radikale. Grob gesprochen geht es um die Frage, ob die Nullstellen von Polynomen aus $\mathbb{Q}[x]$ mit Termen ausgedrückt werden können, die nur die Addition, Subtraktion, Multiplikation und Division rationaler Zahlen verwenden sowie Wurzelausdrücke. Ist das im Allgemeinen möglich?

Für quadratische Polynome der Form

$$x^2 + a \cdot x + b \in \mathbb{Q}[x]$$

kennen wir eine entsprechende Formel zur Berechnung der Nullstellen in $\mathbb{C}$. Die Nullstellen $x_1, x_2 \in \mathbb{C}$ können nämlich wie folgt beschrieben werden:

$$x_1 = \frac{1}{2} \cdot (-a + \sqrt{a^2 - 4 \cdot b}) \quad \text{und} \quad x_2 = \frac{1}{2} \cdot (-a - \sqrt{a^2 - 4 \cdot b}).$$

Ähnliche Formeln gibt es auch für rationale Polynome vom Grad 3 und 4. Es stellt sich nun die Frage, ob es ähnliche Formeln auch für höhere Grade gibt! Tatsächlich gibt es Spezialfälle, in denen das funktioniert. Niels Abel[6] zeigte allerdings 1824, dass es allgemein für Polynome vom Grad 5 keine solchen Formeln gibt. Er bewies 1826 (siehe [1]), dass es auch für Polynome höheren Grades im Allgemeinen keine Lösungsformeln für die komplexen Nullstellen gibt, die nur die Grundrechenarten und Wurzelausdrücke verwenden.

---

[6] Niels Henrik Abel, *5.8.1802 Finnøy (Norwegen), †6.4.1829 Froland. War als Stipendiat u. a. in Paris und Berlin, leistete bedeutende Beiträge auf den Gebieten der algebraischen Gleichungen, elliptischen Kurven und Reihenlehre. Wikipedia 2022.

Galois wollte darüber hinaus verstehen, warum es für manche Polynome solche Formeln gibt, für andere aber nicht. Das ist ihm gelungen – erstaunlich daran ist, dass die Antwort keine Bedingungen an die Koeffizienten des Polynoms P stellt, sondern an die Struktur der Galoisgruppe G_P. Hier ist der Hauptsatz:

Satz 10.53
Ein Polynom $P \in \mathbb{Q}[x]$ ist genau dann durch Radikale auflösbar, d. h. die Nullstellen in $\mathbb{C}$ lassen sich durch arithmetische Operationen und Wurzeln ausdrücken, wenn die dazugehörige Galoisgruppe G_P auflösbar ist.

Zum Schluss kommt hier ein konkretes Polynom, dessen Galoisgruppe nicht auflösbar ist.

Lemma 10.54
Sei $P := x^5 - 6 \cdot x + 3 \in \mathbb{Q}[x]$. Dann ist $G_P \cong \mathcal{S}_5$. Insbesondere können die Nullstellen von P in $\mathbb{C}$ nicht durch die Grundrechenarten und Wurzelausdrücke beschrieben werden.

Beweis Nach dem Satz von Eisenstein (5.2) mit der Primzahl $p = 3$ ist P irreduzibel in $\mathbb{Q}[x]$. Somit hat P fünf paarweise verschiedene Nullstellen in $\mathbb{C}$ (siehe Übungsaufgabe 5.5). Nach Satz 10.51 wirkt G_P als transitive Permutationsgruppe auf dieser Nullstellenmenge, und deshalb ist 5 ein Teiler von $|G_P|$ mit Lemma 10.29.

Wir sehen mit dem Zwischenwertsatz der Analysis, dass P reelle Nullstellen hat, denn die Werte von P, aufgefasst als Polynomfunktion von $\mathbb{R}$ nach $\mathbb{R}$, wechseln mehrmals das Vorzeichen:

$$P(-2) = -17 < 0, \quad P(-1) = 8 > 0, \quad P(1) = -2 < 0, \quad P(2) = 23 > 0.$$

Diese drei Vorzeichenwechsel deuten bereits auf mindestens drei reelle Nullstellen hin. Mit dem Satz von Rolle aus der Analysis liegt zwischen zwei reellen Nullstellen stets eine reelle Nullstelle der Ableitung P'. Es ist $P' = 5 \cdot x^4 - 6$ mit reellen Nullstellen $\sqrt[4]{\frac{6}{5}}$ und $-\sqrt[4]{\frac{6}{5}}$. Da das nur zwei sind, kann P nur drei reelle Nullstellen haben. Die anderen beiden Nullstellen in $\mathbb{C}$ sind also nicht reell und zueinander komplex konjugiert. Da die reellen Nullstellen von P sich unter komplexer Konjugation nicht verändern, enthält G_P ein Element σ, das auf der Nullstellenmenge von P wie eine Transposition wirkt. Weiter gibt es mit dem Satz von Cauchy ein Element α der Ordnung 5 in G_P, also ein Element, das die Nullstellen von P wie ein 5-Zyklus permutiert. Wenn wir die Nullstellen von P geeignet bezeichnen, wirkt σ wie $(1\,2)$ und α wie $(1\,2\,3\,4\,5)$. Durch Konjugation erhalten wir weitere Transpositionen: Es ist

$$\sigma^{(1\,2\,3\,4\,5)} = (23),$$
$$\sigma^{(23)} = (13),$$
$$\sigma^{(1\,5\,4\,3\,2)} = (15),$$
$$\sigma^{\alpha^2} = \sigma^{(1\,3\,5\,2\,4)} = (34) \text{ und}$$
$$(13)^{(34)} = (14).$$

Also erzeugen α und σ eine zu $\mathcal{S}_5$ isomorphe Untergruppe von G_P. Auf diese Weise sehen wir, dass $G_P \cong \mathcal{S}_5$ ist, dass mit Satz 10.48 also G_P nicht auflösbar ist. Dann folgt die zweite Behauptung aus Satz 10.53.   □

Übungsaufgaben

10.1 Für alle $x, y \in \mathbb{Q}$ sei $x \circ y := x + y + x \cdot y$. Zeige, dass $(\mathbb{Q} \setminus \{-1\}, \circ)$ eine abelsche Gruppe ist!

10.2 Seien $n \in \mathbb{N}$, $n \geq 3$ und Γ ein regelmäßiges n-Eck. Mit S bezeichnen wir die Symmetriegruppe von Γ, also die Gruppe aller Deckabbildungen von Γ mit der Hintereinanderausführung $*$ als Verknüpfung.

(a) Zeige, dass S die Ordnung $2 \cdot n$ hat und ausschließlich aus Drehungen und Spiegelungen besteht.

(b) Sei $\varphi \in S$ die Drehung um den Winkel $\frac{2\pi}{n}$ um den Mittelpunkt von Γ und sei $\sigma \in S$ eine Spiegelung an einer Spiegelachse von Γ. Zeige: $\sigma * \varphi * \sigma = \varphi^{-1}$ und $S = \langle \varphi, \sigma \rangle$.

(c) Seien n ungerade und p ein Primteiler von $|S|$. Wie viele p-Sylowuntergruppen hat S und welche Struktur haben diese?

10.3 Sei $(U, +)$ eine Untergruppe der Gruppe $(\mathbb{Z}, +)$. Nutze aus, dass $(\mathbb{Z}, +, \cdot)$ ein Ring ist, um ein anderes Argument für Beispiel 10.12 (d) zu finden! Hinweis: U ist ein Ideal.

10.4 Seien G eine Gruppe und $N \leq G$. Zeige: N ist normal in G genau dann, wenn für alle $g \in G$ gilt: $g \cdot N = N \cdot g$.

10.5 Seien G eine Gruppe und U eine Untergruppe von G. Zeige, dass $C_G(U) \trianglelefteq N_G(U)$ ist.

10.6 Seien $A := \begin{pmatrix} 0 & i \\ i & 0 \end{pmatrix}$ und $B := \begin{pmatrix} \varepsilon & 0 \\ 0 & \varepsilon^* \end{pmatrix}$, wobei $\varepsilon = -\frac{1}{2} + \frac{\sqrt{3}}{2}i \in \mathbb{C}$ ist und $*$ die komplexe Konjugation in $\mathbb{C}$ bezeichnet.

Beweise, dass diese Matrizen invertierbar sind und bezüglich der Matrizenmultiplikation eine Gruppe G der Ordnung 12 erzeugen. Bestimme die Ordnungen der einzelnen Gruppenelemente und überprüfe, ob die von B bzw. von A erzeugten zyklischen Untergruppen Normalteiler von G sind.

10.7 Wir betrachten folgende 2×2-Matrizen über $\mathbb{C}$:
$$E := \begin{pmatrix} 1 & 0 \\ 0 & 1 \end{pmatrix}, \ I := \begin{pmatrix} i & 0 \\ 0 & -i \end{pmatrix}, \ J := \begin{pmatrix} 0 & 1 \\ -1 & 0 \end{pmatrix} \text{ und } K := \begin{pmatrix} 0 & i \\ i & 0 \end{pmatrix}.$$
Zeige, dass all diese Matrizen invertierbar sind und dass $Q := \langle J, K \rangle$ mit der Matrixmultiplikation als Verknüpfung eine Gruppe der Ordnung 8 ist.

Zeige weiterhin, dass jede Untergruppe von Q ein Normalteiler von Q ist.

10.8 Seien p eine Primzahl und G eine Gruppe der Ordnung p^3. Zeige: Wenn G nicht abelsch ist, dann ist $|Z(G)| = p$.

10.9 Beweise, dass die Gruppe $(\mathbb{Q}, +)$ nicht zyklisch ist und dass jede von endlich vielen Elementen aus $\mathbb{Q}$ erzeugte Untergruppe von $(\mathbb{Q}, +)$ zyklisch ist.

10.10 Zeige, dass es keine einfache Gruppe G der Ordnung 312 gibt.

10.11 Sei G eine endliche Gruppe der Ordnung $n \in \mathbb{N}$.

(a) Sei $n > 2$. Dann ist die Anzahl der Elemente der Ordnung n in G gerade.
(b) Ist n gerade, so ist die Anzahl der Elemente der Ordnung 2 in G ungerade. Insbesondere existiert mindestens ein Element der Ordnung 2.

10.12 Seien G eine Gruppe und $a, b \in G$ so, dass $a^7 = 1_G$ ist und $a \cdot b \cdot a^{-1} = b^2$. Welche Möglichkeiten gibt es für die Ordnung von b?

10.13 Sei G eine Gruppe. Zeige:

(a) Genau dann ist G abelsch, wenn folgende Abbildung ein Gruppenautomorphismus ist:
$\varphi : G \to G$, für alle $g \in G$ sei $g^\varphi := g^{-1}$.
(b) Ist $g^2 = 1_G$ für alle $g \in G$, so ist G abelsch.

10.14 Seien A, B, C Untergruppen der Gruppe G und sei $A \subseteq C$. Zeige: $A \cdot B \cap C = A \cdot (B \cap C)$.

10.15 Seien G eine Gruppe und H eine Untergruppe von G. Zeige:

(a) Es ist $g \in H \cdot H^g$ genau dann, wenn $g \in H$ ist.

(b) Falls $g \in G$ ist und $G = H \cdot H^g$, so ist $G = H$.

10.16

(a) Schreibe folgende Permutation aus $\mathcal{S}_9$ als Produkt von elementfremden Zyklen:

$$(1\,3\,6) \cdot (2\,5\,4) \cdot (4\,8) \cdot (6\,3\,7\,8\,9).$$

(b) Schreibe folgende Permutation aus $\mathcal{S}_9$ als Produkt von Transpositionen:

$$(1\,2\,4)^{-1} \cdot (5\,9) \cdot (7\,3\,6\,2).$$

(c) Bestimme das Signum der Permutation

$$(3\,8\,4\,6\,5)^{-1} \cdot (1\,6) \cdot (1\,9) \cdot (1\,2) \cdot (9\,6\,7)^{-1}.$$

10.17 Seien p und q verschiedene Primzahlen und sei $|G| = p^3 \cdot q$. Es habe G mehr als eine p-Sylowuntergruppen und auch mehr als eine q-Sylowuntergruppe. Zeige, dass dann G isomorph zu $\mathcal{S}_4$ ist.

10.18 Sei $n \in \mathbb{N}$. Zeige:

(a) $\mathcal{S}_n$ ist zu einer Untergruppe von $\mathcal{A}_{n+2}$ isomorph.

(b) Falls $n \geq 2$ ist, dann besitzt $\mathcal{A}_{n+1}$ keine Untergruppe, die zu $\mathcal{S}_n$ isomorph ist.

10.19 Sei G eine Gruppe der Ordnung 168. Wie viele Elemente der Ordnung 7 hat G, falls G nicht nur eine 7-Sylowuntergruppe hat?

10.20 Für alle $z \in \mathbb{Z}$ sei t_z folgende Abbildung:

$$t_z : \mathbb{Z} \to \mathbb{Z}, \text{ für alle } a \in \mathbb{Z} \text{ ist } a^{t_z} := a + z.$$

Weiter sei auch $\alpha : \mathbb{Z} \to \mathbb{Z}$ eine Abbildung:

$$\text{für alle } z \in \mathbb{Z} \text{ sei } z^\alpha := -z.$$

(a) Zeige, dass α bijektiv ist und dass für jedes $z \in \mathbb{Z}$ auch t_z bijektiv ist.

(b) Für welche Werte von z ist t_z ein Gruppenhomomorphismus von $(\mathbb{Z}, +)$ nach $(\mathbb{Z}, +)$?

(c) Für welche Werte von z kommutieren α und t_z bei Hintereinanderausführung?

10.21 Zeige, dass jede Gruppe der Ordnung 15 abelsch ist. Ist auch jede Gruppe der Ordnung 21 abelsch?

10.22 Sei G eine endliche Gruppe, in der es für jeden Teiler d von $|G|$ genau eine Untergruppe U der Ordnung d gibt. Zeige, dass dann G zyklisch ist.

10.23 Sei G eine Gruppe.

(a) Sei N ein Normalteiler von G und sei $x \in N$. Zeige, dass dann die Menge x^G eine Teilmenge von N ist.

(b) Zeige, dass $y \in G$ genau dann in $Z(G)$ liegt, wenn $y^G = \{y\}$ ist.

(c) Zeige, dass G abelsch ist genau dann, wenn alle Konjugiertenklassen einelementig sind.

10.24 Wir definieren eine Relation auf G wie folgt: Für alle $a, b \in G$ sei $a \sim b$ genau dann, wenn $a \in C_G(b)$ ist. Ist $\sim$ eine Äquivalenzrelation auf G?

10.25 Seien G eine endliche Gruppe und α ein Gruppenautomorphismus von G. Zeige: Wenn die Menge $\{g \in G \mid g^\alpha = g\}$ mehr als $\frac{1}{2} \cdot |G|$ Elemente hat, dann ist $\alpha = \mathrm{id}_G$.

10.26 Seien G eine Gruppe, $|G|$ ein Vielfaches von 5 und $|G| \leq 30$. Zeige, dass G genau eine 5-Sylowuntergruppe hat.

10.27 Seien G eine Gruppe und U eine endliche Teilmenge von G. Weiter seien $1_G \in U$ und U unter der Verknüpfung in G abgeschlossen. Zeige, dass dann U eine Untergruppe von G ist.

Endliche Körper

11

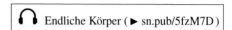
Endliche Körper (▶ sn.pub/5fzM7D)

Für jede Primzahl p kennen wir bereits den endlichen Körper $\mathbb{Z}/p \cdot \mathbb{Z}$ und lernen in diesem Kapitel noch weitere endliche Körper kennen. Tatsächlich klassifizieren wir endliche Körper vollständig. Sie spielen nicht nur in der Mathematik eine Rolle, sondern zum Beispiel auch in der Informatik, und finden eine wichtige Anwendung in der Codierungstheorie. Einzelheiten hierzu kann man etwa in dem Buch [36] finden. Wir haben endliche Körper bereits in Beispiel 5.3(c) verwendet, um die Irreduzibilität eines Polynoms mit ganzzahligen Koeffizienten zu prüfen.

Zuerst klären wir, dass es nicht zu jeder natürlichen Zahl einen endlichen Körper mit dieser Elementeanzahl gibt:

Lemma 11.1

Sei K ein endlicher Körper. Dann gibt es eine Primzahl p und ein $n \in \mathbb{N}$ so, dass $|K| = p^n$ ist.

Beweis Sei K_0 der Primkörper von K. Nach Satz 6.2 gibt es, da K_0 endlich ist, eine Primzahl p mit der Eigenschaft $K_0 \cong \mathbb{Z}/p \cdot \mathbb{Z}$. Daher ist K/K_0 eine Körpererweiterung mit endlichem Erweiterungsgrad $n \in \mathbb{N}$, und daraus folgt $|K| = p^n$. □

Jetzt wissen wir zum Beispiel, dass es keinen Körper mit genau sechs Elementen gibt.

G. Stroth und R. Waldecker, *Elementare Algebra und Zahlentheorie*, Mathematik Kompakt, https://doi.org/10.1007/978-3-031-39771-4_11

In Körpern der Charakteristik p ist das Potenzieren mit p besonders einfach, es bewirkt einen Körperhomomorphismus:

Lemma 11.2
Seien p eine Primzahl, $n \in \mathbb{N}$ und $q := p^n$. Sei K ein Körper mit q Elementen. Sind dann $a, b \in K$, so ist
$$(a + b)^q = a^q + b^q.$$

Beweis Es genügt, die Aussage für den Fall $q = p$ zu beweisen. Zuerst sehen wir

$$(a + b)^p = \sum_{i=0}^{p} \underbrace{a^i \cdot b^{p-i} + \cdots + a^i \cdot b^{p-i}}_{\binom{p}{i}}.$$

Eine kleine Rechnung zeigt dann, dass für jedes $i \in \{1, ..., p - 1\}$ der Binomialkoeffizient $\binom{p}{i}$ durch p teilbar ist und dass daher $\underbrace{a^i b^{p-i} + \cdots + a^i b^{p-i}}_{\binom{p}{i}} = 0_K$ ist. Daraus folgt die Behauptung.   □

Wir zeigen jetzt, dass es für jede Primzahlpotenz einen endlichen Körper dieser Ordnung gibt, und sogar bis auf Isomorphie nur genau einen. Das folgende Lemma ist dafür nützlich:

Lemma 11.3
Seien K ein Körper, $P \in K[x]$ und $a \in K$ eine Nullstelle von P. Dann ist a eine mehrfache Nullstelle von P (d.h. $(x - a)^2$ teilt P in $K[x]$) genau dann, wenn a eine Nullstelle der formalen Ableitung (siehe Bemerkung 5.4(3)) P' von P ist.

Beweis Seien $m \in \mathbb{N}$ und $Q \in K[x]$ so, dass $P = Q \cdot (x - a)^m$ ist und $Q(a) \neq 0_K$. Eine kurze Rechnung zeigt, dass die Produktregel aus der Analysis auch für die formale Ableitung von Polynomen gilt, und damit ist
$$P' = Q' \cdot (x - a)^m + Q \cdot \underbrace{((x - a)^{m-1} + \cdots + (x - a)^{m-1})}_{m}.$$ Der Einsetzungshomomorphismus liefert dann $P'(a) = 0_K + Q(a) \cdot \underbrace{((a - a)^{m-1} + \cdots + (a - a)^{m-1})}_{m}$.

Dieser Ausdruck ist 0_K genau dann, wenn $m \geq 2$ ist, wenn also a eine mehrfache Nullstelle von P ist.   □

Satz 11.4

Seien p eine Primzahl, $n \in \mathbb{N}$ und $q := p^n$. Dann gibt es bis auf Isomorphie genau einen Körper K mit der Eigenschaft $|K| = q$.

Beweis Wir beginnen mit einer Vorüberlegung. Dazu sei K ein Körper mit q Elementen. Dann ist $|K \setminus \{0_K\}| = q - 1$. Seien jetzt $a \in K \setminus \{0_K\}$, $\langle a \rangle$ die von a in der multiplikativen Gruppe $(K \setminus \{0_K\}, \cdot)$ erzeugte Untergruppe und $t := o(a)$. Nach dem Satz von Lagrange (Satz 10.6) ist dann t ein Teiler von $q - 1$. Insbesondere folgt $a^{q-1} = 1_K$ und somit $a^q = a$ für alle $a \in K \setminus \{0_K\}$. Es ist auch $0_K^q = 0_K$ und daher jedes Element aus K Nullstelle des Polynoms $x^q - x$. Somit ist K in einem Zerfällungskörper von $x^q - x$ über seinem Primkörper enthalten. Da $|K| = q = p^n$ ist, ist mit Lemma 6.1 der Primkörper von K isomorph zu $\mathbb{Z}/p \cdot \mathbb{Z}$.

Jetzt konstruieren wir einen Körper der gewünschten Ordnung und verwenden an geeigneter Stelle die Vorüberlegung. Dazu sei $K_0 := \mathbb{Z}/p \cdot \mathbb{Z}$. Mit Satz 6.14 sei K ein Zerfällungskörper des Polynoms $x^q - x \in K_0[x]$ über K_0. Sind $a, b \in K$ Nullstellen dieses Polynoms, so gilt $a^q = a$ und $b^q = b$. Ferner sind 0_K und 1_K Nullstellen und wir sehen, dass auch a^{-1} und $-a$ Nullstellen sind. Nach Konstruktion hat K Charakteristik p, es ist also

$$(ab)^q = a^q b^q = ab \text{ und } (a + b)^q = a^q + b^q = a + b,$$

wobei wir für die zweite Aussage Lemma 11.2 verwendet haben. Insgesamt folgt mit dem Untergruppenkriterium aus Lemma 1.1 (f), angewandt auf die additive und die multiplikative Gruppe von K, dass die Nullstellen von $x^q - x$ in K einen Teilkörper bilden. Nach Definition eines Zerfällungskörpers wird K über K_0 von der Menge dieser Nullstellen erzeugt, deshalb ist K selbst genau dieser Teilkörper. Mit Satz 5.1(c) ist $|K| \leq q$. Wir zeigen noch, dass die Nullstellen paarweise verschieden sind:

Angenommen, es sei $a \in K$ eine mehrfache Nullstelle. Dann ist $(x - a)^2$ ein Teiler von $x^q - x$ in $K[x]$ und a eine Nullstelle der formalen Ableitung mit Lemma 11.3. Insgesamt ist dann $(x - a)$ ein Teiler von $x^q - x$ und von $(x^q - x)' = \underbrace{x^{q-1} + \cdots + x^{q-1}}_{q} - 1_K = -1_K$.

Das ist unmöglich. Also hat $x^q - x$ genau q paarweise verschiedene Nullstellen in K wie behauptet, es folgt $|K| = q$. Nach Folgerung 6.17 ist dann K bis auf Isomorphie eindeutig bestimmt. $\qquad\square$

Übungsaufgaben

11.1 Seien p eine Primzahl, $n \in \mathbb{N}$ und K ein Körper mit p^n Elementen. Sei L ein Teilkörper von K. Zeige, dass es dann einen Teiler $m \in \mathbb{N}$ von n gibt so, dass $|L| = p^m$ ist.

11.2 Bestimme alle irreduziblen Polynome vom Grad 3 über einem Körper mit genau zwei Elementen.

11.3 Für welche Primzahlen $p \in \mathbb{N}$ ist $\mathbb{Z}[i]/p \cdot \mathbb{Z}[i]$ ein Körper?

Konstruktion mit Zirkel und Lineal 12

> 🎧 Modellierung und drei klassische Konstruktionsprobleme (▶ sn.pub/xYGuVq)

In diesem Kapitel wenden wir Resultate über algebraische Körpererweiterungen auf klassische Probleme der Geometrie an, wie etwa die berühmte Quadratur des Kreises.

Sei dazu $\mathcal{M} \subseteq \mathbb{R}^2$ eine Punktmenge. Bei Konstruktionen mit Zirkel und (unmarkiertem) Lineal sind die folgenden zwei Möglichkeiten erlaubt, um neue Punkte zu konstruieren:

(L) Es wird eine Gerade durch zwei Punkte aus $\mathcal{M}$ gezogen.

(Z) Es wird ein Kreis gezogen, dessen Mittelpunkt in $\mathcal{M}$ liegt und dessen Radius der Abstand zweier Punkte aus $\mathcal{M}$ ist.

Dass wir mit einem unmarkierten Lineal arbeiten, bedeutet, dass wir mit dem Lineal nur Geraden ziehen, aber keine Abstände messen können.

Definition (Konstruierbarkeit)

Sei $\mathcal{M} \subseteq \mathbb{R}^2$ eine Punktmenge.

(a) Ein Punkt aus $\mathbb{R}^2$ heißt **direkt aus $\mathcal{M}$ konstruierbar** genau dann, wenn er selbst in $\mathcal{M}$ liegt oder wenn er Schnittpunkt zweier Geraden, zweier Kreise oder eines Kreises mit einer Gerade ist, die vermöge (L) oder (Z) aus $\mathcal{M}$ konstruiert wurden.

(b) Ein Punkt $P \in \mathbb{R}^2$ heißt **aus $\mathcal{M}$ konstruierbar** genau dann, wenn es ein $n \in \mathbb{N}$ gibt und Punkte $Q_1, \ldots, Q_n = P \in \mathbb{R}^2$ so, dass Q_1 direkt aus $\mathcal{M}$ konstruierbar ist und dass für alle $i \in \{2, \ldots, n\}$ der Punkt Q_i aus $\mathcal{M} \cup \{Q_1, \ldots, Q_{i-1}\}$ direkt konstruierbar ist.

© Der/die Autor(en), exklusiv lizenziert an Springer Nature Switzerland AG 2023
G. Stroth und R. Waldecker, *Elementare Algebra und Zahlentheorie*, Mathematik Kompakt, https://doi.org/10.1007/978-3-031-39771-4_12

(c) Mit K bezeichnen wir den Teilkörper von $\mathbb{R}$, der von $\mathbb{Q}$ und den Koordinaten der Punkte aus $\mathcal{M}$ erzeugt wird.

(d) Sei die Notation wie in (b) und zusätzlich seien

$$Q_1 := (a_1, b_1), \ \ldots, \ Q_n := (a_n, b_n).$$

Dann setzen wir $L_1 := K(a_1, b_1)$ und für alle $i \in \{2, \ldots, n\}$ weiterhin

$$L_i := L_{i-1}(a_i, b_i). \qquad \blacktriangleleft$$

Die Erweiterungskörper $L_1, \ldots, L_n$ in (d) spiegeln die einzelnen Schritte der Konstruktion des Punktes P aus (b) wider.

Wir verwenden diese Notation jetzt bis zum Ende des Kapitels. Vereinfachend schreiben wir manchmal, dass eine Gerade konstruierbar ist – damit ist nur gemeint, dass zwei verschiedene Punkte auf der Gerade konstruierbar sind und wir daher diese Gerade ziehen und damit weiterarbeiten können. Es bedeutet nicht, dass wir alle Punkte auf der Geraden konstruiert haben.

Lemma 12.1
Sei $\mathcal{M} \subseteq \mathbb{R}^2$ so, dass die Punkte $(0, 0)$ und $(1, 0)$ in $\mathcal{M}$ liegen. Dann ist $(a, b) \in \mathbb{R}^2$ genau dann aus $\mathcal{M}$ konstruierbar, wenn $(0, a)$ und $(0, b)$ aus $\mathcal{M}$ konstruierbar sind.

Beweis Aus $(0, 0)$ und $(1, 0)$ können wir die Koordinatenachsen konstruieren (siehe Übungsaufgabe 12.1). Ist (a, b) gegeben, so können wir die Parallelen durch (a, b) zu den Achsen konstruieren (siehe Übungsaufgabe 12.2). Also können $(a, 0)$ und $(0, b)$ als Schnittpunkte von Geraden konstruiert werden, und dann erhalten wir $(0, a)$ als Schnittpunkt des Kreises um $(0, 0)$ mit Radius a mit der y-Achse.

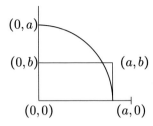

Sind umgekehrt $(0, a)$ und $(0, b)$ gegeben, so können wir zuerst $(a, 0)$ konstruieren als Schnittpunkt des Kreises um $(0, 0)$ mit Radius a mit der x-Achse. Dann konstruieren wir die Senkrechte zur x-Achse durch $(a, 0)$ und die Senkrechte zur y-Achse durch $(0, b)$ und erhalten (a, b) als deren Schnittpunkt. □

Lemma 12.2
Sei $M \subseteq \mathbb{R}^2$ so, dass die Punkte $(0, 0)$ und $(1, 0)$ in M liegen. Sind $(0, a)$ und $(0, b)$ aus M konstruierbar, so auch die Punkte $(0, a + b), (0, a - b), (0, a \cdot b)$ und, falls $b \neq 0$ ist, auch $(0, \frac{a}{b})$.

Beweis Falls $a = 0$ ist oder $b = 0$, ist nichts zu zeigen. Ab jetzt seien also a und b von 0 verschieden. Der Kreis um $(0, a)$, dessen Radius der Abstand von 0 zu b ist, schneidet die y-Achse in $(0, a + b)$ und $(0, a - b)$. Somit sind diese beiden Punkte konstruierbar.

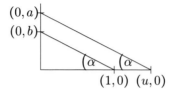

Jetzt verbinden wir $(0, b)$ mit $(1, 0)$ und ziehen eine Parallele zu der Geraden, die durch $(0, b)$ und $(1, 0)$ verläuft, durch den Punkt $(0, a)$. Dann erhalten wir den Schnittpunkt $(u, 0)$, wie im Bild, mit der x-Achse. Da $a \neq 0$ ist, ist auch $u \neq 0$, und wir sehen $\frac{a}{u} = \tan \alpha = \frac{b}{1}$. Das liefert $u = \frac{a}{b}$, und $(\frac{a}{b}, 0)$ ist konstruierbar. Mit Lemma 12.1 ist dann auch $(0, \frac{a}{b})$ konstruierbar.

Nach Voraussetzung ist $(1, 0) \in M$, so dass mit Lemma 12.1 der Punkt $(0, 1)$ konstruierbar ist. Wiederholen wir die Überlegungen von eben mit $a = 1$, so erhalten wir, dass $(0, \frac{1}{b})$ konstruierbar ist. Aus $(0, a)$ und $(0, \frac{1}{b})$ kann nun auch $(0, a \cdot (\frac{1}{b})^{-1}) = (0, a \cdot b)$ konstruiert werden. □

Mit Lemma 12.1 und 12.2 sind insbesondere alle Punkte mit rationalen Koordinaten aus M konstruierbar.

Lemma 12.3
Seien $M \subseteq \mathbb{R}^2$ und $(0, 0), (1, 0) \in M$. Sei $(a, b) \in \mathbb{R}^2$ ein direkt aus M konstruierbarer Punkt. Dann gibt es Polynome $P, Q \in K[x]$ (nicht das Nullpolynom) vom Grad höchstens 2 mit der Eigenschaft $P(a) = 0$ und $Q(b) = 0$.

Beweis Es gibt laut Definition vier Fälle, wie (a, b) direkt aus M konstruiert werden könnte, davon drei, in denen wirklich etwas zu tun ist. Wir betrachten hier den Fall, dass der Punkt als

Schnittpunkt einer Geraden mit einem Kreis konstruiert wird und lassen die anderen beiden Fälle als Übungsaufgabe. (Tatsächlich können die Schnittpunkte zweier Kreise, wenn es zwei verschiedene Schnittpunkte sind, auch als Schnittpunkte der Kreise mit einer Geraden konstruiert werden.)

Sei S ein Kreis mit Mittelpunkt $(s_1, t_1) \in \mathcal{M}$ und Radius $r \in \mathbb{R}$. Die Zahl r ist ein Abstand zwischen zwei Punkten (a_1, a_2) und (b_1, b_2) aus $\mathcal{M}$, daher ist $r^2 = (b_1 - a_1)^2 + (a_2 - b_2)^2 \in K$. Sei g die Gerade durch die beiden Punkte (s_2, t_2) und (s_3, t_3) aus $\mathcal{M}$. Dann liegt ein Punkt $(x_1, y_1) \in \mathbb{R}^2$ auf der Geraden g genau dann, wenn gilt:

$$(x_1 - s_2) \cdot (t_3 - t_2) = (y_1 - t_2) \cdot (s_3 - s_2).$$

Ein Punkt (x_2, y_2) liegt auf dem Kreis S genau dann, wenn gilt:

$$(x_2 - s_1)^2 + (y_2 - t_1)^2 = r^2.$$

Der Punkt (a, b) liegt auf g, deshalb ist $(a - s_2) \cdot (t_3 - t_2) = (b - t_2) \cdot (s_3 - s_2)$.

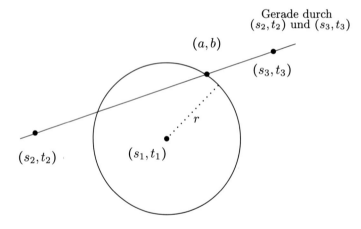

Kreis mit Mittelpunkt
$(s_1, t_1) \in M$ und Radius r

1. Fall: $s_2 \neq s_3$.

Dann berechnen wir $b = \left(\frac{a - s_2}{s_3 - s_2}\right) \cdot (t_3 - t_2) + t_2$.

Da der Punkt (a, b) auch auf S liegt, ist weiter

$$r^2 = (a - s_1)^2 + (b - t_1)^2 = (a - s_1)^2 + \left(\left(\left(\frac{a - s_2}{s_3 - s_2}\right) \cdot (t_3 - t_2) + t_2\right) - t_1\right)^2.$$

Anders formuliert ist a Nullstelle des Polynoms

$$P_1 := (x - s_1)^2 + \left(\left(\left(\frac{x - s_2}{s_3 - s_2}\right) \cdot (t_3 - t_2) + t_2\right) - t_1\right)^2 - r^2 \in K[x].$$

Angenommen, es sei $P_1 = 0_{K[x]}$. Dann ist insbesondere der Leitkoeffizient 0, und gleichzeitig ist der Leitkoeffizient $1 + \frac{(t_3 - t_2)^2}{(s_3 - s_2)^2}$. Das ist unmöglich, da Quadrate in $\mathbb{R}$ nicht negativ sind. Also ist P_1 nicht das Nullpolynom und hat Grad höchstens zwei.

2. Fall: $s_2 = s_3$.
Dann ist $(a - s_2) \cdot (t_3 - t_2) = 0$, also a Nullstelle des Polynoms $P_2 := (x - s_2) \cdot (t_3 - t_2) \in K[x]$, das ebenfalls nicht das Nullpolynom ist.

Lösen wir nach a anstelle von b auf und machen eine analoge Fallunterscheidung, so erhalten wir genau so Polynome Q_1 bzw. Q_2 aus $K[x] \setminus \{0_{K[x]}\}$ vom Grad höchstens 2 mit Nullstelle b. $\qquad \square$

Satz 12.4
Seien $\mathcal{M} \subseteq \mathbb{R}^2$ und $(0,0), (1,0) \in \mathcal{M}$. Sei $(a, b) \in \mathbb{R}^2$ ein aus $\mathcal{M}$ konstruierbarer Punkt. Dann sind die Erweiterungsgrade $[K(a) : K]$ und $[K(b) : K]$ jeweils eine 2-Potenz.

Beweis Seien $n \in \mathbb{N}_0$ und $Q_1 := (x_1, y_1), \ldots, Q_n := (x_n, y_n) = (a, b) \in \mathbb{R}^2$ so, dass Q_1 direkt aus der Menge $\mathcal{M}$ konstruierbar ist und für jedes $i \in \{2, \ldots, n\}$ der Punkt Q_i direkt aus $\mathcal{M} \cup \{Q_1, \ldots, Q_{i-1}\}$ konstruierbar ist. Mit Lemma 12.3 sehen wir, dass die Erweiterungsgrade $[K(x_1) : K]$ und $[K(y_1) : K]$ jeweils 1 oder 2 sind. Sei $K_1 := K(x_1, y_1)$. Der Gradsatz liefert, dass dann $[K_1 : K]$ eine 2-Potenz ist. Mit den gleichen Argumenten ist $[K_1(x_2, y_2) : K_1]$ eine 2-Potenz und dann, wieder mit dem Gradsatz, auch $[K_1(x_2, y_2) : K]$. Durch mehrfache Wiederholung erhalten wir, dass dann auch $[K(a) : K]$ und $[K(b) : K]$ jeweils eine 2-Potenz sind. $\qquad \square$

Nun wenden wir uns drei klassischen Problemen zu. Dabei ist stets

$$\mathcal{M} = \{(0, 0), (1, 0)\}.$$

Wir wissen bereits, dass daraus alle Punkte mit rationalen Koordinaten konstruierbar sind (Lemma 12.1 und 12.2).

Satz 12.5 (Quadratur des Kreises)
Die Quadratur des Kreises ist mit Zirkel und Lineal nicht möglich.

Beweis Angenommen, es sei doch möglich. Dann ist es möglich, ausgehend von $\mathcal{M}$ und dem Einheitskreis mit Zirkel und Lineal ein flächengleiches Quadrat zu konstruieren (also dessen Eckpunkte zu konstruieren). Da der Einheitskreis Fläche π hat, müssen wir nun die Eckpunkte eines Quadrats der Fläche π konstruieren. Die Seitenlänge eines solchen Quadrats ist $\sqrt{\pi}$, und wir dürfen zur Vereinfachung $(0, 0)$ als einen der Eckpunkte wählen. Nun konstruieren wir noch die Punkte $(\sqrt{\pi}, 0)$, $(0, \sqrt{\pi})$ und $(\sqrt{\pi}, \sqrt{\pi})$. Da dies nach Annahme mit Zirkel und Lineal möglich ist, ist der Erweiterungsgrad $[\mathbb{Q}(\sqrt{\pi}) : \mathbb{Q}]$ eine 2-Potenz und daher endlich, mit Satz 12.4. Mit Satz 6.4 ist dann $\sqrt{\pi}$ algebraisch über $\mathbb{Q}$, also ist auch π algebraisch über $\mathbb{Q}$, und das ist ein Widerspruch.[1] $\square$

Satz 12.6 (Würfelverdoppelung)
Die Konstruktion eines Würfels mit dem doppelten Volumen des Einheitswürfels ist mit Zirkel und Lineal nicht möglich.

Beweis Angenommen, es sei doch möglich. Hier handelt es sich um eine Konstruktion in $\mathbb{R}^3$, und das war bisher nicht Thema. Aber die Konstruierbarkeit der einzelnen Seitenflächen eines Würfels ist mit unseren Methoden untersuchbar. Wir beginnen mit der Menge $\mathcal{M}$ und dem Einheitswürfel mit Volumen 1, bei dem $(0, 0, 0)$ einer der Eckpunkte ist. Die Verdopplung des Volumens führt zu einem Würfel mit Volumen 2, so dass wir also Kanten der Länge $\sqrt[3]{2}$ bekommen. Für die Konstruktion einer Seitenfläche mit Zirkel und Lineal muss also der Punkt $(\sqrt[3]{2}, 0)$ konstruiert werden. Angenommen, dies sei möglich, und sei dann $a := \sqrt[3]{2}$.

Mit Satz 12.4 ist der Erweiterungsgrad $[\mathbb{Q}(a) : \mathbb{Q}]$ dann eine 2-Potenz. Gleichzeitig ist $P := \mathrm{Min}_{\mathbb{Q}}(a) = x^3 - 2$, denn dies ist ein (mit dem Eisenstein-Kriterium, Satz 5.2) irreduzibles Polynom aus $\mathbb{Q}[x]$, das a als Nullstelle hat. Wir wissen nun mit Satz 6.5, dass $[\mathbb{Q}(a) : \mathbb{Q}] = \mathrm{Grad}\,(P) = 3$ ist, aber das ist keine 2-Potenz. Das ist ein Widerspruch. $\square$

Satz 12.7 (Winkeldrittelung)
Die Drittelung des Winkels $\frac{\pi}{3}$ mit Zirkel und Lineal ist nicht möglich.

Beweis Angenommen, das sei doch möglich. Wir tragen den Winkel $\frac{\pi}{3}$ ausgehend von der x-Achse und dem Punkt $(0, 0)$ in Richtung $(1, 0)$ ab, im Einheitskreis. Dann markiert der Winkel den Punkt $(\cos(\frac{\pi}{3}), 0)$. Die Drittelung des Winkels entspricht dann der Konstruktion des Punktes $(\cos(\frac{\pi}{9}), 0)$. Unsere Annahme sagt also, dass wir den Punkt $(\cos(\frac{\pi}{9}), 0)$ aus $\mathcal{M}$ mit Zirkel und Lineal konstruieren können. (Wir beachten, dass $\cos(\frac{\pi}{3}) = \frac{1}{2}$ ist, also in $\mathbb{Q}$ liegt.) Dann ist auch der Punkt $(2 \cdot \cos(\frac{\pi}{9}), 0)$ aus $\mathcal{M}$ konstruierbar. Sei $a := 2 \cdot \cos(\frac{\pi}{9})$.

Wir überlegen uns, was das Minimalpolynom $P := \mathrm{Min}_{\mathbb{Q}}(a)$ ist. Zunächst berechnen wir

---

[1] Siehe dazu [25].

$$a^3 = 8 \cdot \cos^3\left(\frac{\pi}{9}\right) = 2 \cdot \left(3 \cdot \cos\left(\frac{\pi}{9}\right) + \cos\left(3 \cdot \frac{\pi}{9}\right)\right) = 6 \cdot \cos\left(\frac{\pi}{9}\right) + 2 \cdot \cos\left(\frac{\pi}{3}\right).$$

Daraus folgt

$$a^3 - 3 \cdot a - 1 = 6 \cdot \cos\left(\frac{\pi}{9}\right) + 2 \cdot \cos\left(\frac{\pi}{3}\right) - 6 \cdot \cos\left(\frac{\pi}{9}\right) - 1 = 2 \cdot \cos\left(\frac{\pi}{3}\right) - 1 = 2 \cdot \frac{1}{2} - 1 = 0.$$

Nun prüfen wir noch, dass $x^3 - 3x - 1$ in $\mathbb{Q}[x]$ irreduzibel und daher wirklich das Minimalpolynom P ist. Es genügt Irreduzibilität in $\mathbb{Z}[x]$ (Lemma 4.10) zu zeigen, und hier genügt es, mögliche normierte Teiler zu betrachten. Gäbe es einen normierten Teiler von Grad 1, so hätte das Polynom eine ganzzahlige Nullstelle, und diese müsste dann 1 oder -1 sein. (Siehe dazu Aufgabe 4.7.) Das ist aber nicht der Fall, und mit der Gradformel aus Lemma 4.2, Teil (b) (1) sehen wir dann, dass $x^3 - 3x - 1$ gar keine echten Teiler in $\mathbb{Z}[x]$ hat und daher mit P übereinstimmt. Nun folgt $[\mathbb{Q}(a) : \mathbb{Q}] = \text{Grad}(P) = 3$ mit Satz 6.5, aber das widerspricht Satz 12.4. $\qquad\square$

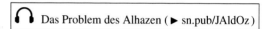

🎧 Das Problem des Alhazen (▶ sn.pub/JAIdOz)

Wir haben in Satz 12.4 gesehen, dass es für die Konstruierbarkeit eines Punktes $(a, 0) \in \mathbb{R}^2$ mit Zirkel und Lineal notwendig ist, dass der Grad des Minimalpolynom von a in $\mathbb{Q}[x]$ eine 2-Potenz ist. In allen bisherigen Beispielen für nicht konstruierbare Punkte war das nicht der Fall, so dass sich die Frage aufdrängt, ob diese Bedingung vielleicht sogar hinreichend ist. Aber das nächste Beispiel zeigt, dass dies nicht der Fall ist!

Wir betrachten das sogenannte *Problem des Alhazen*[2] (siehe z. B. [3, Proposition 34, 38 und 39]): Seien L eine Lichtquelle und B ein Beobachtungspunkt. Von L geht ein Lichtstrahl aus und trifft einen Kugelspiegel im Reflektionspunkt R. Wo muss R liegen, damit vom Beobachtungspunkt B aus der reflektierte Strahl sichtbar ist? Wir übersetzen dies in ein Konstruierbarkeitsproblem:

Gegeben sind ein Kreis K mit Mittelpunkt M sowie zwei Punkte L und B in der Ebene. Man konstruiere mit Zirkel und Lineal einen Punkt R auf dem Kreis K so, dass der Winkel MRL gleich dem Winkel BRM ist („Einfallswinkel gleich Ausfallswinkel").

Wir werden zeigen, dass der gesuchte Punkt R im Allgemeinen nicht mit Zirkel und Lineal konstruierbar ist, obwohl das Minimalpolynom der ersten Komponente des Punktes R Grad 4 hat. Dabei folgen wir der Darstellung in der Arbeit von Harald Riede[3]. Wir betrachten hier nur den Spezialfall, in dem die beiden Punkte L und B im Inneren des Krei-

---

[2] Alhazen, geb. um 965 in Basra, gest. nach 1040 in Kairo. Er beschäftigte sich mit Mathematik, Meteorologie, Astronomie und Optik. Zur Optik hat er ein siebenbändiges Werk geschrieben, das richtungsweisend war. Eine lateinische Übersetzung wurde 1572 von Friedrich Risner publiziert. Hieraus stammt auch die Lösung des nach Alhazen benannten Problems durch Kegelschnitte. Das Problem selbst ist wohl aber älteren Ursprungs. Alhazen hat auch eine Abhandlung über die Quadratur des Kreises geschrieben. Nach ihm sind ein Mondkrater und ein Asteroid benannt. Wikipedia 2022.
[3] Reflexion am Kugelspiegel, [30].

ses liegen. Für den allgemeinen Fall sei auf die eben erwähnte Arbeit von Harald Riede verwiesen.

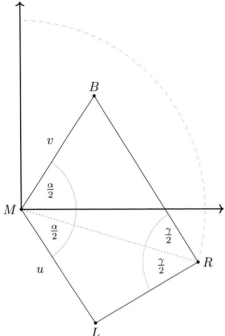

Zeichnung 1

Mit folgenden Bezeichnungen werden wir arbeiten: M sei der Mittelpunkt eines Kreises vom Radius 1 und R liege auf diesem Kreis. Den Abstand von L zu M bezeichnen wir mit u und den von B zu M mit v, wobei beide Abstände größer als Null sein sollen. Den Winkel LMB bezeichnen wir mit α, und den Winkel BRL bezeichnen wir mit γ. Nun legen wir unsere Konfiguration in ein Koordinatensystem und zwar so, dass M der Nullpunkt wird und die x-Achse den Winkel α halbiert, wie in Zeichnung 1.

Der Darstellung von Riede folgend, fassen wir alle Punkte als komplexe Zahlen auf. In Polarkoordinaten haben wir

$$L = u \cdot e^{i\frac{\alpha}{2}}$$

und

$$B = v \cdot e^{-i\frac{\alpha}{2}}.$$

Damit gilt $L \cdot B = u \cdot e^{i\frac{\alpha}{2}} \cdot v \cdot e^{-i\frac{\alpha}{2}} = u \cdot v \cdot e^0 = u \cdot v$ und daher

$$L \cdot B = u \cdot v \in \mathbb{R} \setminus \{0\}. \tag{1}$$

Sei der Winkel ϕ so, dass $R = e^{i\phi}$ ist. Multiplikation mit R^* liefert dann eine Drehung der ganzen Konfiguration um den Nullpunkt mit Drehwinkel $-\phi$. Der Punkt L wird dabei auf $L \cdot R^*$ abgebildet, B auf $B \cdot R^*$, und der Punkt R wird auf $R \cdot R^* = (1, 0)$ abgebildet. Der Winkel γ, also BRL, bleibt bei der Drehung gleich und wird zum Winkel zwischen $B \cdot R^*$ und $L \cdot R^*$ am Punkt $(1, 0)$. Jetzt wird der Winkel γ durch die x-Achse halbiert.

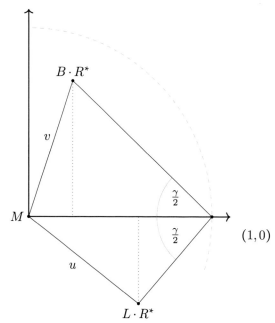

Zeichnung 2

In Koordinatenschreibweise seien $L \cdot R^* = (a, b)$ und $B \cdot R^* = (c, d)$, wobei $a, b, c, d \in \mathbb{R}$ sind. Dann sieht man in Zeichnung 2 sofort, dass

$$tan\left(\frac{\gamma}{2}\right) = \frac{b}{1-a} = \frac{-d}{1-c}$$

ist. Das liefert nun die Gleichung

$$b \cdot c + a \cdot d = b + d.$$

Wenn wir nun wieder zur Darstellung als komplexe Zahlen zurückkehren, also $L \cdot R^* = a + bi$ und $B \cdot R^* = c + di$, so sehen wir, dass die rechte Seite der Imaginärteil von $L \cdot R^* + B \cdot R^*$ ist und die linke Seite der Imaginärteil von $(L \cdot R^*) \cdot (B \cdot R^*)$. Anders ausgedrückt:

Die Differenz der Imaginärteile von $L \cdot B \cdot (R^*)^2$ und $(L + B) \cdot R^*$ ist 0.   (2)

Mit Aussage (1) ist $L \cdot B \in \mathbb{R} \setminus \{0\}$, also gibt es $\xi, \eta \in \mathbb{R}$ so, dass folgende Gleichung erfüllt ist:

$$L + B = 2 \cdot L \cdot B \cdot (\xi - \eta i). \tag{3}$$

Einsetzen dieses Ausdrucks für $L + B$ in (2) liefert zusammen mit (3) und Ausklammern von LB, dass die Differenz der Imaginärteile von $(R^*)^2$ und $2 \cdot (\xi - \eta i) \cdot R^*$ ebenfalls 0 ist. Nun seien $t, y \in \mathbb{R}$ so, dass der gesuchte Punkt R die Form $R = t + yi$ hat. So ergibt sich

$$\xi \cdot y + \eta \cdot t - t \cdot y = 0. \tag{4}$$

Falls $\xi \neq 0 \neq \eta$ ist, beschreibt die Gl. (4) eine Hyperbel, und unser zu konstruierender Punkt ist dann der Schnittpunkt dieser Hyperbel mit dem Einheitskreis.

Wir betrachten nun ein konkretes Beispiel und führen die Rechnungen zuende. Diese und weiter Ausführungen zum allgemeinen Fall findet man in der schon erwähnten Arbeit von Harald Riede. Seien

$$L = \left(\frac{1}{2}, \frac{1}{2} \right) \text{ und } B = \left(\frac{1}{4}, -\frac{1}{4} \right),$$

bzw.

$$L = \frac{1}{2} \cdot (1 + i) \text{ und } B = \frac{1}{4} \cdot (1 - i)$$

in der Darstellung als komplexe Zahlen. Dann ist $L \cdot B = \frac{1}{4}$. Weiter ist

$$L + B = \frac{3}{4} + \frac{1}{4}i = \frac{1}{2} \cdot \left(\frac{3}{2} + \frac{1}{2}i \right).$$

Das ergibt mit den Bezeichnungen aus (3)

$$\xi = \frac{3}{2} \text{ und } \eta = -\frac{1}{2}.$$

Die Hyperbelgleichung (4) wird damit zu

$$\frac{3}{2} \cdot y - \frac{1}{2} \cdot t - t \cdot y = 0.$$

So erhalten wir $(\frac{3}{2} - t) \cdot y = \frac{1}{2} \cdot t$. Andererseits ist $t^2 + y^2 = 1$, da der gesuchte Punkt $R = t + yi$ auf dem Einheitskreis liegt. Dann ist

$$\left(\frac{3}{2} - t \right)^2 \cdot (1 - t^2) = \frac{1}{4} \cdot t^2.$$

Durch Ausmultiplizieren erhalten wir

$$t^4 - 3 \cdot t^3 + \frac{3}{2} \cdot t^2 + 3 \cdot t - \frac{9}{4} = 0,$$

und die Substitution $4 \cdot t = z + 3$ ergibt die sogenannte reduzierte Form

$$z^4 - 30 \cdot z^2 + 120 \cdot z - 27 = 0.$$

Jetzt ist der Punkt $(t, 0)$ genau dann konstruierbar, wenn $(z, 0)$ konstruierbar ist, wobei z eine reelle Nullstelle des Polynoms

$$P := x^4 - 30 \cdot x^2 + 120 \cdot x - 27 \in \mathbb{Q}[x]$$

ist.

Wir wissen mit Übungsaufgabe 4.9, dass P irreduzibel in $\mathbb{Q}[x]$ ist, und daher ist P das Minimalpolynom für seine Nullstellen und insbesondere für z über $\mathbb{Q}$. Nun schauen wir weitere Nullstellen von P in $\mathbb{C}$ an und betrachten dazu die sogenannte kubische Resolvente. Ist allgemein ein Polynom $Q = x^4 + p \cdot x^2 + q \cdot x + r \in \mathbb{Q}[x]$ gegeben, so ist die kubische Resolvente definiert als $T := x^3 - 2 \cdot p \cdot x^2 + (p^2 - 4 \cdot r) \cdot x + q^2$.

In unserem Fall ist das Polynom T also gegeben durch

$$T = x^3 + 60 \cdot x^2 + 1008 \cdot x + 14400.$$

Wie man durch Einsetzen der natürlichen Teiler von 14400 sehen kann, hat T nach Aufgabe 4.7 keine Nullstellen in $\mathbb{Q}$ und ist daher irreduzibel in $\mathbb{Q}[x]$.

Seien s_1, s_2, s_3 die komplexen Nullstellen von T. Wir wählen $u_1, u_2, u_3 \in \mathbb{C}$ so, dass für alle $i \in \{1, 2, 3\}$ schon $u_i = \sqrt{-s_i}$ gilt und gleichzeitig $u_1 \cdot u_2 \cdot u_3 = -q$. In unserem Beispiel ist $u_1 \cdot u_2 \cdot u_3 = -120$. Dann gilt für die komplexen Nullstellen $z_1, \ldots, z_4$ von P:

$$z_1 = \tfrac{1}{2} \cdot (u_1 + u_2 + u_3),$$
$$z_2 = \tfrac{1}{2} \cdot (u_1 - u_2 - u_3),$$
$$z_3 = \tfrac{1}{2} \cdot (-u_1 + u_2 - u_3) \text{ und}$$
$$z_4 = \tfrac{1}{2} \cdot (-u_1 - u_2 + u_3).$$

Zu der hier skizzierten Vorgehensweise siehe [21, S. 19]. Durch die Wahl oben sind u_1, u_2 und u_3 noch nicht eindeutig festgelegt, denn wenn man zwei der Vorzeichen simultan ändert, bleibt die Gleichung $u_1 \cdot u_2 \cdot u_3 = -q$ richtig. Dies entspricht einer Permutation von $z_1, \ldots, z_4$. Wir können also die Bezeichnungen so wählen, dass $z = z_1$ ist.

Angenommen, es sei $(z, 0)$ mit Zirkel und Lineal konstruierbar. Nach Lemma 12.3 gibt es dann Erweiterungskörper $\mathbb{Q} = K_0 \subseteq K_1 \ldots \subseteq K_m \subseteq \mathbb{C}$, wobei für alle $i \in \{1, \ldots, m\}$ jeweils $[K_i : K_{i-1}] = 2$ ist und $K_m = K_{m-1}(z)$ ist. Es ist $[K_m : K_{m-1}] = 2$, so dass z über K_{m-1} ein Minimalpolynom P_0 vom Grad 2 hat, mit einer weiteren Nullstelle in K_m.

Wir können P als Polynom in $K_{m-1}[x]$ auffassen. Per Definition des Minimalpolynoms ist dann P_0 ein Teiler von P in $K_{m-1}[x]$. Also ist auch die zweite Nullstelle von P_0 in K_m eine Nullstelle von P. Wenn wir bei u_1, u_2, u_3 die Reihenfolge verändern, bleibt z_1 fest und gleichzeitig werden z_2, z_3, z_4 permutiert. Wir wählen die Notation jetzt so, dass die zweite Nullstelle von P_0 in K_m genau z_2 ist, so dass also $z, z_2 \in K_m$ sind. Dann liegen auch $u_1 = z + z_2$ und $s_1 = -u_1^2$ in K_m.

Da s_1 eine Nullstelle des über $\mathbb{Q}$ irreduziblen Polynoms $T \in \mathbb{Q}[x]$ ist, ist

$$[\mathbb{Q}(s_1) : \mathbb{Q}] = 3$$

mit Satz 6.13. Mit dem Gradsatz (Satz 6.3) ist dann 3 ein Teiler von $[K_m : \mathbb{Q}]$, aber dieser Erweiterungsgrad ist nach Annahme eine 2-Potenz. Dieser Widerspruch zeigt, dass $(z, 0)$ nicht konstruierbar ist, dass daher auch $(t, 0)$ nicht konstruierbar ist und dass schließlich der gesuchte Punkt R nicht mit Zirkel und Lineal konstruierbar ist.

Wir haben an diesem Beispiel gesehen, dass es nicht ausreicht, dass der Grad des Minimalpolynoms eine 2-Potenz ist. Es ist allerdings ausreichend, dass der Erweiterungsgrad eines Zerfällungskörpers für das Minimalpolynom eine 2-Potenz ist. Mit den bisher bereitgestellten Mitteln können wir dies aber nicht beweisen und empfehlen dazu weiterführende Literatur.

Übungsaufgaben

12.1 Gegeben seien zwei verschiedene Punkte $P_1, P_2 \in \mathbb{R}^2$ und die Gerade g durch P_1 und P_2. Konstruiere mit Zirkel und Lineal die Gerade durch P_1, die senkrecht auf g steht.

12.2 Gegeben seien drei paarweise verschiedene Punkte $P_1, P_2, P_3 \in \mathbb{R}^2$. Sei g die Gerade durch P_1 und P_2. Falls P_3 nicht auf der Geraden g liegt, so konstruiere mit Zirkel und Lineal die Gerade durch P_3, die parallel zu g verläuft.

12.3 Behandle die beiden noch fehlenden Fälle aus dem Beweis von Lemma 12.3.

12.4 Sind Winkelhalbierung und Winkelviertelung allgemein mit Zirkel und Lineal möglich?

Primzahltests

13

> 🎧 Motivation, der Fermat-Test und erste Probleme (▶ sn.pub/9Uiv0l)

Wie wir in Kap. 7, im Kleinen Satz von Fermat (7.13), gesehen haben, gilt für jede Primzahl $p \in \mathbb{N}$ und jede nicht durch p teilbare ganze Zahl a:

$$a^{p-1} \equiv 1 \bmod p.$$

Interessant ist jetzt, ob es auch zusammengesetzte Zahlen n gibt, die für jede zu n teilerfremde ganze Zahl a die Kongruenz $a^{n-1} \equiv 1$ modulo n erfüllen. Falls nicht, dann kann diese Kongruenz nämlich benutzt werden, um Primzahlen von zusammengesetzten Zahlen zu unterscheiden.

Die gleiche Frage kann man sich für die Euler-Identität aus Lemma 8.2 stellen, indem wir das Jacobi-Symbol verwenden: Gibt es zusammengesetzte Zahlen n, bei denen für jede zu n teilerfremde ganze Zahl a die Kongruenz

$$\left(\frac{a}{n}\right) \equiv a^{\frac{1}{2}(n-1)} \bmod n$$

richtig ist?

Der Hintergrund ist, dass zur theoretisch interessanten Frage, ob eine Zahl prim ist oder nicht, inzwischen auch praktische Relevanz hinzugekommen ist. Zahlreiche Verschlüsselungsalgorithmen basieren darauf, dass es schwierig ist, einer sehr großen Zahl anzusehen, ob sie prim ist, und dass es sehr schwierig ist, ggf. ihre Primfaktoren zu finden. Sobald aber sehr große Zahlen algorithmisch auf Primalität getestet werden sollen, gibt es eine praktische Herausforderung: Der Test soll schnell funktionieren und gleichzeitig zuverlässig sein.

Naives Durchprobieren aller möglichen Teiler liefert zwar zuverlässig das Ergebnis, ist aber bei großen Zahlen wegen des hohen Rechenaufwands keine praktikable Option.

Wir werden hier Primzahltests vorstellen, die auf dem Kleinen Satz von Fermat bzw. der Euler-Identität beruhen und die daher mit vergleichsweise wenigen Rechenschritten auskommen. Dabei beschränken wir uns auf insgesamt drei Tests und dort hauptsächlich auf die Funktionsweise; wir gehen zwar auf die Zuverlässigkeit der Tests ein, aber analysieren zum Beispiel nicht die Laufzeit oder diskutieren die praktische Implementierung. Auch haben wir bewusst entschieden, nur wenige Tests vorzustellen und dabei dicht an vorherigen zahlentheoretischen Resultaten zu bleiben – es geht uns eher um Beispiele für Anwendungen bisheriger Ergebnisse und ein „Hineinschnuppern" in das Thema als um eine ausführliche Diskussion.

Im ganzen restlichen Kapitel sei n eine natürliche Zahl, und wir wollen wissen, ob n eine Primzahl ist oder zusammengesetzt (d. h. keine Primzahl und nicht 1). Aus praktischen Gründen sei stets $n \geq 3$ und n ungerade. Das ist kein Problem, weil wir wissen, dass 2 eine Primzahl ist, dass 1 keine Primzahl ist und dass auch alle geraden Zahlen ab 4 keine Primzahlen sind.

Definition (Basis)

Eine natürliche Zahl a heißt **Basis für** n genau dann, wenn $a \in \{2, \ldots, n - 1\}$ ist und zusätzlich a zu n teilerfremd ist in $\mathbb{Z}$. ◄

Im Rest des Kapitels besprechen wir mehrere Primzahltests, die alle dem gleichen Prinzip folgen: Es wird eine Basis hergenommen, eine Rechnung durchgeführt und geprüft, ob n sich bei dieser Rechnung wie eine Primzahl verhält.[1] Praktisch kann der Test auf Teilerfremdheit z. B. mit dem euklidischen Algorithmus realisiert werden.

Der Fermat-Primzahltest

Schritt 1: Wir wählen eine Basis a für n aus, zum Beispiel zufällig.
Schritt 2: Wir berechnen a^{n-1} modulo n.

Falls $a^{n-1} \equiv 1 \bmod n$ ist, dann ist die Antwort: „n ist prim."
Falls $a^{n-1} \not\equiv 1 \bmod n$ ist, dann ist die Antwort: „n ist zusammengesetzt."

Lemma 13.1
Der Fermat-Primzahltest erkennt ungerade Primzahlen als prim.

---

[1] Auf der Internetseite https://primes.utm.edu/prove/index.html sind viele interessante Informationen rund um Primzahltests zu finden.

Beweis Sei $n \in \mathbb{N}$ eine ungerade Primzahl. Sei a eine Basis für n. Da nach Definition einer Basis a teilerfremd zu n ist, ist der Kleine Satz von Fermat anwendbar (Satz 7.13), und damit ist $a^{n-1} \equiv 1$ modulo n. Der Test gibt daher die richtige Antwort „prim". □

Das Beispiel $n = 15$, $a = 11$ zeigt, dass es zusammengesetzte Zahlen gibt, bei denen der Test fälschlicherweise die Antwort „prim" liefert. Es ist nämlich

$$a^{n-1} = 11^{14} = (11^2)^7 = (121)^7 \equiv 1^7 \equiv 1 \bmod 15.$$

Definition (Pseudoprimzahl, Carmichaelzahl)

Sei $n \in \mathbb{N}$ zusammengesetzt.
Die Zahl n heißt **(Fermat-)Pseudoprimzahl** genau dann, wenn es eine Basis a für n gibt, mit der der Fermat-Primzahltest für n die falsche Antwort „prim" gibt.
Weiter heißt n **Carmichaelzahl**[2] genau dann, wenn der Fermat-Primzahltest für jede Basis die falsche Antwort „prim" liefert. ◄

Die kleinste Carmichaelzahl ist 561. Da die Existenz von Carmichaelzahlen ein Problem für diesen (zugegebenermaßen noch recht einfachen) Primzahltest darstellt, hoffte man, dass es nur endlich viele davon gibt. Dies ist aber falsch, wie W. R. Alford, A. Granville und C. Pomerance 1994 in [2] zeigen konnten. Eine Arbeit von D. Larsen (siehe [24]) aus dem Jahr 2021 zeigt sogar, dass eine Version des Bertrand'schen Postulats für Carmichaelzahlen gilt.

 Der Miller-Rabin-Test (▶ sn.pub/nF4wzF)

Jeder Primzahltest, der auf dem Satz von Fermat beruht, muss folglich irgendwie mit dem Problem der Carmichaelzahlen umgehen. Der Miller-Rabin-Test tut dies und ist daher der nächste Test, den wir hier diskutieren. Für mehr Details zu verschiedenen Versionen dieses Tests, Hintergrundinformationen und Literaturhinweise verweisen wir auf die Bücher [13] und [29]. Etwas Vorbereitung ist noch notwendig:

Lemma 13.2
Sei $p \in \mathbb{N}$ eine ungerade Primzahl. Seien $l, d \in \mathbb{N}$, zusätzlich d ungerade und so, dass $p - 1 = 2^l \cdot d$ ist. Sei $a \in \mathbb{N}$ teilerfremd zu p in $\mathbb{Z}$. Dann gilt:

(a) $a^d \equiv 1 \bmod p$ *oder*
(b) *es gibt eine ganze Zahl $i \in \{0, \dots, l-1\}$ so, dass $(a^d)^{2^i} \equiv -1$ ist modulo p.*

---

[2] Robert Daniel Carmichael, *1.3.1879 Goodwater, Alabahma, †1967, amerikanischer Mathematiker, Professor an der University of Illinois, Arbeitsgebiete Zahlentheorie und Relativitätstheorie. Wikipedia 2022.

Beweis Sei $b := a^d$. Angenommen, es sei $b \not\equiv 1 \bmod p$, also (a) nicht erfüllt. Dann zeigen wir (b). Mit Fermats Kleinem Satz (7.13) haben wir $a^{p-1} \equiv 1 \bmod p$, also $1 \equiv a^{2^l \cdot d} = b^{2^l} \bmod p$. Nach Annahme ist $b \not\equiv 1 \bmod p$. In der Reihe $b, b^2, b^4, \ldots, b^{2^l}$ muss es also eine Stelle geben, an der zum ersten Mal die Kongruenz zu 1 modulo p erreicht wird (spätestens am Ende).

Sei also $i \in \{0, \ldots, l-1\}$ so, dass $b^{2^i} \not\equiv 1$ ist, aber $b^{2^{i+1}} \equiv 1 \bmod p$. Dann schreiben wir $b^{2^{i+1}} = (b^{2^i})^2$ und wenden Lemma 7.10 an:

Aus $b^{2^i} \not\equiv 1 \bmod p$ folgt dann $b^{2^i} \equiv -1 \bmod p$ wie behauptet.   □

Jetzt formulieren wir den Test.

Der Miller-Rabin-Test

Schritt 1: Seien $d, l \in \mathbb{N}$ so, dass d ungerade und $n - 1 = 2^l \cdot d$ ist.

Schritt 2: Wir wählen (z. B. zufällig) eine Basis a für n aus.

Schritt 3: Wir berechnen a^d modulo n. Ist $a^d \equiv 1 \bmod n$, so stoppen wir und der Test antwortet „n ist prim". Andernfalls gehen wir zu Schritt 4.

Schritt 4: Falls es ein $i \in \{0, \ldots, l-1\}$ gibt mit der Eigenschaft $a^{d \cdot 2^i} \equiv -1 \bmod n$, so stoppen wir und der Test antwortet „n ist prim". Andernfalls stoppen wir und der Test antwortet „n ist zusammengesetzt".

Genau wie der Fermat-Test erkennt auch der Miller-Rabin-Test Primzahlen als prim, und zwar in Schritt 3 oder 4, je nachdem, welcher Fall von Lemma 13.2 eintritt.

Definition (starke Pseudoprimzahl)

Eine zusammengesetzte Zahl, die den Miller-Rabin-Test als „prim" besteht, heißt **starke Pseudoprimzahl**.

Die Aussage „n ist eine starke Pseudoprimzahl zur Basis a" bedeutet, dass n zusammengesetzt ist und dass der Miller-Rabin-Test mit dieser Basis a trotzdem die Antwort „prim" gibt. ◄

Wir haben schon gesehen, dass 15 eine Pseudoprimzahl zur Basis 11 ist. Der Miller-Rabin-Test für $n = 15$ mit Basis $a = 14$ ergibt Folgendes: $15 - 1 = 14 = 2 \cdot 7$, also ist $d = 7$, $l = 1$ und $a^d = 14^7 \equiv (-1)^7 = -1 \bmod 15$. Hier wird also in Schritt 4 die falsche Antwort „prim" gegeben. Das funktioniert allgemein: Ist $n \in \mathbb{N}$ die zu testende Zahl und wieder $n - 1 = d \cdot 2^l$ mit natürlichen Zahlen d, l, wobei d ungerade ist, dann ist grundsätzlich $(n-1)^d \equiv -1 \bmod n$. Die Zahl $n - 1$ ist also ungeeignet, um den Miller-Rabin-Test damit durchzuführen. Aber auch bei einer Beschränkung auf besonders kleine Zahlen oder Primzahlen (in der Rolle von a) kann das Testergebnis falsch sein – es ist zum Beispiel $n = 2047 = 23 \cdot 89$ eine starke Pseudoprimzahl zur Basis 2.

Im nächsten Satz zeigen wir, dass starke Pseudoprimzahlen nur zu wenigen Basen auftreten und dass es insbesondere keine „starken Carmichael-Zahlen" gibt. Dass wir in der Voraussetzung Primzahlpotenzen herausnehmen, ist nicht notwendig, vereinfacht aber den Beweis deutlich. In [32] ist eine allgemeinere Version dieses Satzes zu finden (Satz 8.33 dort).

Satz 13.3
Sei n eine ungerade zusammengesetzte natürliche Zahl und keine Primzahlpotenz. Dann gibt es höchstens $\varphi(n)/2$ Basen, für die n eine starke Pseudoprimzahl ist.

Beweis Wie vorher seien $d, l \in \mathbb{N}$, d ungerade und so, dass $n - 1 = d \cdot 2^l$ ist. Wir betrachten die Menge

$$M := \{a \in Tf(n) \mid \text{Es ex. } i \in \{0, \ldots, l-1\} \text{ so, dass } a^{d \cdot 2^i} \equiv -1 \bmod n \text{ ist}\}.$$

Dann ist $n - 1 \in M$ (mit $i = 0$) und somit ist $M \neq \varnothing$. Wir wählen jetzt $a_0 \in M$ so, dass die dazugehörige Zahl $j_0 \in \{0, \ldots, l-1\}$ mit der Eigenschaft $a_0^{d \cdot 2^{j_0}} \equiv -1 \bmod n$ möglichst groß ist. Weiter setzen wir $k := d \cdot 2^{j_0}$ und beachten, dass d ein Teiler von k ist in $\mathbb{Z}$.

Jetzt seien $G := \mathrm{Tf}(n)$ und

$$H := \{b \in G \mid b^k \equiv 1 \text{ oder } b^k \equiv -1 \bmod n\}.$$

Die Menge H enthält 1, ist unter Multiplikation abgeschlossen und enthält für jedes Element auch ein multiplikatives Inverses modulo n. Bezeichnen wir also mit $\circ$ die Multiplikation modulo n, so ist $(G, \circ)$ eine Gruppe, und mit dem Untergruppenkriterium (Lemma 1.1(f)) ist H eine Untergruppe von G.

Sei a eine Basis für n, mit der der Test die falsche Antwort gibt. Dann ist $a \in G$, da a nach Definition einer Basis teilerfremd zu n ist. Falls die falsche Antwort in Schritt 3 kommt, ist $a^d \equiv 1 \bmod n$. Da d ein Teiler von k ist, folgt $a^k \equiv 1 \bmod n$ und deshalb liegt a in H. Falls die falsche Antwort in Schritt 4 kommt, dann sei $i \in \{0, \ldots, l-1\}$ so, dass $a^{d \cdot 2^i} \equiv -1 \bmod n$ ist. Mit der Wahl von j_0 oben folgt dann $i \leq j_0$, so dass $d \cdot 2^i$ ein Teiler von k ist. Das bedeutet $a^k = a^{d \cdot 2^{j_0}} \equiv 1$ oder -1 modulo n, so dass auch hier a in H liegt. Es enthält also H alle Zahlen aus $\{2, \ldots, n-1\}$, für die der Test die falsche Antwort „prim" gibt.

Mit der Voraussetzung, dass n keine Primzahlpotenz ist, können wir n als Produkt $n = q \cdot r$ schreiben, wobei $q, r \in \mathbb{N}$ beide mindestens 3 und teilerfremd sind. Nun kommt der Chinesische Restsatz (7.16): Sei $b \in \mathbb{Z}$ so, dass gleichzeitig $b \equiv a_0 \bmod q$ ist und $b \equiv 1 \bmod r$. Da a_0 teilerfremd zu n ist, ist a_0 auch teilerfremd zu q und r und daher ist auch b teilerfremd zu q und r. Mit Lemma 3.25(a) ist dann b teilerfremd zu n, so dass wir b in G wählen können. Falls b^k zu 1 oder -1 kongruent wäre modulo n, dann würde diese Kongruenz auch modulo q und r gelten. Da das nicht der Fall ist, liegt b in $G \setminus H$. Insbesondere ist H eine echte Untergruppe von G. Mit dem Satz von Lagrange (Satz 10.6) ist dann $|H| \leq \frac{|G|}{2} = \frac{\varphi(n)}{2}$, wie behauptet. $\square$

Wir haben jetzt die Fehlerwahrscheinlichkeit beim Miller-Rabin-Test pro Durchgang grob durch $\frac{1}{2}$ begrenzt, aber tatsächlich ist sie noch niedriger. Dazu und zu Fragen der Implementation und praktischen Verwendung verweisen wir auf [13].

🎧 Der Solovay-Strassen-Test und abschließende Bemerkungen (▶ sn.pub/Aczybt)

Nun greifen wir noch das Jacobi-Symbol aus Kap. 8 auf. Dort hatten wir schon gesehen, dass die Euler-Identität aus Lemma 8.2 für zusammengesetzte ungerade Zahlen und das Jacobi-Symbol nicht unbedingt gilt. Es ist zum Beispiel

$$\left(\frac{7}{15}\right) = -1 \not\equiv 7^{\frac{15-1}{2}} = 7^7 \text{ modulo } 15.$$

Es handelt sich hier also um eine Eigenschaft, bei der Primzahlen und zusammengesetzte Zahlen sich unterscheiden. Gleichzeitig ist aber 7 teilerfremd zu 25 und

$$\left(\frac{7}{25}\right) = \left(\frac{7}{5}\right)^2 = \left(\frac{2}{5}\right)^2 = (-1)^2 = 1 \equiv (-1)^6 \equiv 49^6 = 7^{12} = 7^{\frac{25-1}{2}} \text{ modulo } 25,$$

obwohl 25 zusammengesetzt ist.

Wir sehen also schon, dass ein auf der Euler-Identität basierender Primzahltest nicht fehlerfrei funktionieren wird, und das wird zur Definition der Euler-Pseudoprimzahlen führen. Trotzdem formulieren wir den Test und zeigen eine zu Satz 13.3 analoge Aussage: Für den noch zu formulierenden Solovay-Strassen-Test gibt es ebenfalls keine zusammengesetzten Zahlen, für die der Test bei jeder Basis das falsche Resultat liefert.

Der Solovay-Strassen-Test

Schritt 1: Wir wählen (z. B. zufällig) eine Basis a für n aus.
Schritt 2: Wir berechnen das Jacobi-Symbol $\left(\frac{a}{n}\right)$ und die Zahl $a^{\frac{n-1}{2}}$ modulo n.
Schritt 3: Falls $\left(\frac{a}{n}\right) \equiv a^{\frac{n-1}{2}}$ ist modulo n, dann stoppen wir und der Test antwortet „n ist prim". Andernfalls stoppen wir und der Test antwortet „n ist zusammengesetzt".

Satz 13.4

(a) *Ist n eine ungerade Primzahl, so gibt der Solovay-Strassen-Test bei Eingabe von n die Antwort „n ist prim".*
(b) *Ist $n \in \mathbb{N}$ ungerade und zusammengesetzt, so gibt der Test möglicherweise eine falsche Antwort, aber für mindestens eine Basis die richtige Antwort.*

Beweis Falls n eine Primzahl ist, dann folgt Teil (a) aus Lemma 8.2. Im Beispiel oben haben wir gesehen, dass der Test möglicherweise bei einer zusammengesetzten Zahl die Antwort „prim" gibt. Es bleibt also nur die zweite Aussage in (b) zu zeigen.

1. Fall: Es existiert eine Primzahl p, deren Quadrat n teilt.

Seien dann $k \in \mathbb{N}$, $k \geq 2$ und $m \in \mathbb{N}$ teilerfremd zu p^k, und sei all das so gewählt, dass $n = p^k \cdot m$ ist. Mit dem Chinesischen Restsatz (7.16) sei $a \in \mathbb{Z}$ so, dass gleichzeitig $a \equiv p + 1$ modulo p^k gilt und $a \equiv 1$ modulo m. Dann ist a teilerfremd zu p und zu m, also auch zu n mit Lemma 3.25 (a). Mit Lemma 8.13 (a) dürfen wir außerdem annehmen, dass $1 \leq a \leq n - 1$ ist. Aus $k \geq 2$ folgt $a \geq 2$, also ist $a \in \{2, .., n - 1\}$ eine geeignete Basis für den Test.

Angenommen es sei $\left(\frac{a}{n}\right) \equiv a^{\frac{n-1}{2}} \bmod n$. Dann ist auch

$$a^{n-1} \equiv \left(\frac{a}{n}\right) \cdot \left(\frac{a}{n}\right) = 1 \bmod n \qquad (*)$$

mit der Definition des Jacobi-Symbols.

Weiter berechnen wir

$$(p+1)^{n-1} = \sum_{i=0}^{n-1} \binom{n-1}{i} \cdot p^{n-1-i} \equiv \binom{n-1}{n-2} \cdot p + \binom{n-1}{n-1} \cdot 1 = (n-1) \cdot p + 1 \text{ modulo } p^2.$$

Da $k \geq 2$ ist, ist p^2 ein Teiler von p^k und somit $a \equiv p + 1$ modulo p^2 nach Wahl von a. Das bedeutet eingesetzt

$$a^{n-1} \equiv (p+1)^{n-1} \equiv (n-1) \cdot p + 1 \bmod p^2.$$

Mit $(*)$ ist allerdings $a^{n-1} \equiv 1 \bmod p^2$, und zusammen ergibt das $(n-1) \cdot p + 1 \equiv 1$ modulo p^2. Es ist also $(n-1) \cdot p$ durch p^2 teilbar. Das ist unmöglich, da p ein Teiler von n ist und keiner von $n - 1$.

2. Fall: Es existiert keine Primzahl, deren Quadrat n teilt.

Seien dann $k \in \mathbb{N}$ und $p_1, \ldots, p_k \in \mathbb{N}$ paarweise verschiedene Primzahlen so, dass n ihr Produkt ist. Mit Lemma 8.1 gibt es einen nicht-quadratischen Rest modulo p_1, also ein $b \in \mathbb{Z}$ so, dass $(\frac{b}{p_1}) = -1$ ist. Nun wählen wir mit dem Chinesischen Restsatz (7.16) ein $a \in \mathbb{Z}$ so, dass gilt: $a \equiv b \bmod p_1$ und $a \equiv 1 \bmod p_2 \cdots p_k$. Dann ist a teilerfremd zu $p_1, \ldots, p_k$, also auch zu n mit Lemma 3.25 (a), und wir sehen

$$\left(\frac{a}{n}\right) = \prod_{i=1}^{k} \left(\frac{a}{p_i}\right) = (-1) \cdot 1 \cdots 1 = -1.$$

Insbesondere ist $a \neq 1$. Wieder nehmen wir an, dass $(\frac{a}{n}) \equiv a^{\frac{n-1}{2}} \bmod n$ sei. Diesmal folgt daraus $a^{\frac{n-1}{2}} \equiv -1$ modulo n, also auch $a^{\frac{n-1}{2}} \equiv -1$ modulo $p_2 \cdots p_k$, und das widerspricht der Wahl von a.

In beiden Fällen haben wir also eine Basis gefunden, mit der n als zusammengesetzt erkannt wird. □

Alle hier vorgestellten Tests benötigen eine Basis. Um die dafür nötige Teilerfremdheit zu prüfen, wird der euklidische Algorithmus benutzt. Allerdings sind selbst bei zusammengesetzten Zahlen n die meisten Zahlen im Bereich $2, \ldots, n-1$ teilerfremd zu n, so dass der Test auf Teilerfremdheit in den meisten Fällen überflüssig ist. Aber was passiert eigentlich, falls wir mit einer ganzen Zahl a, $2 \leq a \leq n-1$, einen Primzahltest starten, und versehentlich a nicht teilerfremd zu n ist? Liefert der Algorithmus dann die richtige Antwort? Damit befasst sich Aufgabe 13.6.

Wir haben nun gesehen, wie auf der Grundlage recht elementarer Resultate aus der Zahlentheorie erste Tests auf Primalität formuliert werden können, bei denen nicht einfach nur naiv nach möglichen Teilern gesucht wird. Aus einer algorithmischen Perspektive ist der Vorteil der hier besprochenen Tests, dass die benötigten Rechnungen sehr schnell durchgeführt werden können.

Was das angesprochene Problem der Pseudoprimzahlen betrifft, so gibt es einerseits theoretische Resultate dazu, wie viele Pseudoprimzahlen es im Vergleich zu Primzahlen gibt (wie groß also ganz praktisch das Problem der Pseudoprimzahlen ist) und andererseits zahlreiche Verfeinerungen und Weiterentwicklungen der hier vorgestellten Tests. Eine ausführliche Diskussion zu diesem Thema ist im Buch [13] zu finden, wo auch viele weitere Ideen zur Formulierung von Primzahltests besprochen werden. Ein Blick in aktuelle Veröffentlichungen zeigt außerdem, dass immer weiter nach neuen Testmethoden und nach speziellen Tests für Zahlen einer gewissen Form gesucht wird. Ein klassisches Beispiel für das zweite Thema ist der Lucas-Lehmer-Test, der ohne Randomisierung auskommt und speziell für Mersenne-Zahlen formuliert ist. Siehe dazu Theorem 4.2.6 in [13]. Auch gibt es immer wieder neue Resultate zu Fehlerabschätzungen und dazu, wie sich die Performance der unterschiedlichen Tests ganz praktisch, mit konkreten Implementationen, im Vergleich darstellt. Weiterhin sind wir bei Recherchen zur Praktikabilität auf eine Diskussion auf der

Seite „Quora" zu diesem Thema gestoßen[3]. Weitere Ausführungen hätten aber den Rahmen dieses Buches gesprengt.

Übungsaufgaben

13.1 Teste die Zahlen 21, 33 und 45 mit dem Fermat-Primzahltest, jeweils mit der Basis 2. Werden sie als zusammengesetzt erkannt?

13.2 Zeige, dass 561 tatsächlich eine Carmichaelzahl ist.

13.3 Gibt es gerade Carmichaelzahlen?

13.4 Wende den Miller-Rabin-Primzahltest auf 561 mit der Basis 2 an, um diese Zahl als zusammengesetzt zu erkennen.

13.5 Führe den Solovay-Strassen-Test für die Zahl 35 aus, mit allen möglichen Primzahlen in der Rolle der Basis a.

13.6 Aus algorithmischer Perspektive wäre es besser, bei der Wahl einer Basis auf den Test auf Teilerfremdheit zu verzichten. Wie würde es sich bei der Durchführung der Tests bemerkbar machen, wenn sie mit einer nicht zu n teilerfremden Zahl durchgeführt würden?

---

[3] https://www.quora.com/What-are-the-pros-and-cons-of-the-various-tests-for-primality-from-a-computational-standpoint, zuletzt aufgerufen im März 2023.

Das Audio-Angebot

Kap. 1, Wiederholung und Grundlagen.

- Wiederholung und Grundlagen

Kap. 2, Arithmetik.

- Ringe und Teiler
- Primelemente und irreduzible Elemente
- Euklidische Ringe

Kap. 3, Ringe und Ideale.

- Homomorphismen und Faktorringe
- Primelemente und Primideale
- Hauptidealringe und faktorielle Ringe
- Hauptidealringe sind faktoriell

Kap. 4, Polynomringe.

- Grundlagen und Polynomringe über Körpern
- Quotientenkörper
- Primitive Polynome und die Frage, ob $\mathbb{Z}[x]$ faktoriell ist

Kap. 5, Irreduzibilitätstests.

- Nullstellen und das Kriterium von Eisenstein
- Beispiele und zusätzliche Anmerkungen

© Der/die Autor(en), exklusiv lizenziert an Springer Nature Switzerland AG 2023   189
G. Stroth und R. Waldecker, *Elementare Algebra und Zahlentheorie*, Mathematik Kompakt,
https://doi.org/10.1007/978-3-031-39771-4

Kap. 6, Körper.

- Charakteristik, Primkörper und Grundbegriffe für Körpererweiterungen
- Algebraische Erweiterungen und das Minimalpolynom
- Zerfällungskörper
- Noch mehr zu Zerfällungskörpern

Kap. 7, Primzahlen.

- Der kleine Satz von Fermat
- Der Satz von Fermat-Euler

Kap. 8, Das Quadratische Reziprozitätsgesetz.

- Das Legendre-Symbol
- Weitere Eigenschaften des Legendre-Symbols und das Reziprozitätsgesetz
- Der Beweis des Gesetzes und das Jacobi-Symbol

Kap. 9, Lösbarkeit von Gleichungen.

- Motivation und der Ring der Ganzen Gaußschen Zahlen
- Summen von Quadraten
- Die Gleichung $x^2 + y^2 = z^2$ und lineare Kongruenzen
- Die Gleichungen $a \cdot x + b \cdot y + c = 0$ und $x^2 + p \cdot y + a = 0$

Kap. 10, Gruppen.

- Produkte von Gruppen und der Satz von Lagrange
- Normalteiler, Erzeugnisse und Homomorphismen
- Anwendungen des Homomorphiesatzes und Gruppenoperationen
- Der Satz von Cayley und Permutationsgruppen
- p-Gruppen und Konjugation
- Die Sätze von Cauchy und von Sylow
- Auflösbarkeit
- Zusammenhang von Gruppen und Nullstellen von Polynomen

Kap. 11, Endliche Körper.

- Endliche Körper

Kap. 12, Konstruktion mit Zirkel und Lineal.

- Konstruktion mit Zirkel und Lineal
- Das Problem des Alhazen

Kap. 13, Primzahltests.

- Motivation, der Fermat-Test und erste Probleme
- Der Miller-Rabin Test
- Der Solovay-Strassen-Test und abschließende Bemerkungen

G. Stroth und R. Waldecker, *Elementare Algebra und Zahlentheorie*, Mathematik Kompakt,
https://doi.org/10.1007/978-3-031-39771-4

Literatur

[1] N. H. Abel, Démonstration de l'impossibilité de la résolution algébraique des équations générales qui passent le quatrième degré, Journal für die reine und angewandte Mathematik 1, 66–87, (1826)

[2] W. R. Alford, A. Granville und C. Pomerance, There are Infinitely Many Carmichael Numbers, Ann. Math. 139 , 703–722, (1994)

[3] Alhazen, Opticae Thesaurus Alhazeni Arabis libri septem, nunc primùm editi (Hrs. Friedrich Risner), 288p, Basilea: Episcopius 1572, München, Bayerische Staatsbibliothek

[4] H. -W. Alten, A. Djafari Naini, M. Folkerts, H. Schlosser, K.-H. Schlote und H. Wußing, *4000 Jahre Algebra*, (Springer, Berlin, 2000)

[5] M. Aschbacher, *Finite Group Theory*, (Cambridge University Press, 1986)

[6] B. Buchberger, G.E. Collins, G.E. und R. Loos. (Hrsg.), Some useful bounds, Symbolic & Algebraic Computation (Computing Supplementum 4), 259–263, (1982)

[7] B. Bundschuh, *Einführung in die Zahlentheorie*, (Springer, Heidelberg, 1988. 6. überarbeitete Auflg. 2008)

[8] J. Brüdern, *Analytische Zahlentheorie*, (Springer, Heidelberg, 1998)

[9] A. Capelli, Sopra l'isomorfismo dei gruppi di sostituzioni. Giornale di Matematiche 16, 32–87, (1878)

[10] H. Chatland und H. Davenport, Euclid's algorithm in real quadratic fields, Canadian Journal of Math. 2, 289–296, (1950)

[11] D. Clark, A quadratic field which is euclidean but not norm-euclidean, Manuscripta Math. 83, 327–330, (1994)

[12] Chin Chiu-Shao, *Mathematik in 9 Sektionen, Übersetzung aus dem Chinesischen D. B. Wagner, Nine Chapters 4.2.5*

[13] R. Crandall und C. Pomerance, *Prime Numbers: A computational perspective.* (Springer, 2005)

[14] Don Zagier, A one sentence proof that every prime $p \equiv 1 \bmod 4$ is a sum of two squares, Amer. Math Monthly 97, 144, (1990)

[15] F. G. M. Eisenstein, Geometrischer Beweis des Fundamentaltheorems für die quadratischen Reste, Journal für die reine und angewandte Mathematik 28, 246–248 (1844)

[16] Euklid, *Euklids Elemente, fünfzehn Bücher*, Buchhandlung des Waysenhauses Halle, Halle 1781, 366 Seiten (https://digital.slub-dresden.de/werkansicht/dlf/6750)

[17] D. Hilbert, *Gesammelte Abhandlungen Bd I*, (Springer, Göttingen, 1932)

[18] B. Huppert, *Endliche Gruppen I* (Springer, Heidelberg, 1967)

[19] F. Ischebeck, *Einladung zur Zahlentheorie*, (BI 1992)

[20] E. Kummer, Über die Zerlegung der aus Wurzeln der Einheit gebildeten complexen Zahlen in ihre Primfactoren, Journal für die reine und angewandte Mathematik 35, 327–367, (1847)

[21] E. Kunz, *Algebra.* (Vieweg, Wiesbaden, 1991)

[22] J. Lagrange, Oeuvres de Lagrange III, 189-201, (Paris, Gauthier- Villars, Paris 1867)

© Der/die Autor(en), exklusiv lizenziert an Springer Nature Switzerland AG 2023
G. Stroth und R. Waldecker, *Elementare Algebra und Zahlentheorie*, Mathematik Kompakt,
https://doi.org/10.1007/978-3-031-39771-4

[23] E. Landau, Sur quelques théorèmes de M. Petrovitch relatifs aux zéros des fonctions analytiques, Bull Soc. Math. France 33, 251–261, (1905)

[24] D. Larsen, Bertrand's Postulate for Carmichael Numbers, International Mathematics Research Notices. Oxford University Press (OUP), (July 2022)

[25] F. von Lindemann, Über die Zahl π, Mathematische Annalen 20, 213–225, (1882)

[26] J. McKay, Another proof of Cauchy's group theorem, American Math. Monthly 66, 119, (1959)

[27] M. Mignotte, An inequality about factors of polynomials, Math. Comp. 28, 1153–1157, (1974)

[28] H. Pieper, *Variationen über ein zahlentheoretisches Thema von Carl Friedrich Gauß* (Birkhäuser, 1978)

[29] L. Rempe-Gillen und R. Waldecker, *Primzahltests für Einsteiger*, (Springer, 2015)

[30] Riede, H., Reflexion am Kugelspiegel. Oder: das Problem des Alhazen. Praxis Math. 31, no. 2, 65–70 (1989)

[31] E. Scholz, *Geschichte der Algebra*, (BI Wissenschaftsverlag, Mannheim-Wien-Zürich, 1990)

[32] R. Schulze-Pillot, *Elementare Algebra und Zahlentheorie*, (Springer, 2007)

[33] H. Stark, A complete determination of the complex quadratic fields of class-number one. Michigan Math. J. 14, 1–27 (1967)

[34] G. Stroth, *Algebra, 2. Auflage*, (deGruyter Verlag, Berlin, 2013)

[35] B. L. van der Waerden, *A History of Algebra*, (Springer, 1985)

[36] W. Willems, *Codierungstheorie und Krytographie*, (Birkhäuser, 2008)

[37] H. Weber, *Lehrbuch der Algebra*. (Vieweg, Braunschweig, 1895)

[38] M. Zorn, A remark on methods in transfinite algebra, Bull. Amer. Math. Soc. 41, 667–670 (1935)

Stichwortverzeichnis

Printed in the United States
by Baker & Taylor Publisher Services